国防科技图书出版基金

相变蓄热技术的数值仿真及应用

袁修干　徐伟强　著

国防工业出版社

·北京·

图书在版编目（CIP）数据

相变蓄热技术的数值仿真及应用／袁修干，徐伟强著.
—北京：国防工业出版社，2013.1
ISBN 978 – 7 – 118 – 08134 – 3

Ⅰ.①相…　Ⅱ.①袁…　②徐…　Ⅲ.①太阳能技术 –
蓄热 – 研究　Ⅳ.①TK512

中国版本图书馆 CIP 数据核字（2012）第 258795 号

※

国防工业出版社出版发行
（北京市海淀区紫竹院南路 23 号　邮政编码 100048）
北京奥鑫印刷厂印刷
新华书店经售

*

开本 787 × 1092　1/16　印张 13¼　字数 293 千字
2013 年 1 月第 1 版第 1 次印刷　印数 1—3000 册　定价 80.00 元

（本书如有印装错误，我社负责调换）

国防书店：(010)88540777　　　发行邮购：(010)88540776
发行传真：(010)88540755　　　发行业务：(010)88540717

致 读 者

本书由国防科技图书出版基金资助出版。

国防科技图书出版工作是国防科技事业的一个重要方面。优秀的国防科技图书既是国防科技成果的一部分,又是国防科技水平的重要标志。为了促进国防科技和武器装备建设事业的发展,加强社会主义物质文明和精神文明建设,培养优秀科技人才,确保国防科技优秀图书的出版,原国防科工委于1988年初决定每年拨出专款,设立国防科技图书出版基金,成立评审委员会,扶持、审定出版国防科技优秀图书。

国防科技图书出版基金资助的对象是:

1. 在国防科学技术领域中,学术水平高,内容有创见,在学科上居领先地位的基础科学理论图书;在工程技术理论方面有突破的应用科学专著。

2. 学术思想新颖,内容具体、实用,对国防科技和武器装备发展具有较大推动作用的专著;密切结合国防现代化和武器装备现代化需要的高新技术内容的专著。

3. 有重要发展前景和有重大开拓使用价值,密切结合国防现代化和武器装备现代化需要的新工艺、新材料内容的专著。

4. 填补目前我国科技领域空白并具有军事应用前景的薄弱学科和边缘学科的科技图书。

国防科技图书出版基金评审委员会在总装备部的领导下开展工作,负责掌握出版基金的使用方向,评审受理的图书选题,决定资助的图书选题和资助金额,以及决定中断或取消资助等。经评审给予资助的图书,由总装备部国防工业出版社列选出版。

国防科技事业已经取得了举世瞩目的成就。国防科技图书承担着记载和弘扬这些成就,积累和传播科技知识的使命。在改革开放的新形势下,原国防科工委率先设立出版基金,扶持出版科技图书,这是一项具有深远意义的创举。此举势必促使国防科技图书的出版随着国防科技事业的发展更加兴旺。

设立出版基金是一件新生事物,是对出版工作的一项改革。因而,评审工作需要不断地摸索、认真地总结和及时地改进,这样,才能使有限的基金发挥出巨大的效能。评审工作更需要国防科技和武器装备建设战线广大科技工作者、专家、教授,以及社会各界朋友的热情支持。

让我们携起手来,为祖国昌盛、科技腾飞、出版繁荣而共同奋斗!

国防科技图书出版基金

评审委员会

前　言

　　太阳能热动力发电系统是一种新型的空间电源方案,作为未来载人飞船、大容量通信卫星、空间站等大型空间飞行器以及临近空间飞行器的电力供应具有良好的发展前景和应用前景。作为节能环保的清洁能源技术,太阳能热动力发电系统的地面应用也契合当今世界发展绿色能源和低碳经济的迫切需求,地面太阳能热动力发电技术进入了国家中长期科技和技术发展规划,具有广阔的发展前景。

　　相变蓄热装置是确保太阳能热动力发电系统持续供电的关键部件,空间微重力环境下连续可靠的连续相变蓄放热技术成为空间太阳能热动力发电系统发展和应用中亟待解决的关键技术。国内针对太阳能热动力发电技术的研究起步较晚,由于微重力条件下相变蓄热过程机理复杂,地面试验难度大,很多重要问题至今尚未完全解决,也没有一本系统介绍这方面理论和应用的书籍问世。

　　本书是关于空间太阳能热动力发电系统中相变蓄热关键技术的专著,主要内容来源于编者带领的研究团队针对该领域开展长达20多年的系统研究所取得的研究成果,简要介绍了相变蓄热技术的发展过程和典型应用;系统扼要地介绍了空间太阳能热动力发电系统总体方案、相变蓄热技术在热动力发电系统的关键部件吸热蓄热器的应用情况和关键问题;重点介绍了作者及其研究团队在高温相变蓄热机理研究、相变蓄热过程的数值仿真研究、相变蓄热容器的强化传热研究、优化设计及制造测试、地面相变蓄/放热试验、复合相变蓄热材料的传热机理研究及优化设计等方面研究内容。

　　全书著写分工如下:袁修干著第1、2、4章;徐伟强著第3、5章及附录。全书由袁修干统稿。

　　本书可作为太阳能热动力发电、热能动力、暖通、空调、建筑及其他涉及相变蓄热领域的科研人员、设计人员和工程技术人员的参考用书,也可作为上述领域高等院校的教师、大学本科及研究生的教学参考资料。

　　本书出版获得国防科技图书出版基金的资助,在著写过程中得到了有关方面领导和同事的关怀和支持,在此深表谢意。由于作者水平有限,错误和不当之处在所难免,恳请读者批评指正。

作　者

2012 年 1 月

目　录

Contents

X

第一章 绪 论

1.1 相变蓄热技术概述

1.1.1 热能储存的方式

自然界中各种形式的能源都通过直接或间接的方式为人类所利用,能量的利用过程实质上就是能量的传递与形式转换的过程。在当今世界的能源结构中,热能是最重要的能源之一,统计资料表明,以热能形式提供的能量占了相当大的比例。因此从某种意义上讲,热能的利用成为能源开发利用的关键。

然而大部分能源,如太阳能、地热能和工业余热废热等,都存在间断性和不稳定的特点,许多情况下人们还不能合理地利用这些能源。我们需要找到一种方法,像蓄水池一样将暂时不用的热量储存起来,而在需要时再将其释放出来,从而提高热能的利用率。这样一种采用适当的储热方式,并利用特定的储热装置将暂时不用的能量通过一定的蓄热材料储存起来,需要时再释放利用的方法就称为蓄热技术。

热能储存按蓄热方式不同主要有分为三类,即显热蓄热、潜热蓄热和化学反应蓄热[1-4]。

1. 显热蓄热

显热蓄热(Sensible Heat Storage)是利用每一种物质都具有一定热容的特性,通过加热蓄热材料升高温度,增加材料内能的方式实现热能储存的方法。蓄热材料的显热蓄热能力一般可用比热容来衡量,比热容越大,单位温升储存的热能就越多,材料的显热蓄热能力也就越大。显热蓄热材料在储存和释放热能时,只是发生温度的变化,因此蓄热方式简单,成本低。但是由于释放热能时,其温度连续变化,不能维持在一定的温度下释放所有能量,不利于热能的利用。另外显热蓄热的储能密度较低,导致相应装置的体积庞大,因此它在工业上的应用价值不是很高。

常用的显热蓄热材料主要有水、岩石、陶瓷和土壤等。蓄热装置一般由蓄热材料、容器、保温材料和防护外壳等组成。太阳能热水器的保温水箱是典型的利用水做蓄热介质的显热蓄热装置。为了使蓄热装置具有较高的容积蓄热密度,则要求蓄热材料具有较高的比热容和较大的密度。

2. 潜热蓄热

潜热蓄热(Latent Heat Storage)是利用蓄热材料在相变过程中吸收和释放相变潜热的特性来储存和释放热能的方法,因此又称为相变蓄热(Phase Change Heat Storage),而利用相变潜热进行蓄热的蓄热介质常称为相变材料(Phase Change Material,PCM)。

相变就是物质相态的变化。物质的存在通常认为有三态,即固态、液态和气态,物质从一种相态变到另一种相态称为相变。相变的形式有以下四种：固—液相变、液—气相变、固—气相变和固—固相变。相变过程一般是一个等温或近似等温的过程,过程中伴有能量的吸收和释放,这部分能量称为相变潜热。材料的相变潜热值通常比其比热值大得多,甚至超出几个数量级,以水为例：水在固—液相变(1atm,0℃)和液—汽相变(1atm,100℃)时的相变潜热分别为 335.2kJ/kg 和 2258.4kJ/kg,而水的比热容仅为约 4.2kJ/kg·K[5]。

由于相变蓄热拥有更大的储能密度,具有质量轻、体积小、所需装置简单的优点,此外其蓄/放热过程近似等温,因此有利于热源与负载的配合,过程更易于控制。但是由于相变蓄热介质通常扩散系数小,且存在相分离现象,导致蓄/放热速率较低,以及蓄热介质老化导致蓄热能力降低的问题,需要通过一定技术途径解决和优化。

3. 化学反应蓄热

化学反应蓄热(Chamical Reaction Heat Storage)是利用可逆化学反应的热效应进行热量的储存和释放的方法。例如,正反应吸热,热能转化为化学能储存起来；逆反应放热,则化学能又转化为热能释放出来。化学反应蓄热的储能密度通常较大,又不需要绝缘的储能罐,而且还具有与相变蓄热方式相似的恒温蓄/放热的优点。但是由于其反应装置复杂而又精密,必须由经过训练的专业人员进行保养和维护,使用成本高而且不便,使其实际应用价值大打折扣,主要适用于较大型的蓄热系统。

综上所述,三种蓄热方式各有利弊,但目前相变蓄热最具发展潜力,成为应用最广泛的重要蓄热方式。相变蓄热技术在热能利用方面的优越性能也吸引了世界各国研究人员的关注,使它成为当今世界上方兴未艾的新技术领域。

1.1.2 相变蓄热技术的发展过程[1-5]

相变蓄热在日常生活中的应用可以追溯到很早以前。早在远古,人们就能从冬天的湖面、河面冻结的厚冰层中获取硕大的冰块,储存于"冰屋"中,并用锯末隔热实现长期保存,利用天然冰来冷藏食物和改善盛夏的生活环境。"冰"盐水袋用于保鲜运送的牛奶、肉类、果蔬也是近代常用的方法。

19 世纪中叶开始,相变蓄热技术开始在工业生产中得到广泛应用。20 世纪初,J. Ruths 开发了变压蒸汽蓄热技术,用于蒸汽轮机发电厂的高峰负荷和备用发电容量。1929 年,在柏林查洛登堡建造了当时最大的蒸汽蓄热电站,高峰负荷汽轮机组的发电功率为 50MW。在对化学、食品和冶金工业中生产过程的加热方面,相变蓄热技术也得到了大量应用。

1965 年,美国的 Mavleous 和 Desy 利用 PCM 制成了具有保温功能的衣服,以熔融的锂水合盐作为热源,水在背垫中与其换热,并将热量送到衣服各处,对长时间在寒冷中工作的人,如司机、探险家等有一定的使用价值。

20 世纪 60 年代,随着载人空间技术的迅速发展,美国 NASA 大力发展了相变热控技术。"阿波罗 15"将相变热控系统用于信号处理单元,驱动控制电子器件和月球通信中继单元,"阿波罗 15"飞行中产生的热被相变热控系统中的石蜡 PCM 吸收和储存,在两次飞行间歇中,打开可移动的绝热装置,将储存的热量以辐射方式释放到空间。空间实验室(The Skylab)SL-1 采用了相变蓄热技术以防止液体循环辐射器系统中返回的液体温度变化过于剧烈。

在相变蓄热的理论与应用研究方面,美国一直处于领先地位。美国的 Maria Telkes 博士在被动式太阳房领域做了大量工作,她对水合盐,尤其是十水合硫酸钠进行了长期的研究,并在马萨诸塞州建起了当时世界上第一座 PCM 被动太阳房。Maria Telkes、G. A. Lane、P. J. Moses、R. L. Cole、J. A. Clark、R. Viskanta 等人在 PCM 配制和性能研究、相平衡、结晶、相变传热、PCM 性能改善与封装方式、相变蓄热系统设计等方面做了大量的工作,并于 1983 年由 G. A. Lane 主编出版了《太阳能储存:相变材料》一书,成为该领域前期工作的集大成之作。

相变蓄热技术发展过程中仅次于美国的是日本。20 世纪 70 年代早期,日本三菱电子公司和东京电力公司联合进行了用于采暖和制冷系统的 PCM 研究,包括水合硝酸盐、磷酸盐、氟化物和氯化钙等。东京科技大学工业与工程化学系的 Yoneda 等人研究了一系列可用于建筑物取暖的硝酸共晶水合盐,从中筛选出性能较好的 $MgCl_2 \cdot 6H_2O$ 和 $Mg(NO_3)_2 \cdot 6H_2O$ 共晶盐(熔点 59.1℃)。日本电子技术研究所对相变温度范围为 200℃ ~300℃的硝酸盐及其共晶混合物进行了研究。

德国也进行了大量相变蓄热机理和应用研究。Schroeder 等人对相变温度在 -68℃ ~0℃范围内的 PCM 进行了大量研究后,推荐在蓄冷应用中采用 $NaF \cdot H_2O$ 共晶盐(熔点 -3.5℃),在低温蓄热或热泵应用中采用 $KF \cdot 4H_2O$,在建筑物采暖系统中采用 $CaCl_2 \cdot 6H_2O$(熔点 29℃)或 $Na_2HPO_4 \cdot 12H_2O$(熔点 35℃)。Krichel 绘制了大量 PCM 的物性图表,他认为石蜡、水合盐和包合盐(Clathrate)是 100℃以下相变蓄热材料的最佳候选材料。西门子公司在 PCM 的研制中也很活跃,除了对水合盐类 PCM 做了大量研究外,还进行了多孔陶瓷材料中填充 PCM 的高温相变蓄热技术的研究。

此外,瑞典、法国、意大利和苏联在相变蓄热材料的理论和应用研究方面也做了大量工作。

我国对于相比蓄热技术的研究起步相对较晚,不过自 20 世纪 70 年代以来也开展了广泛的研究工作。中国科学技术大学从 1978 年开始进行相变蓄热技术的研究,陈则韶、葛新石、张寅平等人在 PCM 热物性测定和相变过程热传导理论与实验研究方面做了大量工作,申请了多项专利。

国内开展 PCM 早期研究的主要研究对象为无机水合盐类,在众多的无机水合盐类 PCM 中,$Na_2SO_4 \cdot 10H_2O$ 是开发研究最早的材料之一。1983 年,华中师范大学阮德水等人对典型的无机水合盐 $Na_2SO_4 \cdot 10H_2O$ 和 $NaCH_3COO \cdot 3H_2O$ 的成核作用进行了系统研究,较好地解决了无机水合盐的过冷问题;胡起柱等人用 DNS 法测定了新制备的 $Na_2SO_4 \cdot 10H_2O$,NaCl 均匀固态物质的初始熔化热及上述样品在 15℃长时间保温的熔化热,并从相平衡和结晶机理讨论了初始化热值较低的原因;1984 年,河北省科学研究院唐钰成等人对 PCM 进行了量热研究,并进行了太阳房相变蓄热器的研制和试验;哈尔滨船舶工程学院的周云峰、温淑芝等人研制的 PCM 由结晶碳酸钠、结晶硫酸钠、尿素、硫酸钾、水合结晶剂组成,具有良好的蓄热性能,原料成本低,无毒,无腐蚀性,生产时对环境无污染。产品适用于各种温室冬季采暖、可循环使用数年,于 1987 年获得了国家发明专利。1990 年,杭州大学孙鑫泉等人对 $Na_2SO_4 \cdot 10H_2O$ 体系的相变蓄热及其熔冻行为、熔化热的测定及计算公式等方面进行了研究。1992 年,阮德水、李元哲等人依托国家"八五"科技攻关相关课题对 PCM 在太阳房中的应用进行了基础研究,研制了以 $Na_2SO_4 \cdot 10H_2O$ 为基质的低温共熔 PCM 以及相应的蓄热装置,并分别在清华大学对比实验室和北京温泉乡被动太阳房中进行了性能测试和应用试验。2000 年,王剑锋等人对常温组合 PCM 提出了均匀等速相变传热的设想,建立了组合式柱内封装 PCM 熔化—凝固循环相变蓄热系统的仿真模型,利用有限差分法进行了数值模拟分析。结果表明,与采用单一 PCM 的传统蓄热系统相比,PCM 利用率得到显著提高,相变速率可提高 15% ~25% 左右[6]。

北京航空航天大学的袁修干及其合作者依托 2 项国家"863 计划"航天项目和 2 项国家自然科学基金项目,针对空间太阳能热动力发电系统的相变蓄热关键技术进行了历时近 20 年的研究工作。1996 年,邢玉明设计制造了 6 套相变材料容器[7],所用 PCM 容器材料为镍基合金 H861,PCM 为 80.5LiF – 19.5CaF$_2$,进行了耐久性热循环测试,同时与北京工业大学甘永平等合作测试了 PCM 的相变区和熔化潜热,研究了 PCM 的熔化—凝固特性并观察了空穴的形成情况[8]。1998 年,董克用对伴有空穴生成和发展的三维情况下的 PCM 容器内的高温固液相变换热过程进行了数值模拟[9],应用此软件分析了相变蓄热单元的详细的传热过程以及蓄放热过程中固液相变过程;1998 年,邢玉明建立了单元管地面热真空蓄热性能模拟试验装置,并进行了单元管蓄热性能的初步测试[7]。1999 年,邢玉明研制了 15 套采用超耐热合金 Haynes188 为容器材料的 PCM 容器,于 2001 年 8 月进行了吸热器单元换热管的蓄/放热地面模拟实验,完成了多种试验状态下的模拟测试,并对其中几种状态进行了共计 200 多个小时的蓄/放热循环的稳态运行模式试验,验证了相变材料的蓄热能力和容器的可靠性[10]。2000 年栗卫芳完成了相变材料容器的热分析及热应力分析[11],2002 年侯欣宾完成了 2kW 基本型吸热器热设计方案,编写了吸热器热性能分析软件,可以模拟轨道周期内各种工作参数下吸热器主要性能参数的变化[12]。2003 年起崔海亭、桂小红、徐伟强等人参照美国 AirResearch 7kW 闭式布雷顿型热管式吸热器开展热管式吸热器的相关内容研究[13-16],崔海亭还对吸热器和单元热管进行了优化设计[13],桂小红也建立了热管式吸热器单元热管的二维模型,通过模拟计算验证了热管式吸热器在热性能上的改进[15],徐伟强进行了热管式吸热器 PCM 容器内相变蓄热过程的理论研究和仿真计算,开展了填充泡沫金属改善 PCM 容器性能的理论分析,提出了复合相变蓄热材料的立体骨架式模型及其等效导热系数的计算方法,并通过地面模拟试验验证了填充泡沫金属对 PCM 容器的蓄热性能的改善[16]。

1.1.3 相变蓄热材料的分类和选择[1-5]

PCM 是一种能够把过程余热、废热及太阳能吸收并储存起来,在需要时再把它释放出来的物质。在能源供给渐趋紧张的今天,相变蓄热材料以其独特性越来越受到人们广泛的重视,越来越多的领域开始应用 PCM。PCM 的种类很多,其主要分类如图 1.1 所示。根据蓄热的温度范围不同,可分为高温和中低温两类;根据材料的化学组成不同,可分为无机物和有机物(包含高分子类)两类;根据相变的方式不同,主要有固—液相变和固—固相变两类。通常实际应用的 PCM 是由多组分构成的,包括主蓄热剂、相变温度调节剂、防过冷剂、防相分离剂、相变促进剂等组分。

1.1.3.1 中低温相变蓄热材料

一般将熔点低于 120℃(也有研究人员将熔点 100℃作为分界)的 PCM 称为中低温

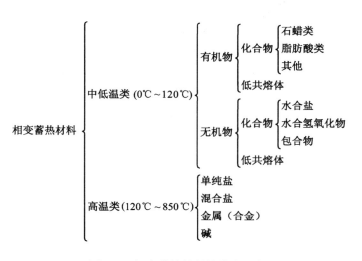

图 1.1　相变蓄热材料的分类示意图

PCM,常用的中低温 PCM 主要包括水合盐、石蜡和脂肪酸三类。

1. 结晶水合盐

无机材料中的无机水合盐有较大的熔解热和固定的熔点,是中低温相变材料中重要的一类,具有储能密度较大、热导率较高(与有机类 PCM 相比)、相变时体积变化小等优点。

无机水合盐的分子通式为 $AB \cdot nH_2O$,AB 表示一种无机盐,n 是结晶水分子数。水合盐吸收热量后在一定温度下熔化为水及盐,热能被存储。反应是可逆的,储存的热能放出后又还原为水合盐。

但是水合盐类 PCM 易出现"过冷"和"相分离"现象,通常需要加入成核剂防止过冷,加入增稠剂、晶体结构改变剂等防止相分离。表 1.1 为部分常用的无机水合盐相变材料。

表 1.1　常用无机水合盐相变材料

水 合 盐	熔点/℃	熔解热/(kJ/kg)	水 合 盐	熔点/℃	熔解热/(kJ/kg)
$CaCl_2 \cdot 6H_2O$	29.7	170	$Ca(NO_3)_2 \cdot 4H_2O$	47.0	153
$Na_2CO_3 \cdot 10H_2O$	32.0	267	$Na_2S_2O_3 \cdot 5H_2O$	48.5	210
$Na_2SO_4 \cdot 10H_2O$	32.4	241	$NaCH_3COO \cdot 3H_2O$	58.0	265
$Na_2HPO_4 \cdot 12H_2O$	40.0	279	$Al(NO_3)_3 \cdot 9H_2O$	72.0	155

2. 石蜡

石蜡主要由直链烷烃混合而成,分子通式为 C_nH_{2n+2},其性质非常接近饱和碳氢化合物。短链烷烃熔点较低,如已烷(C_6H_{14})为 $-95.4℃$,癸烷($C_{10}H_{22}$)为 $-29.7℃$。链增长时熔点先增长较快,而后逐渐减慢,如 $C_{30}H_{62}$ 熔点为 $65.4℃$,$C_{40}H_{82}$ 是 $81.5℃$,链再增长熔点将趋于一定值。由于空间的影响,奇数和偶数碳原子的烷烃有所不同,偶数碳原子烷烃的同系物有较高的熔解热,链更长时熔解热趋于相等。C_7H_{16} 以上的奇数烷烃和在 $C_{20}H_{42}$ 以上的偶数烷烃在 $7℃ \sim 22℃$ 范围内会产生两次相变:低温的固—固相变,它是链围绕长轴旋转形成的;高温的固—液相变,总潜热接近熔解热,它被看作储热中可利用的热能。

石蜡族有一系列相变温度的储能材料,使用时可以根据不同的需要,任意选取合适的种类,表 1.2 列出了部分常用的石蜡类 PCM。石蜡族的物理和化学性能长期稳定,能反复熔解、结晶而不发生过冷或晶液分离现象。石蜡蓄热时的主要缺点是热导率很低,因此传热极慢,往往需用大型的热交换器才行。另外石蜡相变时的体积变化较大,可达 11% ~15%,往往需要对储热系统进行特殊设计,使其应用受到一定的限制。

表 1.2 常用的石蜡类 PCM

碳原子数	熔点/℃	熔解热/(kJ/kg)	碳原子数	熔点/℃	熔解热/(kJ/kg)
16	16.7	237.7	26	56.3	256.2
18	28.2	243.6	27	58.8	235.6
20	36.6	247.8	28	61.2	256.2
22	44.0	252	29	64.4	239.4
23	47.5	235.2	30	65.4	252
24	50.6	249.9			

3. 脂肪酸类

脂肪酸类也是一种有机 PCM,其分子通式为 $C_nH_{2n}O_2$,主要有羊蜡酸、月桂酸、棕榈酸和硬脂酸等及其混合物,脂肪酸的性能与石蜡类 PCM 相似,其熔融温度在30℃ ~60℃之间变化,蓄热密度中等,主要用于室内取暖、保温,是一类很有应用前景的相变材料。表 1.3 为部分常见的脂肪酸类 PCM。

表 1.3 常用的脂肪酸类 PCM

碳原子数	熔点/℃	熔解热/(kJ/kg)	碳原子数	熔点/℃	熔解热/(kJ/kg)
10	36	152	16	62.3	186
12	43	177	18	70.7	203
14	53.7	187	20	76.5	227
15	52.5	178			

1.1.3.2 高温相变蓄热材料

高温 PCM 主要用于小功率电站、太阳能发电和低温热机等方面,常用的高温 PCM 可分为单纯盐、碱、金属与合金、混合盐、氧化物 5 类。

1. 单纯盐[5]

主要为某些碱金属或碱土金属的氟化物、氯化物以及碳酸盐。氟化物中还有一些其他金属的非含水盐,它们常具有很高的熔点及很高的熔化潜热,可应用于回收工厂高温余热等。氟化物作为蓄热材料时多为几种氟化物的混合物形成低共熔物,以调整其相变温度及蓄热量。氯化物和碳酸盐通常也具有较高的熔点和较大的潜热,也是较好的潜在高温相变材料。表 1.4 为部分常见的盐类 PCM。

表 1.4 常用的盐类 PCM

相变材料	熔点/℃	熔解热/(kJ/kg)	相变材料	熔点/℃	熔解热/(kJ/kg)
$AlCl_3$	192	262	LiF	848	1035
$LiCl$	610	467	NaF	995	622
$NaCl$	804	486	MgF_2	1271	936
$MgCl_2$	714	452	Li_2CO_3	720	606
LiH	688	3264			

2. 金属与合金[17]

金属PCM最大的优点是蓄热密度大,热导率高,相变时体积变化小,但由于其比热容通常较小,在热过载的情况下温度波动较大,影响容器寿命。选择金属PCM必须考虑毒性低、价格便宜的材料,铝及其合金因其熔化热大,导热性好,蒸气压力低,是一种较好的蓄热物质。Mg-Zn,Al-Mg,Al-Cu,Mg-Cu等合金的溶解热也很高,可作为PCM。表1.5为部分常见的金属及合金类PCM。

表 1.5 常用的金属类 PCM

相变材料	熔点/℃	熔解热/(kJ/kg)	相变材料	熔点/℃	熔解热/(kJ/kg)
Li	181	435	Al-Si-Zn	560.0 ~ 608.6	349.4
Al	660	398	Al-Mg	591.2 ~ 630.0	223.0
Cu	1083	205	Al-Cu-Zn	522.1 ~ 647.8	229.4
Al-Si	572.6 ~ 590.1	448.6			

3. 碱

碱的比热容高,熔化热大,稳定性强,高温下的蒸气压力低,价格便宜,是较好的蓄热物质。LiOH的相变潜热值较高,并且可以与LiF、LiCl等盐类形成低共熔的PCM,但是由于价格较高,限制了其广泛应用。NaOH和KOH在两个不同的温度范围内均存在相变现象。表1.6为部分常见的碱类PCM。

表 1.6 常用的碱类 PCM

相变材料	熔点/℃	熔解热/(kJ/kg)	相变材料	熔点/℃	熔解热/(kJ/kg)
LiOH	471	876	KOH	249 + 400	261
NaOH	287 + 318	330	Ca(OH)$_2$	835	389

4. 混合盐

混合盐同其他高温相变材料相比,最大的优点是熔融温度可调,可根据需要将各种盐类配制成100℃ ~900℃温度范围内使用的蓄热物质。很多混合盐同单纯盐相比,熔融时体积变化小,传热好。

5. 氧化物

大部分用作潜在相变材料的氧化物的使用温度很高,熔化热较大。表1.7为部分常见的氧化物类PCM。

表 1.7 常用的氧化物类 PCM

相变材料	熔点/℃	熔解热/(kJ/kg)	相变材料	熔点/℃	熔解热/(kJ/kg)
MoO$_2$	795	364	TiO	2020	917
BeO	1500	2847	ZrO$_2$	2680	708

1.1.3.3 相变蓄热材料的选择

相变材料作为蓄热器储存热量的载体,针对不同的应用场合和应用目的,应选择不同的相变蓄热材料,选择性能优良的相变材料关系到蓄热器设计的成败。具体而言,在相变

蓄热过程中,理想的相变材料在热力学、化学方面应具有下列性质:

(1) 具有合适的熔点温度;

(2) 有较大的熔解潜热,可以使用较少的材料存储所需热量;

(3) 密度大,存储一定热能时所需要的相变材料体积小;

(4) 具有较高的热导率,使得蓄/放热过程具有较好的热交换性能;

(5) 能在恒定的温度或温度范围内发生相变,使得蓄/放热过程易于控制;

(6) 相变过程中不应发生熔析现象,避免 PCM 化学成分的变化;

(7) 凝固时无过冷现象,熔化时无过饱和现象;

(8) 热膨胀小,熔化时体积变化小;

(9) 无毒(对人体无危害),腐蚀性小(与容器材料相容性好);

(10) 蒸气压低;

(11) 原料易购,价格便宜。

实际上很难找到能够满足所有这些条件的相变材料,在应用时主要考虑的是相变温度合适、相变潜热高和价格便宜,注意过冷、相分离和腐蚀问题。

1.2　相变蓄热技术的典型应用

相变蓄热技术的应用面很广,涉及到生活、生产、军事等各个领域,而且随着相变蓄热技术基础和应用研究的持续深入和新型相变蓄热材料的不断涌现,相变蓄热技术应用的深度和广度都将不断扩展。这里主要从工业余热回收、空调供暖、节能建筑材料、太阳能利用等方面简要介绍相变蓄热技术的典型应用。

1.2.1　相变蓄热在工业余热回收中的应用

工业过程的余热既存在连续型余热又存在间断型余热。对于连续型余热,通常采取预热原料或空气等手段加以回收,而间断型余热因其产生过程的不连续性未被很好地利用,如有色金属工业、硅酸盐工业中的部分炉窑在生产过程中具有一定的周期性,造成余热回收困难,因此,这类炉窑的热效率通常低于 30%。

相变蓄热技术突出的优点之一就是可以将生产过程中多余的热量储存起来并在需要时提供稳定的热源,它特别适合于间断性的工业加热过程或具有多台不同时工作的加热设备的场合,利用相变蓄热技术进行热能储存和利用可以节能 15% ~45%。根据加热系统工作温度和储热介质的不同,应用于工业加热的相变蓄热系统包括蓄热换热器、蓄热室式蓄热系统和显热/潜热复合蓄热系统等多种形式。

蓄热换热器适用于间断性工业加热过程,是一种蓄热装置和换热装置合二为一的相变蓄热换热装置。它采取管壳式或板式换热器的结构形式,换热器的一侧填充相变材料,另一侧则作为换热流体的通道。当间歇式加热设备运行时,烟气流经换热器式蓄热系统的流体通道,将热量传递到另一侧的相变介质使其发生固—液相变,加热设备的余热以潜热的形式储存在相变介质中。当间歇式加热设备重新工作时,助燃空气流经蓄热系统的换热通道,与另一侧的相变材料进行换热,储存在相变材料中的热量传递到被加热流体,达到预热的目的。相变蓄热换热装置另一个特点是可以制造成独立的设备,作为工业加热设备的余热利用设备使用时,并不需要改造加热设备本身,只要在设备的管路上进行改造就可以方便地使用。

蓄热室式蓄热系统在工业加热设备的余热利用系统中,传统的蓄热器通常采用耐火材料作为吸收余热的蓄热材料,由于热量的吸收仅仅是依靠耐火材料的显热热容变化,这种蓄热室具有体积大、造价贵、热惯性大和输出功率逐步下降的缺点,在工业加热领域难以普及应用。相变蓄热系统是一种可以替代传统蓄热器的新型余热利用系统,它主要利用物质在固液两态变化过程中的潜热吸收和释放来实现热能的储存和输出。相变蓄热系统具有蓄热量大、体积小、热惯性小和输出稳定的特点。与常规的蓄热室相比,相变蓄热系统体积可以减小 30% ~ 50%。

采用相变蓄热技术来回收储存碱性氧气转炉或电炉的烟气余热以及干法熄焦中的废热,既节约了能源,又减少了空气污染以及冷却、淬火工程中水的消耗量。一些电厂也利用相变蓄热技术来存储电厂余热用于海水淡化等方面。

1.2.2 相变蓄热在空调、供暖中的应用

电力资源的短缺是人类长期面临的问题,但是电力资源的浪费却非常严重,如我国的葛洲坝水利枢纽工程,其高峰与低谷的发电输出功率分别为 220 万 kW 和 80 万 kW,用电低谷时多余的水库容量只能白白放掉。若能把这部分能源回收,则可大大缓解能源紧张状况。

为了缓解电网负荷过重,鼓励采用"削峰填谷"的方法解决电网峰、谷差过大的问题,世界上不少发达国家实行了电价按电网负荷峰谷时间段分计,我国许多地区也已经开始实行电价分计制。随着峰谷电价政策的推广,蓄热技术成为目前缓解电力紧张的重要手段。蓄冷空调系统和蓄热式电供暖就是相变蓄热技术在空调和供暖中的典型应用。

据有关资料介绍,在普通城市中,如果一百家中等规模宾馆楼宇集中空调系统采用相变储冷系统,将空调电力负荷全部或部分从高峰移到低谷,即可使十万户居民在用电高峰时免受拉闸限电之苦。蓄冷式空调系统,是指在电价低、空调负荷低的时间内蓄冷,在电价高、空洞负荷高时释放冷量,从而在时间上全部或局部转移制冷负荷的空调系统[5]。

另一方面,北京市每年冬季采暖期间,各种燃煤式、燃油式锅炉排放的烟尘、一氧化碳、二氧化硫成为大气的主要污染物,而与燃煤、燃气、燃油相比,利用电能无任何污染,它是最清洁的能源。随着人们环保意识的增强,使用电能供暖已逐步被认同,各种类型的电供暖设备已活跃于市场。电锅炉供暖是电采暖的主要方式之一,它分为普通电锅炉供暖和蓄热电锅炉供暖两种。与蓄热电锅炉相比,普通电锅炉在节能方面有很大的欠缺,不利于"移峰填谷",而蓄热电锅炉则以电锅炉为热源,利用晚间廉价电力,对蓄热材料加热,将热量储存起来,在电网高峰时段停用电锅炉,释放储存热量,这样就达到了"移峰填谷"的目的。由于蓄热电锅炉不释放有害气体、无污染、无噪声,且比煤锅炉、油锅炉的热效率高,又能充分利用低谷电,运行费用低,现已被广泛应用[18]。

1.2.3 相变蓄热在建筑节能领域的应用

随着生活水平的提高,人们对室内环境的舒适度要求也越来越高,相应的建筑物能耗

（包括空调及采暖能耗）也随之增高。怎样在人的舒适度、建筑物能耗和环境之间找到合理的平衡点成为建筑设计、建筑节能领域的重要问题。相变蓄热材料与合理利用太阳能的结合提供了一种提高建筑物舒适度、同时减低能耗的有效途径。

太阳能采暖和保温系统一般由集热部件、蓄热部件、换热器和辅助能源等部分构成，按照热能驱动形式不同可分为主动式系统和被动式系统两类。主动式系统与建筑物各自成体系，其换热介质由泵或风机输送，而被动式系统则由房屋结构本身来完成集热、蓄热和热量的释放。在这两种系统中，采用相变蓄热技术都能显著提高系统性能。

在建筑应用中，PCM 的熔点应接近所需要的室温。石蜡、水合盐、脂肪酸以及脂肪酸和石蜡的混合物都是适合的候选材料。这些材料加入适当的混合物后可以做成墙体、地板、天花板等，应用于各种形式的被动式太阳房中。

相变蓄热技术应用与建筑物墙板的主要问题是：如何将 PCM 作为组元引入建筑构件中。目前采用的方法主要有以下三种：将 PCM 密封在合适的容器中；将 PCM 密封在建筑材料中；将 PCM 直接与建筑材料混合。

将 PCM 封装在由铁或塑料制成的大小合适的容器内是较为可行的方法，目前研究较多的例子是：采用高密度聚乙烯制成黑色或白色的容器，长度可从 0.5m 至 2.0m，直径从 5cm 至 20cm 不等，容器内填充已加入适当成核剂和增稠剂的 $Na_2SO_4 \cdot 10H_2O$ 或 $CaCl_2 \cdot 6H_2O$。

在应用第二种方法时，为了防止 PCM 的泄漏，通常要使用一些特殊的封接剂。例如可用尿烷煤焦油做 $CaCl_2 \cdot 6H_2O$ 的封接剂，做成轻质水泥砖。需要注意的是，应避免因 PCM 与建筑材料的不相容性引起材料长期使用后的变质问题。

第三种方法的好处在于结构简单，性质更均匀，更易于做成各种形状和大小的建筑构件，以满足不同的需求，因此成为相变蓄热技术在建筑节能方面应用的热点。

1.2.4 相变蓄热在航天领域的应用

早在 20 世纪 50 年代，由于航天事业的发展，人造卫星等航天器的研制中常常涉及到仪器、仪表或材料的恒温控制问题。因为人造卫星在运行中，时而处于太阳照射之下，时而由于地球的遮蔽处于黑暗之中，在这两种情况下，人造卫星表面的温度相差几百摄氏度。为了保证卫星内温度恒定在特定温度下（通常为 15℃ ~ 35℃ 之间），人们研制了很多控制温度的装置，其中一种就是利用相变蓄热材料在特定温度下的吸热与放热来控制温度的变化，使卫星正常工作。当外界温度升高至特定温度（如 30℃）时，相变蓄热材料开始熔融，大量吸收热量；而当外部温度降低，低于特定温度时，相变材料又开始凝固，大量放出热量，从而维持内部温度恒定在 30℃ 左右。

蓄热技术在航天领域中的另一个应用是空间太阳能热动力发电系统，空间热动力发电系统是有望应用于近地轨道空间站上的电力供应系统，它通过收集太阳能并转化为热能，驱动热机进行发电。由于近地轨道上将近 1/3 的时间为阴影期，无法接受太阳光照，为了确保发电系统的连续工作，需要利用相变蓄热技术将日照期内吸收的一部分太阳能以相变潜热的形式储存起来。在轨道阴影期，PCM 在相变点附近凝固释放热量，充当热机热源维持发电系统仍能连续工作发电。

1.3 空间太阳能热动力发电系统

1.3.1 太阳能热动力发电系统概述

空间太阳能热动力发电系统是 20 世纪中期提出的一种空间电力供应技术,美国从 20 世纪 60 年代就开始了大量相关技术的研究[19-21]。图 1.2 是自由号空间站上空间太阳能热动力发电系统的结构和安装位置示意图。典型的空间太阳能热动力发电系统由四大部件组成:聚能器、吸热蓄热器、电力转化部件和辐射器。

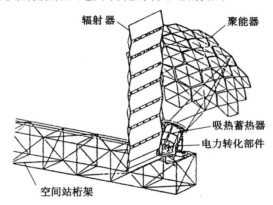

图 1.2 空间太阳能热动力发电系统结构与安装位置示意图

闭式布雷顿循环和斯特林循环不受空间微重力条件的影响,热效率高,重量轻,使用寿命长,因此成为空间太阳能热动力发电系统主要考虑的热机循环方式[22,23]。闭式布雷顿循环的热效率较高,而且在航空发动机和地面燃气轮机中的应用广泛,技术成熟,可靠性高,具有一定的技术优势,成为早期空间太阳能热动力发电系统方案的主要选择。斯特林发动机的结构复杂,密封要求严格,制造工艺水平要求相当高,因而早期研究进展缓慢。随着 20 世纪 50 年代斯特林发动机的根本性改革和突破性发展,其效率和功率得到大幅度的提高。与闭式布雷顿型发电系统相比,斯特林型发电系统的设计简单,比质量和比体积小,具有自启动能力,而且噪声小,维护方便,使用寿命长,成为 NASA 的先进太阳能热动力发电系统发展计划中的主要研究方向,德国、日本等国都对斯特林型太阳能热动力发电技术进行了重点研究。

图 1.3 是闭式布雷顿型空间太阳能热动力发电系统的工作原理图。日照期时,抛物型的聚能器将太阳光聚集并反射到吸热蓄热器腔内,入射的太阳光被吸收转换成热能,其中一部分热能传递给循环工质,另一部分热量利用封装在相变蓄热容器里的 PCM 以潜热的形式储存起来。吸热后的循环工质在涡轮内膨胀做功,推动涡轮旋转,带动发电机发电。膨胀做功后的循环工质先后经过回热器和工质冷却系统的排热降温后成为低温低压气体,进入压缩机压缩增压,并经过回热器预热,再次进入吸热蓄热器吸收入射太阳能,完成一个循环过程。工质冷却系统由工质冷却器、泵和辐射器组成,废热主要通过辐射器释放到宇宙空间。在轨道阴影期,PCM 在相变点附近凝固释热,充当热机热源来加热循环

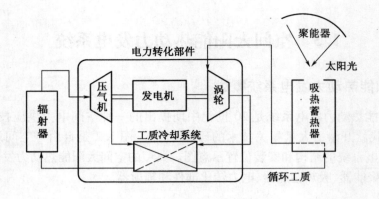

图 1.3 闭式布雷顿型空间太阳能热动力发电系统的工作原理图

工质,使得空间太阳能热动力发电系统在轨道阴影期时仍能连续工作发电[24-29]。

图 1.4 为斯特林型空间太阳能热动力发电系统的工作原理图[12,13]。斯特林型发电系统中其他主要部件的工作原理与闭式布雷顿型发电系统基本相同,只是电力转化装置中采用斯特林热机作为原动机,取代了闭式布雷顿型发电系统中的涡轮和压缩机。斯特林热机是一种由外部供热使工质气体在不同温度下作周期性压缩和膨胀的闭式循环往复式发动机,按其传动形式可分为曲柄连杆传动、菱形传动、斜盘或摆盘传动、液压传动和自由活塞传动等类型。图 1.5 为自由活塞式斯特林热机的结构示意图,在封闭气缸内充有一定容积的工质,并被配气活塞分隔为热腔与冷腔,冷腔与热腔之间用冷却器、回热器和加热器连接。热腔与吸热蓄热器中的换热器相连,工质在这里迅速吸热膨胀,推动动力活塞及直线发电机运动;冷腔通过中间介质回路与辐射器相连,将工质的余热传递给辐射器并排放到宇宙空间。工质在配气活塞的推动下,在冷、热腔之间往复流动,完成循环。

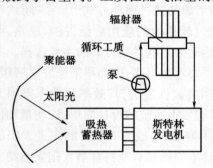 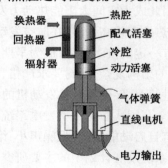

图 1.4　斯特林型空间太阳能热动力
　　　发电系统的工作原理图

图 1.5　自由活塞式斯特林发电机

20 世纪 60 年代初期,美国 Garrett 公司就开始了对空间太阳能热动力发电系统的研究,先后进行了目标输出功率为 3kW 和 10.5kW 的闭式布雷顿型空间太阳能热动力发电系统的设计方案和主要部件试制,并进行了大量的地面部件性能试验,基本验证了方案可行性[19]。

20 世纪 80 年代提出的"自由号"空间站计划极大地推动了空间太阳能热动力发电系统的发展[30-33],美国开始研制用于自由号空间站电源系统的闭式布雷顿型空间太阳能热动力发电系统[32,34],同时执行先进太阳能热动力发电计划[35,36],研制更加高效、轻质、高可靠性、长寿命的空间太阳能热动力发电系统。

为了检验空间太阳能热动力发电系统的性能,1992年刘易斯研究中心开始执行2kW太阳能热动力发电地面演示项目。2kW地面演示系统各部件于1994年通过验收,并于1994年12月13日至1995年3月在刘易斯研究中心6号真空舱进行试验。系统共运行了100h,进行了51个模拟轨道周期试验,经历了5次冷启动和1次热启动,稳定转速48000r/min,其中1995年2月17日电功率输出达到了2kW。2kW地面样机的演示试验验证了空间太阳能热动力发电系统的性能,取得了满意的效果,其下一目标是进行空间运转试验,以测试系统空间应用的可靠性,并解决运输、发射、空间安装、操作等可能存在的问题[37,38]。

美、俄1994年开始进行空间合作计划后,曾计划于1997年在"和平号"空间站进行2kW空间太阳能热动力发电系统的空间试验。试验计划由美、俄合作完成,其中美国提供吸热蓄热器和电力转化部件,俄罗斯提供聚能器和辐射器。如果试验结果比较满意,将用于国际空间站的部分供电需求。由于飞行计划的改变,试验被推迟到以后在国际空间站进行,并可能用于国际空间站的部分电力供应[39,40]。

俄罗斯"和平二号"空间站曾计划于1996年开始首次装配、1998年组装完成,其中包括装配后期在长桁架的一端安装两套空间太阳能热动力发电系统[41],后因加入阿尔法国际空间站计划,"和平二号"空间站的建造计划被取消。

另一方面,随着航天技术的迅猛发展,空间航天基地、月球基地、载人火星探测正逐渐列入研究和发展计划,这对空间能源供应提出了更高的要求。空间太阳能热动力发电系统的能量转化效率高、大功率发电优势明显,在大型空间航天器和空间基地的应用中有较好的技术优势。因此,空间太阳能热动力发电系统的应用不再局限于空间站的供电系统,大型空间航天器和月球基地的电力供应系统都成为空间太阳能热动力发电系统下一步发展和应用的目标。

从空间技术的发展远景来看,随着大型空间平台和太空工业的发展,空间电力太阳能发电的目标将达到兆瓦级。空间太阳能热动力发电系统的一个远期发展目标是建立空间太阳能电站,除了供应空间电力需求,剩余的电能将通过微波方式发回地面,地面采用天线接收。美国NASA开展了对空间电站的可行性、结构和技术方面的研究,并提出了一个总功率1.6GW,系统寿命20年,功率质量比达到1kW/kg的空间太阳能电站的构想。电站预计采用160个10MW的太阳能热动力发电模块,估计系统总面积为9.5km×0.65km,总质量达到2256t[42]。

为了适应空间能源供应提出的更高要求,美国和欧洲纷纷提出先进空间太阳能热动力发电系统的研制计划,研究重点是提高系统效率,提高功率/质量比,减小聚能器和辐射器的面积,减少运行成本。美国NASA于1985年启动了先进空间太阳能热动力发电系统研制计划,对吸热器等关键部件进行了先进方案的设计研究[35,36]。1996年德国、瑞典、西班牙等国的多家机构在欧洲委员会资助下合作开展了应用于分散型太阳能电站的混合动力空间发电系统的研制,其主要目标就是发展一个以太阳能和燃料作为混合动力的空间发电系统[43]。2004年美国提出一种先进空间太阳能热动力发电系统方案,其中应用了两级热力循环(包括一级两相流循环和一级布雷顿循环)、两级聚能器以及与第一级聚能器集成的辐射器等先进技术,不仅使系统功率提高到 41.3%,而且降低了系统重量和体积,该先进空间太阳能热动力发电系统方案如图 1.6 所示[44, 45]。

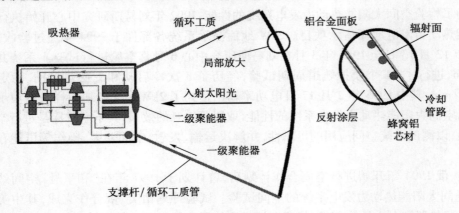

图 1.6 带二级循环和二级聚能器的先进空间太阳能热动力发电系统方案原理图

1.3.2 吸热蓄热器概述及研究进展

吸热蓄热器是空间太阳能热动力发电系统的关键部件之一,它集吸热和蓄热功能于一身,通常简称为吸热器。在轨道日照期,抛物型的聚能器将太阳光聚集并反射到吸热蓄热器腔内,入射的太阳光被吸收转换成热能。其中一部分热能直接加热循环工质,并由其驱动电力转化部件发电;另一部分热量加热并熔化相变蓄热容器里的 PCM,以潜热的形式储存起来。轨道阴影期时,不再有太阳光入射吸热器腔内,相变蓄热容器里的 PCM 在相变温度附近凝固并释放潜热,充当热机热源加热循环工质,使得空间太阳能热动力发电系统在轨道阴影期内仍能连续发电[46]。

吸热器不仅是空间太阳能热动力发电系统的关键部件,也是国外的空间太阳能热动力发电研制计划中投入力量最多的部件。这是由于:① 闭式布雷顿型和斯特林型太阳能热动力发电系统的各部件中,只有吸热器,既没有同类地面设备可以移植,也没有已用于空间的类似部件可以借鉴;② 吸热器质量较大,通常达到空间太阳能热动力发电系统总重的 1/3 以上,降低其质量对降低系统质量有重大意义;③ 微重力下相变传热的物理过程在理论上相当复杂,地面试验也比较困难,研制难度较大。

20 世纪 60 年代,美国 NASA 在吸热器腔体设计中提出了三种形状的设计方案,球形、锥形和圆柱形[47],20 世纪 70 年代,GE 公司研制的 11kW 吸热器又采用了蜂腰双锥形腔体[48, 49]。球形、锥形腔体以及蜂腰双锥形腔体的设计初衷都是为了使吸热腔的形状与入射太阳光强度分布相适应,循环工质沿工质管流动过程中达到更好的传热效果,并减小吸热器腔内的热应力。但是这些腔体设计使得吸热器结构变得复杂,大大增加了制造加工难度。圆柱形吸热器是 20 世纪 80 年代吸热器设计的主要思想[50-53],并一直延续至今,简单的截面形式使得吸热器的结构复杂性大大降低。

在 Allied-Signal 公司为"自由号"空间站设计的 25kW 吸热蓄热器方案中,蓄热容器被设计成一个个独立的环形小容器,内部充装 PCM,并套装在工质管外,如图 1.7 所示[50-53]。这一设计方案被认为是蓄热容器设计中非常重要的思想,不仅通过容器侧壁强

14

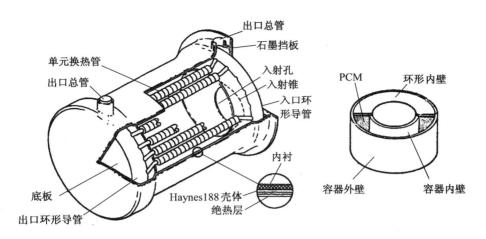

图 1.7　Allied-Signal 公司 25kW 吸热器结构示意图

化传热,而且最大限度地缩小了单个蓄热容器的失效对整个吸热器工作性能的影响,显著增加吸热器的可靠性。

　　Allied-Signal 公司的 25kW 吸热器设计方案也是 2kW 太阳能热动力发电系统地面演示系统中采用的形式,是结构简单、性能和可靠性都可以保证的设计方案,特别是经过了地面演示试验整体运行,实际验证了其可行性和可靠性。这一方案也称为基本型吸热器方案,成为先进吸热器设计的基础。

　　国内对吸热器的研究始于 20 世纪 80 年代末,1989 年航天部 501 所的田文华等人给出了一个 10kW 闭式布雷顿型吸热器总体设计方案[54];1991 年蒋大鹏、田文华建立了吸热器中蓄热容器的二维传热模型,对吸热器进行热分析计算[55,56];1996—1998 年北京航空航天大学的邢玉明等人采用镍基合金 H861 为容器材料,80.5LiF – 19.5CaF$_2$ 为 PCM 设计制造了 6 套蓄热容器,并建立了单元换热管地面蓄热试验装置,对其蓄热性能进行了初步测试[10];1998 年董克用等人建立了考虑空穴生成和发展的三维 PCM 容器模型,分析了蓄热容器内的相变传热过程[9];1999 年邢玉明等人改用钴基合金 Haynes188 作为容器材料并改进制造工艺后,又研制了 15 套蓄热容器并制成单元换热管,于 2001 年在地面模拟真空环境下进行了超过 200h 的蓄放热实验,完成了多种组合参数下的模拟测试[10];2000 年栗卫芳也对蓄热容器内的相变蓄热过程进行了热分析计算[11];2002 年侯欣宾等人进行了 2kW 吸热器的方案设计,模拟计算了不同工作参数下的工质出口温度、容器壁温、PCM 熔化率以及 PCM 利用率等参数的变化[12]。虽然上述国内研究工作都是基于美国 NASA 的基本型吸热器方案展开的,但是这些研究不仅开辟了国内太阳能热动力发电系统吸热器的研制工作,而且也为日后先进型吸热器方案的设计研制打下了基础。

　　作为先进太阳能热动力发电研制计划的一部分,Garrett 公司首先提出了四种可用于闭式布雷顿型和斯特林型太阳能热动力发电系统的先进吸热器方案,分别为热管式吸热器、堆积床吸热器、环形热管吸热器和直接吸收式吸热器。与基本型吸热器相比,先进吸热器方案的质量和体积可分别下降 30% ~ 60%[56]。其中热管式吸热器是四种先进吸热器中最具发展潜力的方案之一,利用热管优异的传热特性,使吸热器内的温度分布更加均匀,能够更加安全高效地进行热量的储存和释放,提高了吸热器效率和可靠性,并在体积和质量上有较大改进,美国、日本、德国、俄罗斯等国家都积极开展了热管式吸热器的研究。

美国 Allied-signal 公司的 AirResearch 提出的 7kW 闭式布雷顿型热管吸热器设计方案是典型的热管式吸热器[57],其结构如图 1.8 所示。该吸热器采用了简单圆柱形腔体形状,腔内靠近壳体壁面处沿轴向平行安装一系列钠热管,靠近吸热器入射孔的一端由隔板隔出一个吸热腔。每根热管都分为吸热段、蓄热段和换热段三个功能段,吸热腔内的热管吸热段表面吸收入射的太阳光并转化为热能,蓄热段的管壁外套装一系列内部充装 PCM 的环形蓄热容器,用以在日照期储存部分热量,热管换热段的管壁外套装一个带肋片的换热器,通过强制对流换热将热量传递给循环工质,从而驱动电力转化部件发电。日照期时,热管工质在吸热段吸收入射太阳热能而蒸发,而在蓄热段和换热段发生冷凝,放出的部分热量使蓄热段的 PCM 熔化,以潜热的形式储存起来,其余热量在换热段加热循环工质。阴影期时,吸热段不再有入射太阳能,此时蓄热段的PCM 在逐渐凝固的过程中释放潜热,并通过热管加热换热段的循环工质,以维持太阳能热动力发电系统的持续工作。

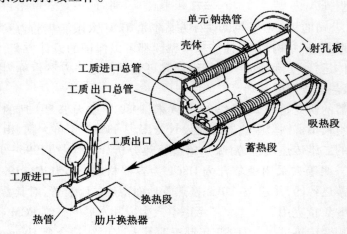

图 1.8　AirResearch 7kW 闭式布雷顿型热管吸热器

与基本型吸热器相比,AirResearch 热管吸热器在质量和体积上有了重大改进,其质量功率比和体积功率比分别降到了基本型吸热器的 52% 和 18%。而当热管式吸热器应用于斯特林型太阳能热动力发电系统时,可以将斯特林型机放置在吸热器蓄热段的内部空间,使得整个 SDPSS 的体积更小,结构更加紧凑。该方案的缺点是在每根单元热管上需要套装大量的蓄热容器和结构复杂的换热器,制造工艺相当复杂。

1990 年日本的 Makoto 等人进行了以 30kW SDPSS 为应用目标的热管式吸热器的方案设计[58],给出的两种设计方案中分别采用了外套 PCM 容器的单元热管和整体式单元热管。其中对采用整体式单元热管的热管吸热器方案(简称整体式吸热器)做了较为详细的介绍,整体式吸热器及单元热管的结构如图 1.9 所示,吸热器腔内靠近壳体壁面处沿轴向平行安装 160 根整体式单元热管,每根整体式热管内部嵌入了一根 U 形的循环工质管和两根封闭的相变蓄热管,热管工质填充在工质管、相变蓄热管的壁面和整体式热管的壁面之间。日照期时,热管工质在整体式单元热管内壁吸收入射太阳能而蒸发,在循环工

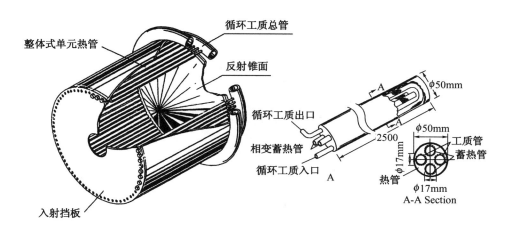

图 1.9　日本整体式单元热管吸热器

质管和相变蓄热管外壁冷凝放热,一部分热量通过加热循环工质转化为电能,另一部分熔化相变蓄热管内的 PCM,以潜热形式储存起来;阴影期时,热管外壁不再有太阳热流,此时相变蓄热管内的 PCM 在逐渐凝固的过程中释放潜热,热管工质在相变蓄热管表面受热蒸发,继续为循环工质管内的循环工质提供热量。

　　整体式热管内的热量在热管、循环工质管及相变蓄热管之间传递,所以形式上属于一种径向热管。与美国 AirResearch 方案相比,整体式吸热器具有很多优势:① 整个吸热器腔体都用来吸收入射太阳能,增大了吸热面积,而锥形底板将入射太阳光反射到热管表面,减少了腔口损失,使得整体式吸热器具有较高的吸热效率;② 循环工质直接在工质管内加热,无需专门的换热装置,热管、工质管和蓄热管相互集成的设计使得结构更加紧凑,进一步减小了吸热器质量和体积;③ 径向热管的形式使得热管、循环工质管和相变蓄热管之间的传热效率以及 PCM 的利用率都大大提高。然而其致命缺陷是相变蓄热管中的空穴分布集中,容易产生热应力影响其结构可靠性。Makoto 等人通过试制整体式单元热管,并对其进行热性能试验证明了整体式单元热管的良好性能表现,同时试验中相变蓄热管壁出现的明显变形破裂也验证了该设计方案在结构可靠性上的严重缺陷。

　　1999 年德国宇航中心的 Ch. Audy 等人提出一种热管式吸热器方案[59],该吸热器腔内包含 37 根沿轴向平行排列的单元热管,如图 1.10 所示。与美国 AirResearch 方案相似的是,吸热器内由隔板隔出吸热段和蓄热段,吸热段内的热管吸热端面吸收入射太阳能,蓄热段的热管外壁套装一系列的蓄热容器,容器内部封装 PCM 用来储存热量。但是不同的是,该吸热器整个腔体空间内都安装了单元热管,使得吸热器的结构更加紧凑,在相同热管数目的情况下,能够大大缩小吸热器的体积;另外该吸热器没有专门的换热段和套装在每根热管外的换热器,若系统采用闭式布雷顿型装置,可在每根热管内插入一根 U 形工质管,循环工质流经工质管的同时吸收热量,在一定程度上缩小了吸热器体积,而当应用于斯特林型装置时,热管内集成的循环工质管也可以省略,而直接将热管的一端插入斯特林机的加热端,不仅简化单元热管结构,而且降低吸热器重量。

　　在欧洲委员会资助下,德国、瑞典、西班牙等国的多家机构在 1996 年合作启动了

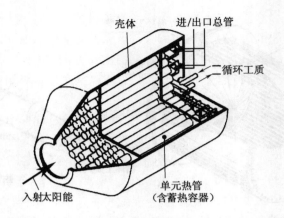

图 1.10　德国宇航中心闭式布雷顿型热管吸热器结构示意图

图 1.11　带燃烧系统的混合动力式热管吸热器

HYHPIRE(Hybrid Heat Pipe Receivers)研制计划,其主要研究目标就是发展应用于分散型太阳能电站的混合动力式热管吸热器。2002 年公布了该工程中研制成功的混合动力式热管吸热器[43],如图 1.11 所示。混合式热管吸热器集成了一个热管吸热器和一个燃烧室,它可以由入射太阳能、燃烧气体或者是两者同时提供热动力,从而实现了斯特林热机 24h 持续运行的可能。混合式吸热器的前端是一个双层壁面的热管吸热器,热管内部填充毛细结构,其内壁面用以吸收入射太阳能,外壁面则用以吸收燃烧气体产生的热能;混合吸热器的中间留有空间放置斯特林热机;剩余的壳体加上循环管路组成燃烧室,燃烧气体从预热腔经由循环管路到达吸热器外表面后进行燃烧,其燃烧热由热管外壁面吸收;焊接在吸热器后侧的一系列换热管从热管端面吸收热能并传递给斯特林热机。

1.3.3　相变蓄热过程中空穴影响的研究进展

　　无论采用基本型或热管式吸热器方案,也不管采用何种热循环方式,由于空间轨道上太阳辐照周期性出现的固有特性,相变蓄热装置成为保障空间太阳能热动力发电系统在轨道阴影期连续工作所必不可少的主要部件。国内外研究人员以空间太阳能热动力发电系统中吸热器的设计和研制为背景,对微重力条件下吸热器内蓄热容器中的相变蓄热过程进行了大量的理论研究、仿真计算和地面试验[60-66]。另一方面,随着相变蓄热技术在地面太阳能利用、工业余热回收、低温蓄冷技术等领域的广泛应用和不断发展,相变蓄热的理论研究和技术改进得到了越来越多的关注。蓄热容器内的强化传热和 PCM 内空穴分布对相变蓄热过程的影响成为相变蓄热研究的主要方向,由于空穴分布尚无成熟的理论可以引用,实验研究因为难度较大也非常缺乏,所以空穴分布对相变蓄热过程的影响成为研究的难点和重点。

由于 PCM 的固液相密度相差较大,在液相 PCM 的凝固过程中,体积收缩导致 PCM内部必然会出现空穴。另外由于制造工艺的限制和出于安全性的考虑,蓄热容器内 PCM的充装量也不可能确保液态时正好充满容器空间,而是留有一定的空隙。以美国 SSDPS吸热器中采用的 $80.5LiF - 19.5CaF_2$ 蓄热容器为例,当 PCM 完全熔化或全部凝固时,空穴的体积变化为 8% ~ 27%[60]。氟盐的热导率本来就不高,而空穴的存在更是加大了PCM 内的局部热阻。美国 NASA 对基本型吸热器中蓄热容器的研究发现,当吸热器从阴影期进入日照期,入射的太阳热流开始照射到蓄热容器外壁面,由于贴近容器壁面处空穴的存在,壁面会产生局部高温和大的温度梯度,形成所谓的“热斑”现象;而在没有空穴的容器壁面上,与容器外壁相接触的 PCM 吸热熔化并且膨胀,由于这部分熔化的液态 PCM被周围的固态 PCM 和容器外壁包围而无法自由流动,就会挤压容器外壁,使其产生变形甚至破坏,即所谓的“热松脱”现象。随着空间轨道的周期性更替,蓄热容器内的 PCM 交替凝固和熔融,“热斑”和“热松脱”现象也反复出现,严重影响蓄热容器的传热效率和结构可靠性,缩短其使用寿命,甚至直接导致其变形破坏,国内外的高温相变蓄热实验研究中都有蓄热容器破坏的报道[7, 58]。

为了进一步验证空穴在微重力下的分布情况,美国在“哥伦比亚”和“奋进号”航天飞机上进行了空间蓄热容器的相变蓄放热试验[61-63],采用断层 X 射线摄影装置获得了内部分布照片,试验排除浸润性的影响,凝固后的 PCM 将主要分布在散热的一端,而空穴分布在温度较高的一端。该试验结果与美国克利夫兰州立大学的 Ibrahim 教授对容器内相变蓄热过程的仿真计算结果进行了比较,验证了该仿真计算软件的可靠性,也为软件的改进提供了依据。Douglas 等人[64]在相变蓄热过程的仿真计算中考虑了空穴生成过程向温度较高区域运动的趋势,但是该方法与网格划分和时间步长有直接的关系,存在不合理的方面。Carsie 等人[65-67]对于相变过程空穴的形成和运动进行了试验,表明在重力下空穴分布在容器最上方的位置。Pavel 和 Mounir[68]对空穴内的辐射特性进行了研究,表明空穴内的辐射性能与辐射波长有直接的关系。考虑空穴内辐射对于容器内的传热产生一定影响,但是空穴复杂的形状给计算带来了较大的困难。

董克用对应用于基本型吸热器的蓄热容器内的温度场变化、空穴分布进行了仿真计算[9],分别建立了蓄热容器的二维和三维传热模型,对空穴靠近外壁、侧壁和均匀分布三种可能分布形式下容器内的相变蓄热过程进行了仿真计算和对比分析。崔海亭、桂晓宏、徐伟强等人分别针对热管吸热器中的蓄热容器建立了二维模型,并对容器内的相变蓄热过程进行了仿真计算,其中假设空穴为靠近容器外壁的环形区域[13-16]。

上述研究工作针对基本型和热管式吸热器中的蓄热容器内的相变蓄热过程进行了仿真计算,研究了空穴分布对于容器内传热过程的影响,但是由于地面实验难度较大,尚未开展实验研究对仿真结果进行验证。另外,虽然大量理论研究和仿真计算都证明了 PCM内的空穴分布对相变蓄热过程的重要影响,但是尚未提出合理有效的改进方案。

参 考 文 献

［1］ 崔海亭,杨锋编.蓄热技术及其应用.北京:化学工业出版社,2004.

［2］ 樊栓狮,梁德青,杨向阳,等.储能材料与技术.北京:化学工业出版社,2004.

［3］ 王华,王胜林,饶文涛.高性能复合相变蓄热材料的制备与蓄热燃烧技术.北京:冶金工业出版社,2006.

［4］ (奥地利)培克曼 G,(奥地利)吉利 P V.蓄热技术及其应用.北京:机械工业出版社,1989.

［5］ 张寅平,孔祥东,胡汉平,等.相变贮能——理论和应用.合肥:中国科学技术大学出版社,1996.

［6］ 王剑峰,陈光明,陈邦国,等,组合相变材料储能的储能速率研究.太阳能学报,2000,21(3):258－264.

［7］ 邢玉明,袁修干,王长和.空间站高温固液相变蓄热容器的试验研究.航空动力学报,2001,16(1):76－80.

［8］ 甘永平,梅维,陈永昌.太空动力系统中的高温蓄热实验研究.洛阳:中国工程热物理学会,1997.

［9］ 董克用.高温固液相变蓄热容器的热分析.北京:北京航空航天大学博士学位论文,1999.

［10］ 邢玉明.空间站太阳能吸热储器高温相变储热实验研究.北京:北京航空航天大学博士论文,2002.

［11］ 栗卫芳.相变材料容器的热分析及结构分析.北京:北京航空航天大学硕士学位论文,2000.

［12］ 侯欣宾.空间太阳能热动力发电系统吸热/蓄热器热性能研究.北京:北京航空航天大学博士学位论文,2002.

［13］ 崔海亭.空间站太阳能热动力发电系统吸热/蓄热器优化研究.北京:北京航空航天大学博士学位论文,2003.

［14］ 徐伟强.7kW 热管式太阳能热动力吸热器热管结构设计与热分析.北京:北京航空航天大学本科毕设论文,2003.

［15］ 桂晓宏,袁修干,徐伟强.先进太阳能热动力系统热管吸热器数值模拟.系统仿真学报,2005,17(9):2247－2250.

［16］ 徐伟强.热管吸热器填充泡沫镍的新型蓄热容器的研究与设计.北京:北京航空航天大学博士学位论文,2009.

［17］ 宫殿清.基于 Al-Si-Cu-Mg-Zn 合金的高温相变储热材料制备与储热性能研究.武汉:武汉理工大学硕士学位论文,2008.

［18］ 章学来.空调蓄冷蓄热技术.大连:大连海事学院出版社,2006.

［19］ Anthony P. Solar Brayton-Cycle Power System Development ［A］. AIAA Paper 64－726, 1964.

［20］ Arnold D T. Solar Dynamic Power Systems from 3 to 100kW ［A］. AIAA Paper 64－724, 1964.

［21］ Donald A M. 1.5kW Solar Dynamic Space Power System ［A］. AIAA Paper 64－725, 1964.

［22］ Dudenhoefer J E, George P J. Space Solar Power Satellite Technology Development at the Glenn Research Center-An Overview ［R］. NASA TM－2000－210210, 2000.

［23］ Cameron H M, Mueller L A, Namkoong D. Preliminary Design of a Solar Heat Receiver for a Brayton Cycle Space Power System ［R］. NASA-TM-X-2552, 1972.

［24］ Hanlon C. Feasibility of Demonstration Solar Dynamics on Space Station ［A］. AIAA-94－4199－CP, 1994.

［25］ Carsie A, Hall E K, Glakpe J N. Thermodynamic Analysis of Space Solar Dynamic Heat Receivers with Cyclic Phase Change. ASME Journal of Solar Energy Engineering, 1999, 121(8):133－144.

［26］ Carsie A, Hall E K, Glakpe J N. Parametric Analysis of Cyclic Phase Change and Energy Storage in Solar Heat Receivers ［A］. Proceeding of the 32nd Intersociety Energy Conversion Engineering Conference ［C］. New York：American Society of Mechanical Engineers, 1997.

［27］ Pavel S, Mounir I. Computational Heat-Transfer Modeling of Thermal Energy Storage Canisters for Space Applications ［J］. Journal of Spacecraft and Rockets, 2000, V37(2):265－272.

［28］ Kerslake T W, Ibrahim M B. Analysis of Thermal Energy Storage Material with Change-of-Phase Volumetric Effects ［R］. NASA-TM-102457, 1990.

［29］ Kerslake T W, Ibrahim M B. Two-Dimensional Model of a Space Station Freedom Thermal Energy Storage Canister. Journal of Solar Energy Engineering, 1994,116:114－121.

［30］ Linda J B, Edward P B, Robert D C, et al. Solar Dynamic Power System Development for Space Station Freedom ［R］, NASA-RP-1310, 1993.

[31] Thomas L L, Richard R S. Solar Dynamic Power for Space Station Freedom [R]. NASA-TM- 102016, 1992.

[32] Springer T, Friefeld J. Space Station Freedom Solar Dynamic Power Generation [R], N93 – 27 – 805, 1993.

[33] Strumpf H J, Coombs M G. Solar Receiver Experiment for the Space Station Freedom Brayton Engine [J]. Journal of Solar Energy Engineering, 1990, 112(2):12 – 18.

[34] Boyle R V, Coombs M G, Kudija C T. Solar Dynamic Power Option for the Space Station [A]. Proceeding of the 23rd Intersociety Energy Conversion Engineering Conference [C]. New York: American Society of Mechanical Engineers, 1988.

[35] James Calogeras. Advanced Solar Dynamic Technology Program [R]. NASA, N93 – 27806, 1993.

[36] Marvin W, Thaddeus S M. The NASA Advanced Solar Dynamic Technology Program [A]. Proceeding of the 24th Intersociety Energy Conversion Engineering Conference [C]. New York: American Society of Mechanical Engineers, 1989.

[37] Shaltens R K, Boyel R V. Overview of the Solar Dynamic Ground Test Demonstration Program [R]. N94 – 17256, 1994.

[38] Shaltens R K, Boyle R V. Initial Results from the Solar Dynamic Ground Test Demonstration Project at NASA Lewis [R]. N96 – 11508, 1996.

[39] Wanhainen J S, Tyburski T E. Joint US/Russian Solar Dynamic Flight Demonstration Project Plan [J]. Aerospace and Electronics Systems Magazine, 1996, V11(2): 31 – 36.

[40] Strumpf H J, Trinh T. On-Orbit Performance Prediction of the Heat Receiver for the US/Russia Solar Dynamic Power Flight Experiment [A]. Proceeding of the 31st Intersociety Energy Conversion Engineering Conference [C]. New York: American Society of Mechanical Engineers, 1996.

[41] Covault C. Russia Forges Ahead on MIR 2. Aviation Week & Space Technology, 1993, 138(11): 26 – 27.

[42] Mason L S. A Solar Dynamic Power Option for Space Solar Power. NASA TM – 1999 – 209380, SAE 99 – 01 – 2601, 1999.

[43] Laing D, Palsson M. Hybrid Dish/Stirling System: Combustor and Heat Pipe Receiver Development. Journal of Solar Energy Engineering, 2002, 124 (2): 176 – 181.

[44] Paul N C, Bryan H C, William H R, et al. Advances in Design of 50 kW Solar Power System [A]. 2nd International Energy Conversion Engineering Conference [C], 2004.

[45] Karl W B. A New Power Conversion System, Heat Engine, and Space Power System for Earth Orbit Application [A]. 2nd International Energy Conversion Engineering Conference [C], 2004.

[46] Weingartner S, Blumenberg J. Receiver with Integral Thermal Energy Storage for Solar Dynamic Space Power Systems [A]. 40th Congress of the International Astronautically Federation [C]: Malaga, Spain, IAF – 89 – 252, 1989.

[47] Milko J A. Brayton Cycle Cavity Receiver Design Study [R]. TRW Power Systems Department. N66 – 12265, 1966.

[48] Burns R K. Preliminary Thermal Performance Analysis of the Solar Brayton Heat Receiver [R]. NASA TN – D – 6268, 1971.

[49] Cameron H M, Mueller L A, Namknoong D. Preliminary Design of Solar Heat Receiver for a Brayton-Cycle Space Power System [R]. NASA – TM – X – 2552, 1972.

[50] Strumpf H J, Coombs M G. Solar Receiver for the Space Station Brayton Engine [R]. ASME 87 – GT – 252, 1987.

[51] Kerslake T W. Experiments with Phase Change Thermal Energy Storage Canisters for Space Station Freedom [R], NASA, TM – 104427, 1991.

[52] Sedgwick L M, Kaufmann K J, Mclallin K L, et al. Ground Test Program for a Full-Size Solar Dynamic Heat Receiver [R]. NASA, TM – 104485, 1991.

[53] Sedgwick L M, Kaufmann K J, Mclallin K L, et al. Full-Size Solar Dynamic Heat Receive Thermal Storage Tests [R]. NASA, TM – 104486, 1991.

[54] 田文华,邵兴国,李景贵. 10kW 闭式布雷顿循环空间太阳能动力装置集热—吸热/储热器方案论证报告[R]. 航天航空部五〇一设计部,1989.

[55] 蒋大鹏. 空间太阳能动力装置吸热 – 储热器相变材料容腔的热分析计算. 航天工业总公司第五〇一设计部博士学位论文,1991.

[56] 田文华. 空间太阳能动力装置吸热—储热器. 北京：空间技术情报研究所, 1992.

[57] Strumpf H J, Coombs M G. Advanced Heat Receiver Conceptual Design Study [R]. N88 – 25977, California：Lewis Research Center, 1988.

[58] Fujiwara M, Sano T, Suzuki K, et al. Thermal Analysis and Fundamental Tests on Heat Pipe Receiver for Solar Dynamic Space Power System. Journal of Solar Energy Engineering, 1990, 112(4)：177 – 182.

[59] Audy C, Fischer M, Messerschmid E W. Nonsteady Behavior of Solar Dynamic Power Systems with Stirling Cycle for Space Station. Aerospace Science and Technology, 1999, 12(1)：49 – 58.

[60] Carsie A H, Glakpe E K, Cannon J N. Modeling Cyclic Phase Change and Energy Storage in Solar Heat Receivers. Journal of Thermophysics and Heat Transfer, 1998, 12(3)：406 – 413.

[61] David N. Flight experiment of thermal energy storage [A]. Proceeding of the 24th Intersociety Energy Conversion Engineering Conference [C]. New York：American Society of Mechanical Engineers, 1989.

[62] David N, David J, Andrew S. Effect of Microgravity on Material Undergoing Melting and Freezing-The TES Experiment [A]. NASA TM – 106845, AIAA – 95 – 0614, 1995.

[63] Carol T. Experimental Results From the Thermal Energy Storage – 2 (TES – 2) Flight Experiment [A]. NASA TM – 2000 – 206624, AIAA – 98 – 1018, 2000.

[64] Douglas D, Davie N J, Raymond L S. Modeling Void Growth and Movement with Phase Change in Thermal Energy Storage Canisters [A]. AIAA – 93 – 2832, 1993.

[65] Carsie A H, Glakpe E K, Cannon J N. Thermal State-of-Charge in Solar Heat Receivers [A]. AIAA – 98 – 1017, 1998.

[66] Carsie A H, Glakpe E K, Cannon J N, et al. Parametric Analysis of Cyclic Phase Change and Energy Storage in Solar Heat Receivers [A]. NASA TM – 107506, Proceeding of the 32nd Intersociety Energy Conversion Engineering Conference [C]. New York：American Society of Mechanical Engineers, 1997.

[67] Carsie A, Hall I I. Thermal State-of-Charge of Solar Heat Receivers for Space Solar Dynamic Power [D]. Washington D. C.：Howard University, 1998.

[68] Pavel S, Mounir I. Computational Heat-Transfer Modeling of Thermal Energy Storage Canisters for Space Applications. Journal of Spacecraft and Rockets, 2000, 37(2)：265 – 272.

第二章　吸热蓄热器方案设计与研究

吸热蓄热器是空间太阳能热动力发电系统的关键部件之一,也是国外太阳能热动力发电系统研制计划中投入经费和力量最多的部件。在开展太阳能热动力发电系统研制计划以来的几十年中,美国、日本、德国、俄罗斯等国家都积极开展了吸热器方案的设计和研究,形成了一系列适用于闭式布雷顿循环和斯特林循环太阳能热动力发电系统的吸热器总体方案,其中基本型吸热器、热管式吸热器和组合相变材料吸热器作为各个时期最具代表性的典型吸热器方案具有重要意义。

2.1　基本型吸热器

Allied-Signal 公司的 25kW 吸热器设计方案,也是 NASA 2kW 空间太阳能热动力发电系统地面演示系统中采用的形式,是结构简单、性能和可靠性都可以保证的设计方案,特别是经过了地面演示试验整体运行,实际验证了其可行性和可靠性。这一方案称为基本型吸热器方案,成为先进吸热器设计的基础[1-3]。

图 2.1 为 NASA 2kW 热动力发电系统地面试验采用的吸热器在实验舱中的实物照片,图 2.2 所示为该吸热/蓄热器的结构示意图。吸热器从结构设计上实现了集吸热、换热、储热三项功能于一体的目的,其结构包括圆柱形腔体、循环工质导管及 PCM 容器组成的单元换热管、进出口总管、内衬筒体、多层隔热层(MLI)、锥体、入射挡板及结构支撑件等[4]。

图 2.1　NASA 2kW 基本型吸热器实物图

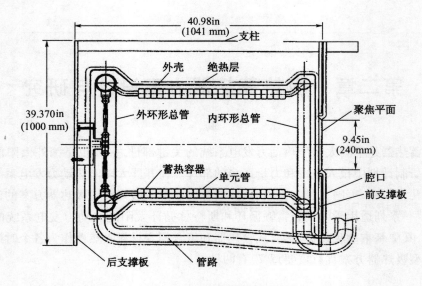

图 2.2　NASA 2kW 基本型吸热器结构示意图

2.1.1　技术指标与参数

根据 NASA 2kW 太阳能热动力发电系统地面示范项目所确定的参数,基本型吸热器的总体技术参数和指标如表 2.1 所列[5]。

表 2.1　2kW 基本型吸热器的设计指标与参数

相变材料 80.5LiF – 19.5CaF$_2$ 熔化温度	1040K	允许最大压降 循环工质气体	2% He-Xe(相对分子质量 83.8)
循环工质进口温度	821K	轨道周期	日照期 66min + 阴影期 27min
循环工质出口温度	1012K	吸热器允许最高壁温	1150K
循环工质进口压力	0.508MPa	吸热器最大辐射热损失	1.345kW
循环工质出口压力	0.498MPa	吸热器连续输出功率	7.623kW
循环工质流量	0.161kg/s	设计寿命	80000h

2.1.2　总体方案设计

按照 NASA 2kW 热动力发电系统地面示范项目吸热器的总体技术参数和指标,进行 2kW 基本型吸热器能量平衡计算[5],得到了吸热器设计概要和吸热器各部分的质量表分别见表 2.2 和 2.3 所列。

表 2.2　2kW 基本型吸热器设计概要

工质导管和 PCM 容器材料	Haynes188	工质导管壁厚	1mm
内衬筒材料(含锥体、背板)	多层 SiC布内衬、Haynes188 基架	PCM 容器侧壁厚度	1.5mm
多层隔热材料(MLI)	镍箔及高硅氧布	PCM 容器外径	46mm
入射挡板材料	金属	PCM 容器长度	25.4mm
外壳材料	铝合金	单元换热管中心距	66mm
单元换热器数量	23 根	吸热器外径	0.63m
每根换热管上 PCM 容器数量	24	吸热器长度	0.98m
换热管有效长度	0.63m	入射孔直径	177.8mm
工质导管外径	22mm	入射孔偏心距	38mm

表 2.3　2kW 基本型吸热器质量分配情况

部　件	质量/kg	部　件	质量/kg
相变材料	24.04	连接、支撑部件	11.34
单元工质管	19.96	入射挡板总成	17.23
相变材料容器	49.44	吸热器总质量	199.58
进、出口环形总管	28.12	支撑框架	104.34
外壳总成	49.44		
合计		303.92	

2.1.3　高温相变蓄热容器设计与研究

2.1.3.1　PCM 容器结构设计

包覆换热管的 PCM 容器总的来说有两种结构形式。

1. 同心套管式

套管的环形空间由径向翅片分隔,翅片可以是环形、锥形或其他形状,制造时可先将翅片焊在内管上,每个翅片上开两个小孔,再套上外套管,从端部的充装管充灌相变材料后,用真空电子束焊接密封,翅片既能强化传热,又可对 PCM 起到间隔化作用,从而可以改善空穴的分布,有助于防止"热松脱"现象。

较为特殊的是 20 世纪 70 年代 NASA LeRC/GE 公司合作研制的 11kW 吸热蓄热器换热管的外套采用了锥形变外径波纹管结构,相变材料充填在波纹管与内管间的一个个小室内,小室之间相通,3 根换热管组件的元件试验装置曾进行了 2000h 地面试验,结果很满意。

同心套管式 PCM 容器加工制造方便,充装 PCM 也较容易,但各小室相通,间隔化较差,且一旦某根换热管出现损坏,对整个吸热器性能影响较大,可靠性较差。

2. 单个 PCM 容器

每个小容器分别套装在工质导管上,容器与工质气管的交界面用铜合金焊料真空钎焊以尽可能减少接触热阻。由于采用一个个孤立的小室实现 PCM 的充分间隔化,可以控制空穴分布,增加热耦合,解决热松脱问题。同时可靠性高,局部的容器损坏对整个吸热蓄热器的换热能力影响较小。缺点是加工、安装和充装工艺复杂。

图 2.3(a)、图 2.3(b)、图 2.3(c)、图 2.3(d)所示分别是 4 种 PCM 容器的设计概念。其中图 2.3(a)、图 2.3(b)两种为单个 PCM 容器的形式,图 2.3(c)、图 2.3(d)两种为同心套管加翅片型的 PCM 容器。

图 2.3(a)设计具有最好的可靠性,是预先制造的一个个独立的包囊,然后再套装钎焊到工质管上,由于容器较小,单个容器的制造、充装和焊接工艺并不太复杂,但其数量太多,如 NASA Gornett 公司 25kW 吸热蓄热器有 8000 个这样的小容器,其工作量将是巨大的。此外,PCM 容器内壁和工质导管的接合面存在接触热阻,会影响传热。

图 2.3(b)设计也是充分间隔化的独立相变材料容器,与图 2.3(a)设计不同的是容器的外壳直接焊装到工质导管上,工质导管壁充当了容器的内壁,每个相变材料容器顶部都焊接了一个相变材料充装管。其制造工艺与图 2.3(a)比较起来较为简化,解决了容器

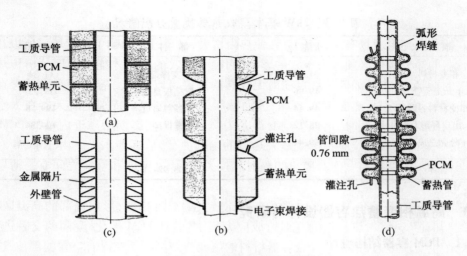

图 2.3　四种 PCM 容器设计概念

与导管间的接触热阻问题,但充装工艺比较复杂困难,必须反复把尺寸较大的单元换热管放在真空加热炉内加热到吸热蓄热器操作温度以上一个个地充填,然后一个个地焊接密封,此外由于结构和尺寸的原因,难以用显微射线光探伤。

　　图 2.3(c)设计是首先将一组锥形翅片钎焊到外套管的内壁面,翅片的最小截面和工质导管间留有一定的环隙,这样翅片既起到了间隔化的作用,各小室间又相通便于充装 PCM。

　　图 2.3(d)设计即为 NASA/GE 11kW 吸热蓄热器设计中采取的方案,变外径锥形波纹外套管内相变材料的质量分布能使 PCM 在轨道周期内尽可能地处于两相状态以使工质出口温度平稳。当进入阴影期时,波纹管颈部和气管间只有 0.76mm 的小间隙内的PCM 首先凝固可保证间隔化。每根单元换热管只有一个充装管,波纹管的两端和工质气管焊接。其制造充装工艺应该是四种设计中最简单的,构思比较巧妙,美中不足的是可靠性不如图 2.3(a)设计。

　　2kW 基本型吸热器中 PCM 容器的结构设计参考了 Garrett 公司 25kW 吸热器和 NASA 2kW 热动力发电系统地面示范项目吸热器中的 PCM 容器设计,采用了如图 2.3(a)所示的独立 PCM 容器设计,具体结构参数已列于表 2.2 中。

2.1.3.2　微重力下 PCM 容器内空穴的分布及解决方法[6-9]

　　容器中空穴的存在对传热有很大的影响,甚至会影响到容器的寿命,已有许多的研究分析空穴的形成和分布对容器传热的影响,而空穴的形成与重力、液相 PCM 表面张力、容器壁面的浸润性、PCM 的纯净度、加热及凝固的方位和速度都有关系,分析是比较复杂的,目前还是比较难以解决的问题。

　　在地面,重力会驱使液体填充低压空穴,但在微重力状态下,空穴边界面的表面张力主要决定了空穴的发展。表面张力是温度的函数,当空穴和液相 PCM 界面上有沿界面方向的温度梯度时,液相 PCM 受不平衡的表面张力作用,使液体微团运动,填充产生的空穴,新的位置又出现空穴。这样的运动是趋于使液体微团表面的温度梯度最小,尽可能平衡。上述表面张力作用下的液相 PCM 的流动即 Marangoni 对流。在地面重力(l-g)条件下这一对流与自然对流相比要小一个数量级,通常可以不考虑。但在微重力(μ-g)条件

26

下 Marangoni 对流处于主导地位,它影响了容器中空穴的形成和发展。

空穴的分布与温度场有关,它的存在使热阻增大,又反过来影响了温度场。所以在相变材料容器的热分析中必须考虑空穴的影响,明确了空穴的分布才能准确地分析传热过程。空穴的形状、分布及如何扩展目前尚无成熟的理论可以引用。容器中空穴的存在将产生绝热效果,它阻挡了热能传入 PCM,因而减缓了相变过程。特别是航天器在太空中交替进入日照期和阴影期时,这种影响变得尤为明显,进入阴影期后靠近内壁的 PCM 开始凝固时,空穴出现的部位应在接受最大热流的内壁面,然后逐渐扩大。由于 PCM 对壁面的湿润以及阴影期容器壁面对腔口的辐射热损失,在该处壁面和空穴之间有一薄层凝固的 PCM。

空穴的存在加大了 PCM 容器内部本来就比较大的温度梯度,形成局部的高温区,此即所谓的"热斑"现象。热斑处的高温造成应力集中,而且 PCM 熔化/凝固的交替进行,使得该处产生交变应力,很容易导致容器材料的热疲劳破坏。而在没有空穴的部位,进入日照期后,与容器外壁相接触的 PCM 熔化体积膨胀,如果这部分熔化的液体被周围的固态 PCM 和容器外壁包围而无法自由流动,就会挤压容器外壁,使其产生变形甚至破坏,这就是"热松脱"现象。由于航天器在轨道上工作时,容器内 PCM 的冷凝和熔融交替循环,"热斑"和"热松脱"现象反复出现,就有可能使容器壁面处于长期的交变应力作用下而发生变形,甚至超过蠕变极限而遭到破坏。紧贴壁面的超高温 PCM 加大了对容器的腐蚀性,也增加了容器破坏的可能性。"热斑"和"热松脱"现象显然对 PCM 容器的长期安全稳定工作是非常不利的。

由于在地面很难进行微重力条件下下的试验,对上述现象的理论分析的合理性还难以验证,但一致认同的是,由于盐类 PCM 凝固时体积收缩出现空穴,加上盐类热导率很低,使 PCM 容器处于相当恶劣的工作状态。

为保证吸热器安全可靠长期工作,必须从设计上采取措施。

(1)如图 2.4 所示,在容器中加入翅片,每个小容器内有两个翅片,容器的侧壁和翅片均起强化传热的作用,较好的热耦合降低了"热斑"的温度,同时也能改变空穴的分布,削弱"热斑"的形成。

(2)空穴的局域化,将多个 PCM 容器钎焊在同一传热管上,也就是将 PCM 充分间隔化,减少空穴和高应力形成的可能性。同时,一个 PCM 的破坏不会影响其他的 PCM 容器,提高了系统的可靠性;PCM 容器均单独密封,纵向尺寸仅为 25mm,限制了空穴的纵向运动,减少产生"热松脱"的可能性。

(3)PCM 间采用无定型的硅土晶片充分间隔,由于其导热系数非常小可以减少相邻 PCM 容器间的热影响,这样可减少空穴形成的可能性。

(4)同时在 PCM 容器中加入翅片和镍毡,如图 2.5 所示。对于防止空穴的形成,加强传热都起到了很好的作用。BA&E 公司[10]的方案是在 PCM 容器内充填 $\phi20\mu m$ 镍丝烧结成的镍毡,其孔隙率为 80%。一方面它使有限热导增加三倍,另一方面镍毡起到了控制空穴位置的作用。

(5)采用石墨为 PCM 容器材料,在容器内设置纵向翅片,填充金属,或在相变材料中加入石墨阵列或者泡沫状材料如氮化硼、热解石墨等其他措施,也能起到改善换热和空穴分布的作用。

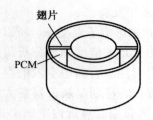 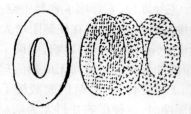 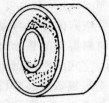

图 2.4 内翅片 PCM 容器结构图   图 2.5 PCM 容器内填充镍毡示意图

（6）换热管间以及换热管和腔壁之间有较大间隙，壁面对阳光有高扩散反射能力，以尽量形成均匀的周向热流。

采用上述措施可以改善 PCM 容器的热工况，控制容器内 PCM 凝固时的空穴分布，增加热耦合，避免热松脱现象，保证可靠性并满足寿命要求。

2.1.3.3 PCM 的强化传热研究

由于在相变蓄热（LTES）的换热过程中，传热表面的固相结晶随着固相的生长渐渐减弱了传热能力，并且 PCM 的热导率较差，因此必须对 LTES 装置进行强化传热。PCM 的传热强化研究主要是针对增强 PCM 的导热能力进行的。通常在 PCM 中添加金属粉末、石墨粉、金属网以及在封装壁加肋片，以强化其传热能力，几种常见的主要的强化方法如下。

1. 翅片结构的传热强化

Humphries[11] 首先提出在 LTES 装置中使用肋片，并对其进行理论和试验研究。Fahgri[12] 对内肋化管内 PCM 的熔化 LTES 系统进行了一系列的研究，结果证实：内肋化可显著提高 LTES 的储热速率。

Smith 和 Koch[13] 研究了具有翅片结构的冷却平板表面的相变传热问题，建立了基于热传导控制下的有限差分方程，探讨了翅片导热系数和翅片结构对固化速率和传热过程的影响。

Lacroix 等人[14] 研究了壳管式蓄热系统的蓄热问题，该壳管式的蓄热系统为套管式换热器结构，传热流体在内管流动，内管的外表面设有圆形的翅片，而相变材料则填充在套管的环隙空间内。通过实验研究，提出了计算壳管式蓄热系统瞬态传热特性的理论模型，建立了求解模型的数值方法，并用不同实验条件下的实验结果来验证数值计算结果。

Velraj 等人[15, 16] 从实验和理论上研究了相变材料在具有纵向翅片的竖直圆管内的相变传热问题，该竖直圆管是置于另一个盛有水的圆形容器内并构成一个蓄热系统。实验结果表明管内翅片设置成 V 形结构能给相变材料带来最大的传热效能。

Gray R L[17] 研究表明，由于 PCM 导热率低，大约有 25% 的 PCM 没有凝固或熔化，这部分 PCM 未能得到充分利用，为此采取了一些强化传热方法并进行了实验验证，实验用厚度为 0.25mm 和 0.51mm 的翅片间隔固定在中心铜棒上，结果证明当 PCM 为 LiF-CaF$_2$ 时可以提高传热效果达 160%。

2. 添加高导热系数金属物的传热强化

Seeniraj[18] 研究了在相变材料熔盐中分布有高热导率颗粒时其固化速率的提高情

况,并对其在平面上、管内和管外三种几何面的固化结果作了一维分析。得出的结论是,虽然固化过程的传热速率提高了,但是也带来了单位体积内 PCM 所占分率的减少。高热导率粒子在 PCM 中合适的体积分率,可以使传热得到适度的提高。他也发现与平面比较,管内的固化率提高程度较大,而管外则较小。

Son 和 Morehouse[19]指出,在 PCM 中嵌入金属基结构可以使 PCM 的热导率得以很大的提高,同时他们还建立了实验条件下相变蓄热系统瞬态传热的数值模型。

Khan 和 Rohatgi[20]研究了在 PCM 中加入铝、铁、铜、铝硅合金和铅基复合物时 PCM 在固化过程的传热特性。他们提出固液界面的移动速率很大程度取决于加入物热导率与 PCM 熔化后热导率的比值。

Tong 等人[21]对在竖直环隙空间内填充有水(作为 PCM)和铝基的传热问题进行了理论研究,给出了反映固—液界面运动、传热速率等代表性问题的数值结果,比较了在 PCM 中加入金属铝基和没有加入金属铝基的传热强化倍数。

Bugaje[22]对 20 种低热导率的 PCM 中添加 20% 体积分率的星状铝肋片的试验结果表明:蓄热(熔化)过程的时间减少 54.5%,而放热(固化)过程的时间减少 76.2%。

张寅平等人[23]对在 PCM 中加入 5% ~20% 铜粉和铝粉时的情况进行了研究,结果表明:掺加铝粉后,PCM 的热导率提高了 20% ~50%;掺加铜粉后,PCM 的热导率提高了 10% ~26%,蓄热系统的传热也得到明显的强化。通过理论推导得出了在低热导率材料中加入金属网后的有效热导率的计算方法。

Seeniraj 等人[24]研究了几种强化传热的方法,采用加翅、金属环、金属基体,金属网等结构并采用了铝、铁、铜、镍等不同金属进行了试验,效果较好,不过结构工艺比较复杂,还没有实际应用。

3. 碳纤维的传热强化

前述强化方法主要采用金属翅片结构或在 PCM 中添加金属物,虽然由于金属高的热导率,强化了蓄热系统的传热,但有的金属和一些 PCM 不相容,从而限制了强化方法的实施。此外金属的密度一般较大,导致蓄热系统的重量增大。所以从实际应用的角度出发,在对 PCM 进行传热强化时,除考虑热导率的提高外,还必须考虑与 PCM 的相容性问题和密度的提高。

碳纤维具有很强的耐腐蚀能力,它能与绝大多数 PCM 相容。许多价格便宜的碳纤维具有和铝、铜一样高的热导率,而且碳纤维的密度一般低于 $2260 kg/m^3$,比那些常用于蓄热强化的金属密度小。由于碳纤维具有优良的物理和化学性能,使它可能成为最优良的强化相变蓄热的物质。

Fukai 等人对碳纤维强化相变蓄热进行了实验研究[25],比较了两种不同的强化方法的效果。第一种方法是将碳纤维随意地置于相变材料中,第二种方法是采用碳纤维刷,并且纤维丝的方向与热流方向相同。实验结果表明,对于碳纤维随意放置,碳纤维的长度对相变材料的有效热导率的影响很小,而碳纤维刷可以使相变蓄热材料的有效热导率达到预测理论最大值。研究结果表明,对于石蜡作为相变蓄热材料来说,碳纤维的随意放置,3% 的碳纤维体积分率可使石蜡的有效热导率提高 10 倍,而对于碳纤维刷,1% 的体积分率便可达到同样的强化效果。

2.1.4 其他主要部件的结构设计

2.1.4.1 工质循环管路

工质循环管路由 23 根工质单元管和进出口环形总管组成。如图 2.6 所示,由回热器预热后的循环工质经进口环形总管将气体分配至各个工质管,流体在工质管内流动,同时吸收 PCM 容器的热量提高工质气体的温度。从各个工质管流出的工质气体汇集至出口总管,吸热后的工质由出口总管经导管流出吸热器进入涡轮内膨胀做功。

为了保证 PCM 容器里的热量能够最大限度地传给工质气体,所选择工质管材料的热阻应足够小,并且应该能够承耐高温、抗蠕变性能以及良好的铸造和焊接性能,为此工质管、入口和出口总管材料采用热导率大、耐高温的钴基超耐热合金 Haynes188,根据能量平衡、结构和强度需求,单元管的长度取 701mm,外径为 $\phi22.225$mm,壁厚为 0.889mm。

本吸热器方案中采用的容器结构尺寸与 NASA 2kW 地面示范系统及 Garrett 公司 25kW 吸热器中的 PCM 容器相同,因此工质导管外径也相同。而对于 2kW 系统,其工质流量较 25kW 系统相应减少,为了保证换热管的换热,必须在流量减小的情况下增加工质的流速,因此采用了中心封堵的换热管结构,并在工质通道内加入了正弦形翅片,翅片降低了流体通道的水利直径,从而增加了换热系数。翅片厚度为 0.1524mm,通道内径为 17.78mm[27]。翅片被焊接到工质管的内壁和封堵管的外壁,翅片将工质导管分为 20 个通道。为了便于流体通道内翅片和管壁间的焊接,翅片被安装在 76.2mm 处,工质导管的截面结构见图 2.7。

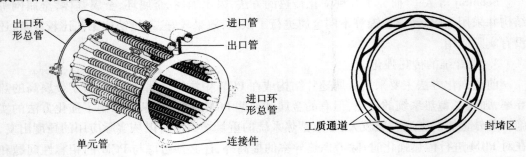

出口环形总管　进口管　出口管　进口环形总管　单元管　连接件　工质通道　封堵区

图 2.6　基本型吸热器工质循环管路示意图　　　图 2.7　工质导管截面结构示意图

由于抛物型的聚能器所入射的热流沿轴线方向引起的热流不均匀,这样会使不同部位产生不同的膨胀量,故每根单元管的进口、出口端均设计为弯管,这样有利于缓解由于热膨胀造成工质管和环形总管间的应力,提高部件的寿命,在弯管段没有设置翅片,其结构示意图见图 2.8。

进、出口环形总管材料为 Haynes188,单元管间的管中心距为 66.04mm,进口环形总管直径为 $\phi584.2$mm,进口管直径为 $\phi50.8$mm,壁厚为 1.27mm;出口环形总管直径为 $\phi584.2$mm,出口管直径为 $\phi76.2$mm,壁厚为 5.08mm。可见进口段和出口段壁厚有较大的不同,由于出口总管承受较高的温度和较高的热应力,所以选取了较厚的壁厚。单元管与环形管间的连接如图 2.9 所示,工质单元管和入口、出口环形总管采用铜焊焊接到一起,出口环形总管和单元管间采用变径管连接,不仅便于焊接,而且减小了工质管和环形总管间因壁厚的不同所产生的焊接应力。

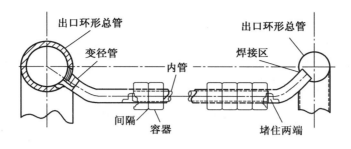

图 2.8　工质导管截面结构示意图

气体循环管路由多个拉杆与支撑框架相连接,入口端有 4 个拉杆,出口端有 2 个拉杆,这样设置可以最大可能减轻出口环形总管的载荷,如图 2.10 所示。拉杆端部与工质环形总管间采用球面连接,这样循环管路受力后可以转动但不会沿轴线方向运动。上述结构限制了气体循环管路 6 个自由度的运动,采用这样的静定结构,由框架产生的热应力不会附加在循环管路中。

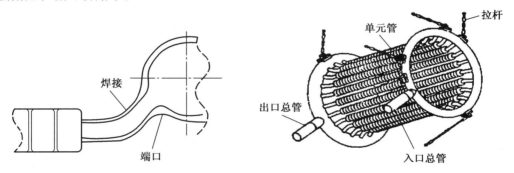

图 2.9　单元管与环形管间的连接示意图　　　　图 2.10　工质循环管路与框架连接示意图

2.1.4.2　吸热器外壳组件

吸热储热器外腔由金属壳体(包括锥体及端盖)、SiC 陶瓷内衬及多层高温隔热层(MIL)三层组成。

壳体的作用是保护腔体内部构件不受外界的影响,减少腔内热量的损失,壳体最外层使用铝和镍复合层,复合层层与层之间被抽成真空,因此具有很好的绝热性能。同时,铝和镍在氧化后具有极好的稳定性,壳体表面应具有较好的抗原子氧冲击和热真空性能。金属壳体为一柱形筒体,由 8 片壳体组成,与出口环形总管处的端盖及进口环形总管处锥体与前端盖铆接,见图 2.11 和图 2.12。

中间层和内衬用硅碳化物纤维缝合在一起,然后将最外层和中间层以铆接的形式固定到支撑帽上,见图 2.13。内衬即为实际的吸热腔内壁,由多层 SiC 布用 SiC 纤维线缝合并压紧在一起,内衬既耐高热流辐射又具有高的反射率。SiC 内衬用镍铬耐热合金丝通过预先钻好的孔紧固在金属壳体上。金属壳体为内衬提供了支撑,为外隔热层敷设提供了芯轴,同时也为锥体提供了连接支撑结构。

锥形筒体是入射光的通道,其作用是保证吸热腔内热流的分布,并防止在过大的聚能器指向误差下使吸热器入口总管直接受阳光的照射,从而导致其温度过高,产生过高的热

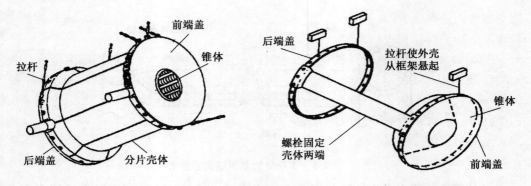

图 2.11　基本型吸热器外壳组件　　　　　　图 2.12　基本型吸热器外壳部件

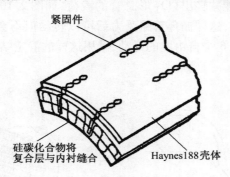

图 2.13　吸热器内衬与金属壳体的连接

流。支撑环起到支撑和连接的作用,支撑结构必须具备较高的强度,方便安装和拆卸。由于换热管间距较大,入射的阳光可透过换热管的间隙照射在内衬表面,再由内衬表面反射到 PCM 容器的背面,为 PCM 容器提供较均匀的周向热流。

壳体、端盖及锥形孔体都由钴基超耐热合金 Haynes188 制成,因为它具有良好的加工性能和较高的强度,同时具有极佳的耐高温性能。内衬采用硅碳晶片,因其具有较小的热导率和高反射率。SiC 内衬筒的内径为 $\phi585\,mm$,内衬表面与单元换热管轴线的距离为 $50\,mm$,SiC 内衬与金属壳体总厚度 $1.5\,mm$,其中金属壳体的厚度为 $1.2\,mm$。

内衬筒与铝合金蒙皮间为高温多层隔热材料(MLI),多层隔热材料由高硅氧布层(SiO)和金属层相间组成,隔热层逐层缠绕在内衬筒上,其中 40 层金属层由 30 层镍箔和 10 层铝箔组成,绝热层的总厚度为 $19.75\,mm$。

外壳由 6 根拉杆与支撑框架相连接,其中 4 根拉杆与前端相连,2 根拉杆与后端相连。外壳和气体循环管路与框架的连接是互相独立的,这样形成了静定结构,它们之间不会产生相互的热应力。

2.1.4.3　拉杆

如前所述,端部为球形状的拉杆用来将吸热器中的载荷传递到支撑框架,气体循环管路和吸热器壳体是独立支撑的。图 2.14 为拉杆的结构图,端部为球形状的拉杆是通过插销架、销钉和端部连接在一起的。拉杆材料为 Haynes188,球形端部的材料为 Haynes25。

2.1.4.4　入射挡板组件

入射挡板是吸热器中非常重要的部件,其主要功能是接受来自聚能器的太阳光,保持吸热器腔内的热量,在发射过程中为吸热器提供结构支撑,并且在聚能器与吸热器的相对位置发生偏差时保护吸热器[28, 29]。

图 2.15 为 NASA 地面样机吸热器入射挡板组装示意图[30],入射挡板由金属孔板和石墨热防护孔屏组成。金属孔板是一块厚 2mm 的 A－286 不锈钢环板,其外径为 $\phi762mm$,中心孔径为 $\phi279mm$,金属孔板通过铆钉铆接在吸热器支撑框架上,它用来固定石墨孔屏。入射挡板的腔口内径为 $\phi177.8mm$,其中心偏离吸热腔中心 38.1mm,这样做主要是为适应偏置的抛物盘型聚光器所提供的非对称太阳热流。因为石墨较脆,不适合在其上固定连接件。石墨孔屏的厚度为 12.7mm,外径 $\phi762mm$,内径 $\phi177.8mm$。石墨孔屏用 A－286 不锈钢丝通过预留孔紧固到金属基板上。石墨孔板选用高纯度石墨材料,被分成八等份,可以防止过强的热流造成石墨护板温度过高引起的膨胀,从而使其受到破坏,延长它的寿命。每块之间加工出阶梯形台阶相互搭接。在石墨孔板的背面加工出深 3mm 的一组凹槽,这样可在石墨挡板和金属基板间形成真空空隙,降低热传导。

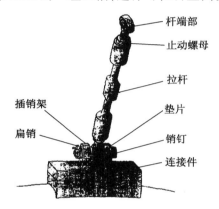

图 2.14　拉杆与环形总管间的连接

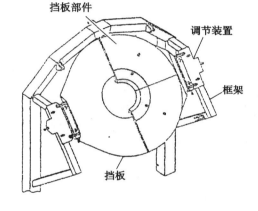

图 2.15　吸热器入射挡板组装示意图

入射挡板选用高纯碳石墨是因为它具有很多优良的性能,如耐高温、高热容、热良导性、极佳的抗热冲击能力(由于低的热膨胀系数和低的弹性模量系数)。因此,石墨部件能大大提高耐热冲击能力。但石墨较脆,易损坏,需要经常维护。而对其进行维护的代价是极其昂贵的。因此,需要选择一种新的材料来代替现有的石墨材料。

图 2.16 为准备应用于太阳能热动力发电系统的空间运行试验的入射挡板结构的截面示意图,它由耐热金属屏、多层隔热金属、中心支撑环及 A－286 不锈钢支撑底板构成,全部采用耐热的金属材料,有利于系统可靠性和入射挡板的加工性能。在腔口附近的高温区,多层隔热金属由耐热金属垫片隔开,在距腔口较远处的低温区,多层隔热金属由陶瓷垫片隔开,虽然陶瓷垫片比金属垫片有更好的隔热性能,但由于高温区温度太高,不能使用陶瓷垫片。多层隔热金属(共 40 层)和垫片的材料为金属钨或钼,具体用哪种材料根据温度的高低来确定。

多层隔热金属固定在不锈钢底板上,为入射挡板提供了结构支撑。图 2.17 为入射挡板底板的结构图,为了减轻入射挡板的质量并且能够承受较大的热应力梯度,在底板上面开了许多槽。

多层隔热金属用钨线缝合在一起并且固定在支撑底板上。中心支撑环起到一定的支

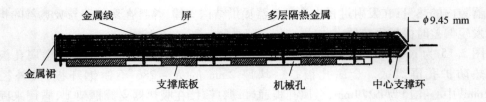

图 2.16　入射挡板截面示意图

撑和定位作用,中心支撑环的材料为钨和 25% 的铼金属化合物,为了防止产生过大的热应力和装配方便,金属环被等分成了 8 片。入射挡板的顶层材料为金属钨,为缝合连接线提供了支撑。顶层也采用分片式结构。为了不使聚焦后的太阳光过多地反射回聚能器,引起聚能器表面温度过高,对入射挡板表面进行了喷砂处理,这样可以降低表面的反射率。入射挡板直径约为 1m,前端结构见图 2.18,挡板通过 3 个轴线方向和 3 个切线方向分别独立地与支撑结构连接。

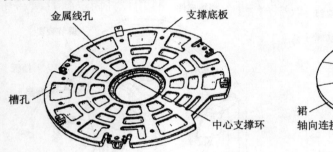

图 2.17　入射挡板底板结构示意图　　　图 2.18　入射挡板前端结构示意图

　　正常操作条件下吸热器内部的温度为 1100K 左右,当聚能器与吸热器的相对位置发生偏差时,部分挡板要承受高达 $80\text{W}/\text{cm}^2$ 的入射热流,由此引起的入射挡板温度将会相当高。为了尽可能减小其在偏置状态时的温度,在选择材料时希望入射挡板表面材料的吸收率 α_S 与发射率 ε 的比值越小越好,反射率 ρ_S 必须小于 0.1,因为聚能器聚焦后的光有一部分将被反射回聚能器,如果 ρ_S 较大,那么就意味着较多的光又反射回聚能器,这将引起聚能器温度过高,使聚能器表面过热,进而造成对它的破坏。因此 ρ_S 要尽量小,又由于减小 ρ_S 将导致吸收率 α_S 的增加,所以吸收率和发射率的最佳比值是 1。

　　根据入射挡板所处的工作环境,选用钼、钨及其合金作为挡板材料,选择这些难熔金属及其合金作为耐热材料是由于它们熔点高(钼的熔点为 2623℃、钨的熔点为 3422℃)、耐高温和抗腐蚀强等突出优点并且钨具有很好的抗烧损和抗冲刷能力。

　　为了达到挡板材料所需的光学性能,对多种不同厚度和网格大小的材料进行了试验,试样包括厚度为 0.254mm,线径为 10×10 目、厚度为 0.178mm,线径为 20×20 目、厚度为 0.102mm,线径为 30×30 目、厚度为 0.076mm,线径为 35×35 目、厚度为 0.076mm,线径为 40×40 目,厚度为 0.051mm,线径为 50×50 目的钨层,0.025mm 厚的钼层以及黑铼覆盖 0.025mm 厚的钨层和黑铼覆盖 0.254mm 线径为 10×10 目的钨板等。

2.1.4.5　吸热器支撑框架结构

　　用于支撑吸热器的框架结构如图 2.19 所示,气体循环管路、外壳组件和入射挡板组件分别通过拉杆与框架固定,框架是由3英寸(1寸约为3.3333cm)不锈钢角钢焊接而成的。

2.1.5 吸热器装配

将封装好的PCM容器逐一钎焊套装到工质导管上,制作好23根单元换热管,每根换热管内加装内管和强化传热翅片并将内管两端封堵。

准备好进口环形总管和出口环形总管,并开好坡口以便在环形总管上分别焊装进、出口管和23个弯管接头,接头端部加工出内台阶与单元换热管搭接焊。

在单元换热管与进、出口总管焊接前,先将厚1.2mm的Haynes188板材制造的背板和前管板与23根单元换热管组装好,用拉杆将循环工质管路与框架连接,然后与缝装了SiC内衬的Haynes188内壳铆接或焊接为一整体刚性结构。

将入射锥体及支撑骨架与吸热腔内壳铆接或焊接为一整体的Haynes188基本框架,在此框架上敷设多层隔热层,并铝合金蒙皮。将入射孔板组件用拉杆固定到Haynes框架上。

组装完成的吸热器结构图如图2.19所示。

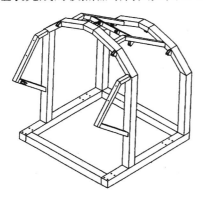
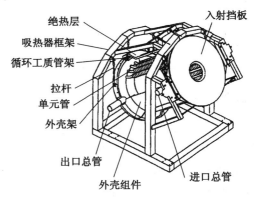

图2.18　吸热器框架结构示意图　　　　图2.19　组装完成的吸热器结构图

2.2　热管式吸热器

在热管式吸热器中,用热管取代了基本型吸热器中的传热管,其壳体组件、入射挡板、蓄热容器等结构维持不变,因此对热管式吸热器的研究只需研究和基本型吸热器结构不同之处,热管式吸热器除应满足基本型吸热器的要求外,还应包括以下内容:

(1)聚能器入射到热管的热流分布,这是进行热管式吸热器热性能分析的基础。

(2)热管式吸热器总体方案设计,确定热管式吸热器整体布局。

(3)热管工质、材质的选择,吸液芯的设计,热管各段几何参数的确定,热管在吸热器腔内的布置、支撑结构、各部件的连接、装配关系等。

(4)热管式吸热器整体热分析、吸热器腔体热网络分析;对热管式吸热器传热过程进行数值计算,重点分析热管传热过程的几个环节,建立热管与相变传热相耦合的数学模型,确定热管的工作条件和适当的边界条件;通过数值计算得到热管壁温随时间的变化情况、循环工质出口温度的变化、PCM 熔化率的大小、蓄热容器外壁面的温度变化情况以及热流通过吸热器入射腔口的热损失等。

（5）热管式单元管的制造与实验研究,研究热管与蓄热容器的套装技术,热管式单元管的实验研究。

（6）其他部件的结构、材料及工艺研究。

（7）热管式吸热器的组装与试验研究。

2.2.1 技术指标及参数

根据 AirReseach 7kW 布雷顿式热管式吸热器方案所提供的参数,确定了热管式吸热器方案设计指标及参数如表 2.4 所列。

表 2.4 7kW 热管式吸热器方案设计指标及参数

相变材料	$80.5LiF - 19.5CaF_2$	循环工质气体	He-Xe(相对分子质量 83.8)
循环工质进口温度	760K	轨道周期	日照期 66min + 阴影期 27min
循环工质出口温度	920K	吸热器允许最高壁温	1150K
循环工质进口压力	0.508MPa	吸热器辐射热损失	1.29kW
循环工质出口压力	0.498MPa	吸热器输出功率	25.926kW
循环工质流量	0.5476kg/s	设计寿命	87600h

2.2.2 总体方案设计

采用布雷顿循环的热管式吸热器结构如图 2.20 所示,图 2.21 为热管单元管的结构图。由图可见在吸热器腔内沿周向排列了多根钠热管,每根热管分为三段,靠近腔口的一段为吸热段,该段在热管上没有任何附加物。中部为蓄热段,在蓄热段的热管上套以多个分离的环型截面的 PCM 容器,高温相变材料封装在容器内。最靠腔底的一段为换热段,热管插入通过工作流体的板翅式换热器中。

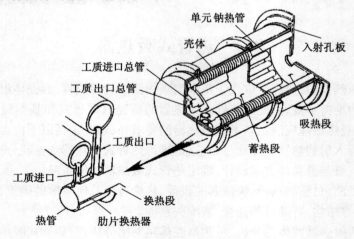

图 2.20 热管式吸热器结构示意图

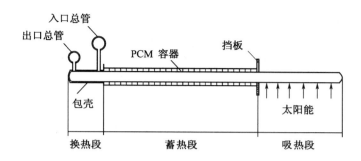

图 2.21　热管式吸热器热管单元管结构示意图

　　由于吸热段和储热段中间有隔板,在日照期只有吸热段能接受到太阳辐射热流。此时吸热段成为热管的蒸发段,而蓄热段和吸热段成为冷凝段,吸热段吸收的热量通过热管传递到蓄热段和换热段分别熔解 PCM 和加热循环工质。在阴影期,吸热段除有少量通过腔口的辐射热损失外,基本处于绝热状态,蓄热段则由冷凝段转变为蒸发段,吸热段仍为冷凝段,此时蓄热段的 PCM 凝结放热通过热管提供给吸热段换热器中加热循环工质。

　　热管的冷凝液回流系统由铌粉烧结的毛细芯和干线组成,如图 2.22 所示。毛细芯控制冷凝液的周向分布,而干线则提供冷凝液的轴向回流,整根热管的外壁面无论从周向还是轴向来看基本是等温面。

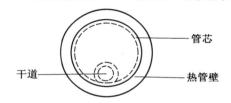

图 2.22　热管冷凝液回流系统示意图

　　热管内装有毛细吸液芯(多孔材料)和工作液体,当蒸发段受热时,毛细材料中的液体蒸发,流向冷凝段,冷凝段由于受到冷却使蒸气凝结为液体,液体靠毛细力的作用沿多孔材料再流回蒸发段,如此循环不已,热量由热管的一端传至另一端。热管的这一特殊结构决定了热管具有较高的传热能力、较高的等温性和热流密度变换的能力。由于 PCM 不直接接收太阳能,所以吸热器的直径能被减到最小。这不仅是因为消除了热流密度不均匀使局部热流和相应的温度梯度降低,从而可以增加相变材料层厚度,而且省去了 PCM 储热容器之间为了热流分配所需的圆周间隙。另外,热管工质的蒸发使吸热段产生高密度的热流,也会使吸热器的尺寸减小。

　　换热段采用翅片管可以使传热面积增加到原来的 10 余倍到 20 倍,在保持其他条件不变时以光管面积计算的换热系数也差不多可以增加这些倍数,采用翅片管可以使换热器的尺寸大大缩小。

2.2.3　热管单元管的设计与研究

2.2.3.1　热管工质选择

　　对于太阳能热动力发电系统吸热器而言,由于受热机循环温度(900K 以上)的限制,需要采用高温潜热蓄热,因此热管工质蒸发温度也要与之适应,热管依靠工作液体的相变来传递热量,因此工质的各种物理性质对于热管的工作特性也就具有重要的影响。高温热管所选用工质使用温度的上限受限制于相应的饱和蒸气压力,压力对热管的强度要求具有决定性的影响;必须考虑在高温下外壳的力学性能及外壳材料与工质的相互作用,特别是由于此时出现特殊的破损机理,如:热腐蚀性疲劳、蠕变断裂、总体腐蚀及晶间腐蚀、液态金属及氢气脆化等,这些过程决定了系统的可靠性及工作寿命。此外,工质及外壳材料的选择还取决于高温热管的制造工艺及价格。高温热管所选用工质使用温度的下限是由于靠近熔点时蒸气密度及压力太低,具体取决于启动加热特性、传输功率及结构尺寸。

热管工作温度是指热管在正常工作状态下蒸气腔中蒸汽的温度。日照期时由热管向PCM 容器传递热量,故热管的工作温度应该比 PCM 的熔点高 50K 左右,阴影期时则由PCM 容器向热管释放热量,热管工作温度又比 PCM 的熔点低约 20K,所以在整个轨道周期内,热管工作温度应在 PCM 熔点左右变化,由于 PCM 80.5LiF – 19.5CaF$_2$ 的熔点为1040K,故按日照期情况将热管工作温度选作 1093K。根据热管的工作温度,可选用的工质有钠(Na)、钾(K)、锂(Li)及其少应用的铯(Cs)与铷(Rb),上述液态金属的工作温度范围为 600K ~ 1800K,表 2.5 为常见热管工质的工作温度范围。

表 2.5 常见热管工质的工作温度范围

工质	熔点/K	沸点/K	临界温度/K	临界压力/kPa	工作温度/K
氦	1.3	4.2	5.2	224.5	2.1 ~ 4.2
氮	63.1	77.3	126.0	3332	70 ~ 115
甲烷	88.7	111.7	191.1	4508	100 ~ 170
氨	195.0	239.7	405.3	11270	210 ~ 340
氟利昂 21	138.2	282.1	451.7	5096	170 ~ 400
丙酮	178.5	329.7	509.5	4704	273 ~ 400
甲醇	175.3	337.8	513.1	7840	283 ~ 410
乙醇	155.9	351.7	516.2	6173	273 ~ 410
水	273.2	373.2	647.3	21952	303 ~ 500
导热姆 A	285	530	—	—	420 ~ 620
汞	234.3	629.8	1735	107800	520 ~ 920
钾	336.6	1049	2350	—	770 ~ 1270
钠	370.8	1156	2600	18620	870 ~ 1470
银	1234	2450	7500	—	2070 ~ 2570

按照热管工作温度应尽量接近热管工质的正常沸点的原则,全面考虑工质的工作温度的适应范围、工质与壳体、管芯材料之间的相容性及工质的热稳定性、热物理性质、安全及经济性等因素,最终确定热管的工质为金属钠。由于金属钠具有良好的物理性能,即气化潜热、表面张力、热导率和润湿能力都比较高,黏度相对较低,还有合适的饱和蒸气压—温度曲线,因此以金属钠作为工作介质、并有良好的管芯的热管可望得到很高的传热效率和良好的等温性。

2.2.3.2 吸液芯选择

吸液芯是普通热管不可缺少的重要组件之一。它的主要作用是:在失重、逆重力或辅助重力作用下,为热管内液体循环流动提供通道和毛细驱动力,并能保证凝结段的凝结液及时输送到蒸发段可能吸热的任何部位。因此,要求管芯具有小的毛细孔半径,以提供高的毛细压头;应有高的渗透率,使液体在循环流动中的流动阻力小;应有小的径向传热热阻,以保证热管具有高的传热能力;应有良好的相容性、润湿性、工艺重复性等。由于本书设计的吸热器用于空间轨道的微重力环境下,所以比较适合采用流体阻力小、轴向传热能力大、径向热阻小、工艺重复性好,但毛细压头小、抗重力性能差的轴向槽道吸液芯。

2.2.4 其他部件的研究

热管式吸热器与基本型吸热器的主要差别在于用热管单元管代替了基本型吸热器的换热单元管,而主要部件包括 PCM 容器、吸热器腔体、入射挡板、环形出入口总管、支撑部件等结构形式均可参照 2.1 节介绍的基本型吸热器结构。

2.3 组合相变材料吸热器

2.3.1 组合相变材料吸热器概念的提出

基本型吸热器内 PCM 的利用率较低,仅有 50% ~ 60% 的 PCM 能够参与相变蓄/放热,而造成 PCM 在阴影期不完全凝固以及在日照期不全部熔化的原因并不完全由于是 PCM 的传热性能不好或 PCM 填充量的冗余值,而在于蓄热/换热管的设计。实际上由于沿换热管轴向各容器单元的热流边界条件不同,特别是内壁对流换热边界条件的不同(各容器单元对应的工质换热温度逐渐增高),造成了换热管入口端容器单元中的 PCM 不能熔化、出口端容器单元中的 PCM 不可能凝固,而只有中间的部分单元可以在整个轨道周期内达到完全熔化和凝固。这样一方面造成了入口端和出口端大量 PCM 潜热的浪费,只起到显热蓄热的效果,出口段 PCM 的过热也造成了日照期出口工质温度的较大波动,对于系统的稳定可靠运行不利,并且造成容器表面温度过高,影响到系统的寿命。

这些不利现象的产生不是通过调整容器外壁的热流分布所能完全解决的,而且改变容器外壁的热流分布也是非常复杂的设计问题。对于大功率空间太阳能热动力发电系统,如 25kW 系统对应的吸热器每根换热管将套装 82 个 PCM 容器单元[31],这些不合理的现象将更加明显。所以应当在蓄热单元换热管的设计上有所改变。针对基本型吸热器 PCM 利用率低的问题提出一种改进方案——组合相变材料吸热器。

组合相变材料吸热/蓄热器是指采用多种不同熔点的相变材料作为蓄热材料。由上面的分析可以看出,为了更好地利用相变材料的潜热蓄热能力,应当发挥入口段和出口段 PCM 的蓄放热能力,这样必须减小入口段 PCM 的熔点、增加出口段 PCM 的熔点,使整根换热管蓄放热均匀,最佳方案是使所有容器对应的相变材料在整个周期都可以维持在各自的相变点。最早提出组合相变材料吸热/蓄热器概念的是参考文献[32],该文采用有限元方法对组合相变材料吸热/蓄热器进行了分析,主要分析了出口温度的变化,没有对其他性能进行分析,也没有给出组合 PCM 的选择依据。组合相变材料由于在提高系统的蓄放热效率方面有较好的性能,国内外对组合相变材料的应用进行过一些分析研究[33-35]。主要从理论和试验方面分析组合相变材料对提高蓄放热速率的作用,并且对组合相变材料系统进行了熵分析。这些分析都是在简单的边界条件下,并且假设各 PCM 的温度不变。对于组合相变材料的选择、及其对系统其他性能的影响研究却很少。本书将给出一些更为详细的研究结果。

2.3.2 组合相变材料吸热器的方案设计及计算实例

由于各容器对应的换热工质温度不同,本书给出了在给定工作参数下(与 2.1 节中

2kW 基本型吸热器对应参数相同）的一种较合理的组合 PCM 方案，其中各容器单元的 PCM 熔点选择是经过多次计算得到的比较优化的结果。对应 24 个容器的 PCM 的熔点见图 2.23。并且理想化的假设各 PCM 除熔点不同外，其他的物性参数都与 80.5LiF - 19.5CaF$_2$ 相同。

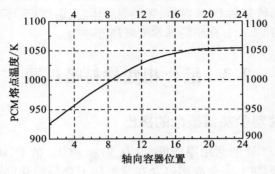

图 2.23　组合 PCM 熔点温度

对采用组合相变材料的吸热器进行热仿真分析（方法参见本书第三章），共计算了 20 个轨道周期，得到其 PCM 熔化率、主要温度参数等仿真结果，并与单 PCM 吸热器的仿真结果进行了对比分析。

图 2.24 和图 2.25 分别为组合 PCM 吸热器与单 PCM 吸热器的总 PCM 熔化率的变化曲线。两者对比发现，组合 PCM 吸热器大约需要 15 个周期才能达到基本稳态，而单 PCM 基本型吸热器方案在第 3 个周期就可以达到基本稳态。组合 PCM 方案总 PCM 最大熔化率为 0.94，最小熔化率为 0.15，PCM 有效利用率为 0.79，而单 PCM 吸热器方案总 PCM 最大熔化率为 0.67，最小熔化率为 0.1，PCM 的有效利用率仅为 0.57。

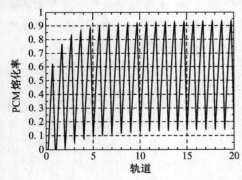

图 2.24　组合 PCM 吸热器
总 PCM 熔化率的变化曲线

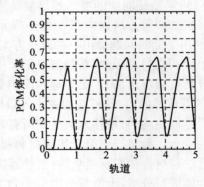

图 2.25　基本型吸热器
总 PCM 熔化率的变化曲线

图 2.26 为组合 PCM 吸热器与单 PCM 吸热器在稳态工作条件下的能量平衡分析的对比。组合 PCM 吸热器方案的工质吸收能量、吸热器吸收能量、热损失的变化相对平缓，只在日照期末和阴影期末工质吸收能量有较小的变化。工质吸热功率和热损失基本维持在 8kW 和 2.6kW，与单 PCM 吸热器方案平均值相当。

图 2.27 为组合 PCM 吸热器与单 PCM 吸热器在稳态工作条件下的潜热、显热变化情况对比。组合 PCM 吸热器主要的蓄放热形式为潜热，大致为总蓄热量的 90%，较单 PCM

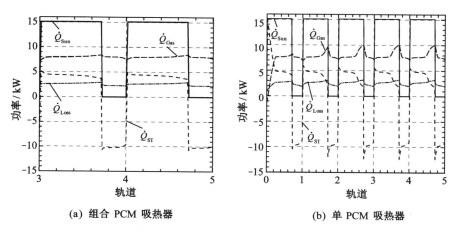

(a) 组合 PCM 吸热器　　　　　　　　(b) 单 PCM 吸热器

图 2.26　组合 PCM 吸热器与单 PCM 吸热器能量平衡分析的对比

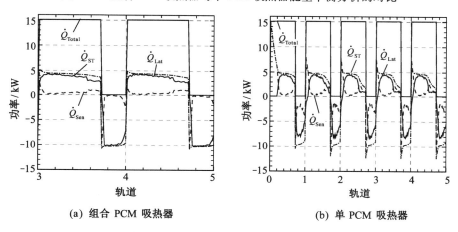

(a) 组合 PCM 吸热器　　　　　　　　(b) 单 PCM 吸热器

图 2.27　组合 PCM 吸热器与单 PCM 吸热器潜热、显热变化情况对比

吸热/蓄热器方案 70% 提高很多,这样充分发挥了 PCM 的潜热蓄热优势,日照期的潜热蓄热也比较均匀,不会出现单 PCM 吸热/蓄热器方案产生的潜热蓄热功率突然下降、显热增加较多的结果,减小了换热管的过热。

图 2.28 为组合 PCM 吸热器与单 PCM 吸热器在稳态工作条件下各容器单元 PCM 熔化率变化情况的对比,两线分别对应日照期和阴影期的 PCM 熔化率。对比发现,组合 PCM 吸热器所有的容器单元 PCM 都起到了很好的蓄放热功能,包括入口段和出口段的容器单元,较单 PCM 吸热器方案在蓄放热性能上有很大的提高。由图 2.28(a) 中还可以看出,由于换热管中间段对应入射热流变化大,所以 PCM 熔化率变化也较大,大约达到 85%;而入口段和出口段 PCM 熔化率变化较小,大约达到 60%。为防止阴影期工质出口温度的降低,在组合 PCM 熔点的选择时,应避免容器单元 PCM 完全凝固。

图 2.29 为组合 PCM 吸热器与单 PCM 吸热器在稳态工作条件下容器表面最高温度、容器表面平均温度、工质出口温度变化情况的对比。组合 PCM 吸热器和单 PCM 吸热器方案的容器表面最高温度变化范围分别为 1057K ~ 1140K 和 1040K ~ 1147K,组合 PCM 吸热器的温度波动范围减小了 24K,最高温度和温度变化都有较大的改善。组合

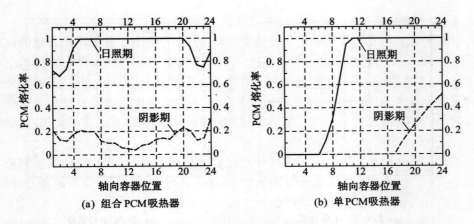

图 2.28　组合 PCM 吸热器与单 PCM 吸热器各容器 PCM 熔化率变化情况对比

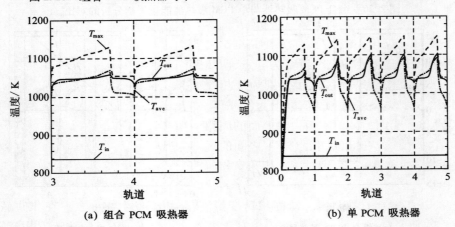

图 2.29　组合 PCM 吸热器与单 PCM 吸热器主要温度参数变化情况对比

PCM 吸热器和单 PCM 吸热器方案的工质出口温度分别为 1046K ~ 1066 K 和 1030K ~ 1100K,组合 PCM 吸热器的温度波动范围从 70K 减小到 20K,工质出口温度曲线得到很大的改善,有利于系统的稳定运行。此外,组合 PCM 吸热器的容器表面平均温度也相对均匀了许多。这些变化对于提高系统的性能、增加系统的寿命都有很大的作用。

另外,组合 PCM 吸热器的最后的几个容器单元在日照期末的一段时间出现了出口工质温度低于入口温度的现象,意味着工质向蓄热容器换热,通过相变材料的蓄热削减了工质的过热,而储存的热量用于阴影期的放热,减少了工质的温度波动。

2.3.3　组合相变材料吸热器中的组合 PCM 选择

组合相变材料吸热器中的组合 PCM 确定是一个较复杂的问题,不仅与系统的工作参数、几何参数有直接的关系,更重要的是该组合 PCM 在实际中是否可以得到、是否可以满足对 PCM 的各种要求。2.3.2 节对应的 PCM 组合方案是通过多次计算得到的比较优化的结果,而且对 PCM 的物性作了假设。需要在数值分析和试验方面进行大量的研究工作来确定 PCM 的组合方案。

作者认为 PCM 组合方案的选择应当遵循以下依据:

(1) 不必对每个单元容器都确定一种相变材料,这样的设计方案将耗费大量的试验和制造费用,大大增加蓄热容器单元加工的复杂性,而且不一定能够获得理想的相变材料。由于吸热/蓄热器的工作点(包括各种工作参数)是在一个范围内,所以不必要完全准确地确定每个容器 PCM 对应的熔点。比较好的解决方案是在系统的设计稳态工作参数下通过数值模拟将换热管划分为几段,每一段为一种 PCM,这样既提高了吸热/蓄热器的性能,又不会极大地增加研制的复杂性。

(2) 不必完全选取共晶物作为相变材料。根据共晶化合物的相图理论,可以利用不同的熔盐比例获得熔化区在一定熔化范围的熔盐,这样就可以获得所需熔点的相变材料,与固定熔点的共晶物相变材料组合将可能产生较好的结果。

图 2.30 对应典型的二元共晶系统相图,纵轴代表温度,横轴代表组分[23]。其中 α 对应组元 A,β 对应组元 B,A 的熔点在 C,在加入组元 B 后,熔点沿 CE 线随成分逐渐下降,直到 E,B 的熔点在 D。在 E 点,两相同时结晶,称为共晶点。二元共晶系统相图中最重要的三个特征为一点、两线和四相。一点就是共晶点 E。两线分别为液相线 CED 和固相线 MEN。液相线 CED 以上为液相区,固相线 MEN 以下为固相区。四相为除上面的固相和液相外,在液相线 CED 和固相线 MEN 之间的区域为其他两相,α + L、β + L,分别对应 A 相和 B 相与液相的混合物。

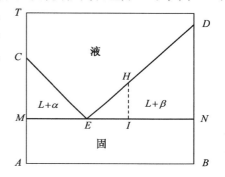

图 2.30　典型的二元共晶系统相图

在共晶点,二元混合物将直接从固相转变到液相,相变发生在一点。在非共晶点,固相到液相的转变过程中会出现固液相的混合相态,即 α + L 或 β + L,意味着相变发生在一个区间,即对应该组分比例线与液相线 CED 和固相线 MEN 的交点之间的温度范围,如图中所示 H 点和 I 点。采用该工作原理,就可以得到所需相变温度的相变材料。

例如对于 LiF-CaF$_2$ 混合物,图 2.31 对应其相图[36],共晶点对应组分为 80.5LiF – 19.5CaF$_2$,图中给出的共晶点温度为 1042K,与 NASA 给出的数据有微小差距。LiF 熔点温度为 1118K,CaF$_2$ 熔点温度为 1685K。当混合物中 LiF 的物质的量分数在 100% ~ 80.5% 之间时,可以获得熔点范围为 1042K ~ 1118K 之间的相变材料,这样就可以解决不同熔点相变温度 PCM 的选择问题。但是对于 LiF-CaF$_2$ 混合物,所能获得的最低熔点为共晶温度 1042K。如果需要更低的相变温度范围,必须选取其他的熔盐混合物,如图 2.32 中所示的 KF-LiF 混合物,可以选取的温度范围为 765K ~ 1130K。765K 对应空间太阳能热动力系统应用来说,温度太低,应当选取共晶温度适合的熔盐混合物,否则将造成 PCM 有一部分一直处于熔化状态。最好是共晶温度与所需的最低熔点相变温度相同。

图 2.33 ~ 图 2.37 给出一个算例的计算结果,主要为了改善单 PCM 吸热器方案入口段 PCM 利用率极低的缺点。假设可以获得一种混合物 PCM,其熔点范围为 900K ~ 1050K,且相变潜热在熔点范围内均匀分布,前 9 个容器采用这种 PCM,而后面的容器采用熔点为 1050K 的 PCM,其他物性同 80.5LiF – 19.5CaF$_2$。

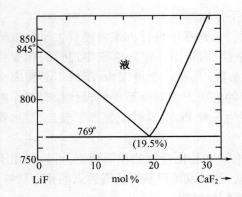

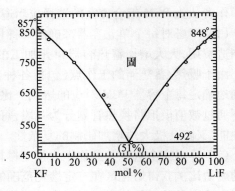

图 2.31　LiF-CaF$_2$ 共晶系统相图　　　　图 2.32　KF-LiF 共晶系统相图

　　图 2.33 为吸热器总 PCM 熔化率的变化情况。在第六个周期可以达到稳态,熔化率从阴影期的 0.17 到日照期的 0.92,PCM 利用率为 0.75,较单 PCM 吸热器方案的 0.57 增加了 0.18。

　　图 2.34 为吸热器各容器单元 PCM 熔化率。可以看出采用非共晶混合物的前 9 个容器单元的 PCM 熔化率几乎成线性逐渐增加,熔化率的变化范围约为 0.7。之后进入熔点为 1050K 的共晶混合物 PCM 区,阴影期和日照期曲线都接近单 PCM 吸热器的情况(图 2.28(b)),只是容器 10～20 的熔化率还不到 1,没有达到完全熔化,基本上各单元都起到较好的蓄放热功能。

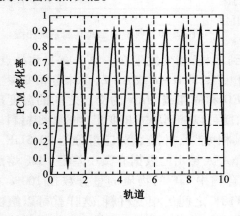

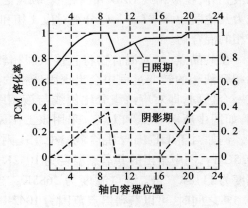

　　图 2.33　吸热器总 PCM 熔化率变化曲线　　图 2.34　吸热器各容器单元 PCM 熔化率

　　图 2.35 为吸热/蓄热器能量平衡分析。工质吸收能量基本在 8kW,在日照期末和阴影期末都有 0.5kW 的波动。吸热腔热损失、工质吸热能量以及吸热/蓄热器储热都比较均匀,平均值与单 PCM 吸热器方案结果基本相同。

　　图 2.36 为吸热器显热、潜热变化分析。图中可以看出在日照期,潜热储热占主要部分,显热储热相对很少,只是在日照期初有 1.7kW 左右的显热储存。在阴影期潜热储热提供了约 80% 的能量,较单 PCM 吸热器方案提高 10%。

　　图 2.37 为吸热器主要温度参数变化。容器表面最高温度为 1040 K～1118K,最高温度和变化范围都比单 PCM 吸热器方案减小 29K。工质出口温度的范围为 1036K～1064K,

44

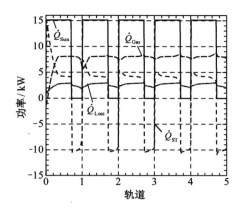
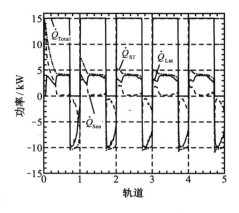

图 2.35 吸热器能量平衡分析　　　　　图 2.36 吸热器显热、潜热变化分析

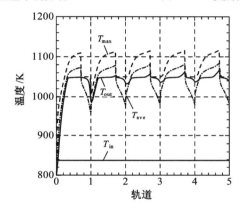

图 2.37 吸热器主要温度参数变化曲线

波动值只有 28K,比单 PCM 吸热器方案的 70K 减小 42K。

通过分析可以看出,只需要前面提到的两种假设的相变材料,即可以将原吸热器性能改善很多,说明选用合理的 PCM 对于提高吸热器性能是非常有意义的。

2.3.4　采用组合相变材料对吸热器质量轻量化的意义

从 2.3.3 节的分析结果可以看出,采用组合 PCM 不仅大大降低了出口工质温度的波动,降低了容器的最大壁温,最重要的是提高了 PCM 的利用率,这意味着在保证系统性能的要求下,可以降低 PCM 的质量和体积,也就可以降低蓄热容器的体积,进而减小吸热器的体积和质量。下面给出一种采用组合 PCM 方案的吸热器的热性能计算结果。

方案中将蓄热容器外径缩小 10%,这样换热管间距、吸热腔直径都相应缩小 10%。为保证太阳入射功率不变,入射窗直径保持不变,PCM 也按体积相应减少,计算得到 PCM 填充量为原来的 72%,吸热/蓄热器总质量减小约为 15%。组合 PCM 的选择按照图 2.23 所示方案。图 2.38 ~ 图 2.40 为计算得到的三种吸热器方案的结果对比,这三种吸热器方案分别为单一 PCM 吸热器、单一 PCM 吸热器(0.9 倍外径)、组合 PCM 吸热器(0.9 倍外径)。

图 2.38 对应吸热器总 PCM 熔化率的变化情况。可以看出三种吸热器方案的 PCM

熔化率范围分别为 0.1 ~ 0.67,0 ~ 0.7,0 ~ 0.96。由于 PCM 的减少,单一 PCM 吸热器(0.9 倍外径)熔化范围增加了,但是在阴影期的一段时间出现了完全凝固,这样会造成吸热器的过冷,系统将不能正常工作。而对于组合 PCM 吸热热器(0.9 倍外径),PCM 利用率增加到 0.96,几乎完全利用,阴影期 PCM 也出现了完全凝固,但是时间很短,不会对系统造成很大的影响。

图 2.39 对应吸热器工质出口温度的变化情况。三种吸热器方案对应的工质出口温度分别为:1030K ~ 1100K,995K ~ 1115K,1023K ~ 1080K。单一 PCM 吸热器(0.9 倍外径)在阴影期出现了较大的温度下降,工质出口温度只有 995K,而波动范围却达到 120K,将会影响系统的正常工作。组合 PCM 吸热器(0.9 倍外径)工质出口温度在阴影期也出现了下降,比单一 PCM 吸热器低 7K,基本可以保证系统的正常工作,但是波动范围却减小到只有 57K,还是比较有利的。

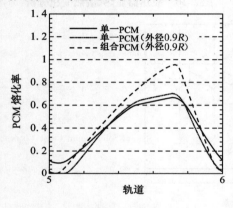

图 2.38　吸热器 PCM 总熔化率比较 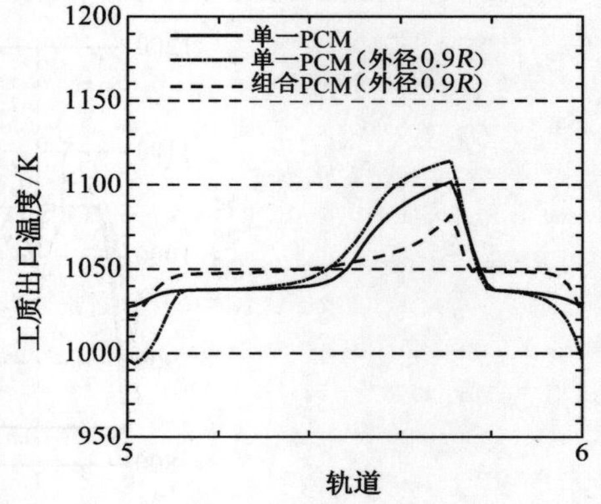　　　　　图 2.39　吸热器工质出口温度比较

图 2.40 对应吸热器容器表面最高温度的变化情况。三种吸热器方案对应的容器表面最高温度分别为 1040K ~ 1150K,1040K ~ 1158K,1053K ~ 1143K,三者相差不是很大。在日照期,单一 PCM 吸热器(0.9 倍外径)容器表面最高温度达到 1158K,而组合 PCM 吸热器(0.9 倍外径)约为 1143K,为三者最低。从波动范围来说,单一 PCM 吸热器(0.9 倍外径)为 118K,温度波动最大;组合 PCM 吸热器(0.9 倍外径)为 90K,温度波动最

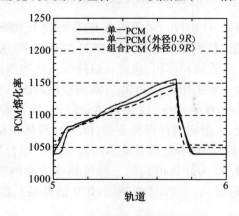

图 2.40　吸热器 PCM 容器最高温度比较

小,且比单一 PCM 吸热器低 20K。

从结果比较看出,组合 PCM 吸热器(0.9 倍外径)的各方面模拟性能比单一 PCM 吸热器(0.9 倍外径)要好很多,大多数性能还优于单一 PCM 吸热器。如果组合 PCM 吸热器方案可以实现,则可能在保证不损失吸热器工作性能的基础上,将总质量减少 15%。

参 考 文 献

[1] Strumpf H J, Krystkowiak C, Killackey I. Design of the Heat Receiver for the Solar Dynamic Ground Test Demonstrator Space Power System [A]. Proceeding of the 28th Intersociety Energy Conversion Engineering Conference [C]. New York: American Society of Mechanical Engineers, 1993.

[2] Strumpf H J, Westelaken B, Shah D, et al. Fabrication and Testing of the Solar Dynamic Ground Test Demonstrator Heat Receiver [A], AIAA – 94 – 4189 – CP, 1994.

[3] Strumpf H J, Krystkowiak C, Kiucher B. Design of the Heat Receiver for the US/Russia Solar Dynamic Power Joint Flight Demongtration [A]. Proceeding of the 30th Intersociety Energy Conversion Engineering Conference [C]. New York: American Society of Mechanical Engineers, 1995.

[4] Mason L S. A Solar Dynamic Power Option for Space Solar Power. NASA TM—1999 – 209380, SAE 99 – 01 – 2601, 1999.

[5] 邢玉明. 空间站太阳能吸热储热器高温相变储热实验研究. 北京: 北京航空航天大学博士论文, 2002.

[6] Drake J B. Modeling Convective Marangoni flows with void movement in the Presence of Solid-Liquid Phase Change, ORNL – 6516, 1990.

[7] Bellecei C, Conti M. Letent Heat Thermal Storage for Solar Dynamic Power Generation, Solar Energy, 1993a, 36(8): 2157 – 2163.

[8] David N, David J, Andrew S. Effect of Microgravity on Material Undergoing Melting and Freezing-The TES Experiment. NASA TM – 106845, AIAA – 95 – 0614, 1995.

[9] Douglas D, Davie N J, Raymond L S. Modeling Void Growth and Movement with Phase Change in Thermal Energy Storage Canisters. AIAA – 93 – 2832, 1993.

[10] Sedgwick L M, Nordwan N L, Kaufmann K J. A Brayton Cycle Solar Dynamic Heat Receiver for Space. 24th IECEC paper, 899228, 1989.

[11] Humphries W R. Performance of Finned Thermal Capacitor. TN D – 7690, 1974.

[12] Faghri A, Zhang Y W. Heat transfer enhancement in latent heat thermal energy storage system by using the internally finned tube. Int. of Heat Mass Transfer. 1996, 39(15): 3165 – 3173.

[13] Smith R N, Koch J D. Numerical solution for freezing adjacent to a finned surface. Proceeding of the Seventh International Heat Transfer Conference, 1982, 69 – 74, Muchen, Germany.

[14] Lacroix M. Study of the heat transfer behavior of a latent heat thermal energy unit with a finned tube. Int. of Heat Transfer, 1993, 36(2): 2083 – 2092.

[15] Velraj R, Seeniraj R V. Heat Transfer studies during solidification of PCM inside an internally finned tube. Journal of Heat Transfer, 1999, 121(2): 493 – 497.

[16] Velraj R, Seeniraj R V, Hafner B. Heat Transfer Enhancement in a Latent Heat Storage System. Solar Energy, 1999, 65(3): 171 – 180.

[17] Gray R L, Pidcoke L H. Tests of Heat Transfer Enhancement for Thermal Energy Storage Canister. IECEC – 889164, 1988.

[18] Seeniraj R V, Velraj R, Narasimhan N L. Thermal analysis of a finned-tube LHTS module for a solar dynamic power system. Heat and Mass Transfer, 2002, 38, 409 – 417.

[19] Son C H, Morehouse J H. Thermal conductivity enhancement of solid-solid phase change materials for thermal storage.

47

J. of Thermophysics and heat transfer,1991,5(5):122 - 124.

[20] Khan M A,Rohatgi P K. Numerical solution to a moving boundary problem in a composite medium. Numerical heat transfer,1994,25(3):209 - 221.

[21] Tong X,Khan J A,Amin M R. Enhancement of heat transfer by inserting a metrix into a phase change material. Numerical heat transfer,1996,30(2):125 - 141.

[22] Bugaje I M. Enhancing the thermal response of latent heat storage systems. Int. J Energy Research,1997,21(7):759 - 766.

[23] 张寅平,胡汉平,孔祥冬,等. 相变储能——理论和应用. 合肥:中国科学技术大学出版社,1996.

[24] Seeniraj R V,Velraj R,Narasimhan N L. Heat transfer enhancement study of a LHTS unit containing dispersed high conductivity particles. Journal of Solar Energy Engineering,2002,124,243 - 249.

[25] Jun Fukai,Makoto Kanou, Yoshikazu Kodama. Thermal conductivity of energy storage media using carbon fibers[J]. Energy Conversion & Management,2000,41(6):1543 - 1556.

[26] Perez M E,Gaier J R. Sensible heat receiver for solar dynamic space power system. Proc. 26 th IECEC,Boston,297 - 300.

[27] Carsie A. Hall III. Thermal State-of-Charge of Solar Heat Receivers for Space Solar Dynamic Power. Ph. D. Thesis,Howard University,Washington,D. C. 1998.

[28] De Groh K K,Jaworske D A,Smith D C. Optical Property Enhancement and Durability Evaluation of Heat Receiver Aperture Shield Materials. NASA/TM—1998 - 206623,1998.

[29] Strumpf H J,Trinh T,Kerslake T W. Design and Analysis of the Aperture Shield Assembly for a Space Solar Receiver. NASA - TM - 107500.

[30] Dennis Alexander. 2kWe Solar Dynamic Ground Test Demonstration Project. Volume I:Executive Summary. NASA - CR - 198423,1997.

[31] Jefferies K S. Solar Dynamic Power System Development for Space Station Freedom,NASA - RP - 1310,N94 - 12807,1993.

[32] Zhen-Xiang Gong,Mjumdar A S A New Solar Receiver Thermal Store for Space-Based Activities Using Multiple Composite Phase-Change Materials. Journal of Solar Energy Engineering,1995,117.

[33] Lim J S,Bejan A,Kim J H. Thermodynamic Optimization of Phase-Change Energy Storage Using Two or More Materials. Trans. ASME,J. Energy Resources Technology,1992,114,84 - 90.

[34] Gong Z X,Mujumdar A S. Exergetic Analysis of Energy Storage Using Multiple Phase-Change Materials. Trans. ASME,J. Energy Resources Technology,1996,118,242 - 248.

[35] 王剑峰,高广春,陈光明. 组合相变材料柱状储热单元的储热特性试验研究. 太阳能学报,2001,22(2):120 - 123.

[36] Larence P Cook,Howard F McMurdle. Phase Diagrams for Ceramists Volume VII. The American Ceramic Society,INC,1989.

第三章　高温相变蓄热容器的
数值仿真与分析

高温相变蓄热容器(PCM 容器)是吸热器的基本工作单元,因此对 PCM 容器进行热分析是 PCM 容器设计的基础,通过热分析可以得到 PCM 容器内详细的温度分布,可以了解容器内各项物理过程对换热过程的影响,以指导容器设计的改进方向,并为进行热应力分析提供数据[1]。

PCM 容器内的传热过程是一种伴随着相变的传热过程。复杂边界条件、相变界面形状复杂以及相变过程中可能存在多个相变界面和相变界面的运动是该问题的显著特点。另外,几乎所有的氟盐在凝固时体积发生收缩,在 PCM 容器内就会形成空穴。因此,在 PCM 容器内会有三种相态存在,即固态、液态和气态(空穴内的 PCM 蒸气)。在应用熔法求解相变换热的计算过程中,把两相界面看成固液两相共存的区域,称为糊态区,则在计算中 PCM 容器内有四种相态存在,即固态、液态、糊态和 PCM 蒸气。

对于 1040K 的黑体,80% 的辐射能集中在波长为 $0 \sim 6.5 \mu m$ 的范围内。虽然高度抛光的固态 LiF-CaF$_2$ 单晶对波长在 $6.0 \mu m$ 以下的热辐射的穿透率达 95%,但对于 PCM 容器内多晶结构的固态 LiF-CaF$_2$ 而言,却基本上是不透明的,因此固态 PCM 内的热传递方式主要是热传导[2]。液态 PCM 内的热传递方式既包括热传导,又有对流换热。此外,液态 LiF 对于波长在 $6.5 \mu m$ 以下的热辐射是半透明的[3]。在重力条件下,在液态区内的流动中占主导地位的是自然对流,而在微重力条件下自然对流消失,占主导地位的是 Marangoni 对流。Marangoni 力所引起的流体对流与重力引起的自然对流相比要小一个数量级[4-6]。另外,相变过程中因密度变化引起的 PCM 体积膨胀和收缩以及空穴内的蒸发和凝结也会引起液体运动,前者比自然对流的影响小 7 个数量级,后者引起的液体运动速度在 10^{-4} cm/s 的量级[2,6]。LiF-CaF$_2$ 共晶物的熔点高达 1040K,在如此高的温度下透过空穴的辐射换热也是不可忽略的。如果空穴被液态 PCM 所包围,则空穴高低温界面间的蒸发凝结换热将与辐射换热相当[7]。

空穴的产生、分布和移动是 PCM 容器热分析过程中的一个难点。氟盐在固液转变时密度变化比较大,对于 LiF 和 CaF$_2$ 来说,从液相转变为固相时的体积收缩率分别为 23% 和 22%。体积收缩所产生的空穴在 PCM 容器内如何分布,尚无成熟的理论可以引用。当 PCM 发生凝固后,空穴随着 PCM 体积的收缩而产生。在空间微重力下,按能量最小原理,空穴在 Marangoni 力驱动下运动到最高温度位置,即液—气表面能最低的位置,并趋向于具有最小的表面—体积比。实际上空穴的最终分布还和盐的种类、纯度、表面张力、液态 PCM 对壁面的浸润以及冷却速率等很多因素有关。

本章开展了固液相变问题的解法的研究,并以微重力条件及重力条件下 PCM 容器热分析的不同实例介绍了 PCM 容器热仿真分析的方法和结果分析。

3.1　固液相变问题的解法与焓法模型

3.1.1　固液相变问题的解法概述

固液相变问题,即有熔化或凝固峰面运动的传热问题,为纪念德国科学家 J. Stefen 研究极地冰层的厚度问题又被称为斯蒂芬(Stefen)问题。从 1860 年 Franz Neumann 研究半无限大物体的相变问题至今,人们对固液相变问题的研究已经有一百多年的历史[8,9]。由于该类问题的非线性特征,给问题的求解带来了很大的困难。

目前只有极少数简单情形下的相变问题能够得到解析解。1860 年 Neumann 给出了半无限大区域凝固问题的精确解[9]。其他许多情况下的精确解都是基于 Neumann 解得到的[8-12]。存在精确解析解的情况主要集中在常物性、具有简单边界条件和初始条件的一维无限大和半无限大区域,对于一维有限区域及多维情况很难得到解析解。

对于有限区域内的一维相变问题,人们发展了近似解法。近似解法主要有积分法、准稳态法、摄动法、热阻法和级数展开法[9,10,13-21]等。近似解法的应用主要局限于一维单一单调界面相变问题,在极少数特别简单的边界条件下也可推广到二维情况,但对于类似本书具有复杂边界条件以及存在非单调、多个界面的多维相变问题就显得无能为力了。

对于复杂条件下的多维相变问题,数值解法几乎是唯一可行的强有力手段。

相变导热问题的数值解法可以分为两大类。一类称为界面跟踪法或强数值解法,另一类称为固定网格法或弱数值解法。

界面跟踪法包括固定步长法[22]、变空间步长法[23]、变时间步长法[24]、自变量变换法[25-27]、贴体坐标法[28,29]和等温面移动法[30]等。界面跟踪法在每一个时间步长都要确定固液两相界面的位置和温度分布,但是通常固液两相界面的形状是不规则的,而且其位置不论在空间还是时间上都是未知的,因此在进行离散化数值求解时需要用特殊的插值方法或采用坐标变换把不规则两相界面变为固定边界。采用坐标变换的方法虽然可以把不规则的移动界面变成一个形状简单的固定界面,但使得原始方程复杂化,这类解法适用于一维问题的求解,但推广到二维和三维情况时方程形式将变得极为复杂,而且对存在非单调、多个界面的情形也是不适用的。

固定网格法或弱数值解法[31,32],不需要跟踪固液两相界面的位置,把包含不同相态的求解区域作为整体求解,因而具有很大的灵活性,很容易推广到多维、多界面情况,这类解法有显热容法和焓法。

显热容法把物质的相变潜热看作是在一个很小的温度范围内有一个很大的显热容,从而把分区描述的相变问题转变为单一区域上的非线性导热问题,达到整体求解的目的。显热容法可以直接利用现有通用程序计算。Comini[33] 把此方法应用到有限元技术当中。Bonacina 等[34,35]提出了三时层隐式格式的显热容法。显热容法的缺点是当相变温度范围很窄时,如果时间步长稍大,计算过程中就会越过相变区,导致忽略了相变潜热,造成计算结果失真。而对于在单一温度下发生的相变过程,其缺点就更加突出。对此,Comini 和 Del Giudice[36] 曾提出了一改进的比热容计算式,但其物理意义不清楚。Pham[37,38] 结合三时层格式和焓法的优点,提出了三时层焓法计算格式。Comini 等[39] 做了进一步的改进,但仍受到时间步长的限制。Cao 和 Faghri[40]在焓法的基础上,得到了比热容的计算式,并得到一包含相变潜热的附加源项,但该方法已不能单纯称为显热容法。

焓法[41-46]是将热焓和温度一起作为待求函数,在整个区域(包括液相、固相和两相界面)建立一个统一的能量方程,利用数值方法求出热焓分布,然后确定两相界面。焓法没有显热容法的缺点,具有方法简单、灵活方便、容易扩展到多维情况等优点,能够求解具有复杂边界条件以及非单调、多个界面的相变问题,但焓法也有不足之处。当网格划分较粗时,相变界面的位置无法清晰地给出,另外,糊态区的物性参数只能按固液相的比例近似计算得到,存在一定的不确定性。当然,前一个缺点可以通过加密网格来克服,后一个缺点将来随着人们对相变过程认识的加深也会逐步得到解决。这两个缺点与焓法的巨大优点相比是微不足道的。因此,目前焓法得到了广泛的应用。对于具有复杂边界条件、相变界面形状复杂以及相变过程中可能存在多个相变界面的 PCM 容器内的换热过程而言,采用弱数值解法是唯一可行的方法。

3.1.2 焓法模型数学描述

焓法最早是由 Eyres 在 1946 年提出的[9],1975 年 Shamsundar 给出了可用于多维情况的焓法模型[41]。参考文献[9]、[46]和[47]对焓法都进行了详细的介绍。焓法模型具体如下。

对于一个任意给定的表面积为 A、体积为 V 的控制容积,不考虑对流、无内热源时的能量平衡方程为

$$\frac{\mathrm{d}}{\mathrm{d}t}\int_V \rho u \mathrm{d}V = \int_A k\, \boldsymbol{\nabla} T \cdot \boldsymbol{n}\mathrm{d}A \tag{3.1}$$

式中:u 为比内能;$\boldsymbol{n}$ 为表面的外法线向量。

当控制容积 V 静止不动时压力不随时间变化,即

$$\frac{\mathrm{d}}{\mathrm{d}t}\int_V p\mathrm{d}V = 0 \tag{3.2}$$

把比内能 u 和比焓 e 的关系式 $pu = pe - p$ 代入式(3.1)并利用式(3.2),可得以焓的形式表示的能量平衡方程如下:

$$\frac{\mathrm{d}}{\mathrm{d}t}\int_V \rho e \mathrm{d}V = \int_A k\, \boldsymbol{\nabla} T \cdot \boldsymbol{n}\mathrm{d}A \tag{3.3}$$

式(3.3)以比焓 e 的形式已把相变的影响考虑进去,适用于整个求解区域。其中焓与温度的关系式可表示成如下的形式:

$$T = \begin{cases} T_\mathrm{m} + e/c, & e \leqslant 0 \\ T_\mathrm{m}, & 0 < e < \Delta H_\mathrm{m} \\ T_\mathrm{m} + (e - \Delta H_\mathrm{m})/c, & e \geqslant \Delta H_\mathrm{m} \end{cases} \tag{3.4}$$

式中:e 为比焓;ρ 为密度;k 为热导率;T 为温度;t 为时间;c 为比热容;T_m 为相变温度;ΔH_m 为物质单位质量的相变潜热。

方程(3.3)和方程(3.4)就是焓法模型的基本方程。

与方程(3.3)等价的焓法模型的微分形式为

$$\frac{\partial}{\partial t}(\rho e) = \nabla \cdot (k \nabla T) \tag{3.5}$$

当 $e \leqslant 0$ 时,PCM 处于固态;$e \geqslant \Delta H_m$ 时,PCM 处于液态;$0 \leqslant e \leqslant \Delta H_m$ 时,PCM 处于相变过程当中,为固液共存区,称为糊态区。糊态区的物性可根据液态成分的体积百分比 vf_l 和质量百分比 mf_l 按固、液态的物性进行线性平均得到[41],其中 vf_l 和 mf_l 定义如下:

$$mf_l = e/\Delta H_m \tag{3.6}$$

$$vf_l = \frac{\rho_s \cdot mf_l}{\rho_s \cdot mf_l + \rho_l \cdot (1 - mf_l)} \tag{3.7}$$

则糊态区的密度和热导率按如下公式计算:

$$\rho = \rho_s \cdot (1 - vf_l) + \rho_l \cdot vf_l \tag{3.8}$$

$$k = k_s \cdot (1 - mf_l) + k_l \cdot mf_l \tag{3.9}$$

3.2 微重力条件下高温相变蓄热容器的二维热分析

PCM 容器的传热过程是微重力条件下内部伴随着相态变化和体积变化的传热过程。

经集热器聚集的高强度热流进入吸热器容腔,与 PCM 容器辐射换热。因吸热器结构所致,柱状环形 PCM 容器外壁周向热流并不均匀,这里对周向截面作二维计算,分为 10×16 个控制单元。分析空穴形成时,不固定空穴最初出现的位置;空穴减少时,认为其并不依赖于温度分布。

3.2.1 边界条件与初始条件

1991 年,航天工业公司 501 部的蒋大鹏对国内提出的 10kW CBC 太阳能动力装置做了吸热器腔内热网格计算[48],得到了具有实际意义的 PCM 容器的工作条件。本 书所做计算采用其计算结果中的一些数据作为 PCM 容器的边界条件。

(1) PCM 容器结构见图 3.1,容器外壁外径 $r_1 = 28.75\text{mm}$,内径 $r_2 = 27.75\text{mm}$;容器内壁(包含气体工质换热管壁)外径 $r_3 = 17\text{mm}$,内径 $r_4 = 15\text{mm}$;容器轴向长 $l = 25.5\text{mm}$。

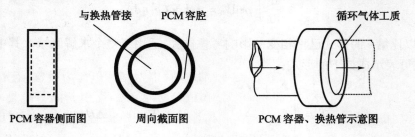

图 3.1 PCM 容器结构示意图

(2) 容器内相变材料采用氟盐 LiF,容器材料采用耐高温合金 Haynes188,循环气体工质为 He-Xe 混合气体,它们的物性数据见表 3.1。

（3）轨道周期 95min，其中日照期 59min，阴影期 36min；并设计算开始时容器内充满温度为 1123K 的液相 LiF。

（4）容器外壁日照期最大辐射热流为 $6.8 \times 10^4 W/m^2$。内壁与循环工质 He-Xe 气体对流换热，流量 0.531kg/s，对流换热系数 95.9W/(m²·K)，气体温度 900K。

表 3.1 材料物性

物　性	80.5LiF-19.5CaF$_2$(1040K)		Haynes188 (1040K)	He-Xe 混合气 (分子量 39.94) (900K)
	固态	液态		
密度/(kg/m³)	2590	2190	8813	1.862
比热/(J/(kg·K))	1770	1770	548	520.2
热导率/(W/(kg·K))	3.82	1.7	24.6	0.1333
熔点/K	1040		1575～1630	
相变潜热/(J/kg)	816000			
运动黏度/(m²/s)		1.05×10^{-6}		
体积膨胀系数/(1/K)		2.87×10^{-4}		
动力黏度/(kg/(m·s))		0.0023		5.982×10^{-5}
普朗特数 Pr		2.4		0.24
发射率	0.6	0.6	0.52	

3.2.2　PCM 空穴模型

PCM 容器内部相态改变的过程中，伴随着空穴的产生和消失。空穴对传热过程的影响很大，它们加大了传热热阻，改变了温度场的分布，严重时引起"热斑"和"热松脱"，加之 PCM 材料本身热导率低，使热传递工况恶劣。如何避免空穴、避免热应力集中，在容器的结构形式设计上是一个重要的考虑因素。因此空穴模型的建立在热分析过程中很重要，但是目前还没有成熟的模型。

3.2.2.1　空穴的形成与消失的模型

在不均匀温度场下，温度低的区域先凝固，但由于微重力条件下空穴界面 Marangoni 力的作用，产生的空穴要移动，使液气界面的微团所受表面力平衡。产生空穴区周围温度最高的微团表面张力最小，便向空穴移动，二者交换位置，空穴在新的位置继续这一过程。

熔化过程中，温度高的区域熔化体积膨胀，多余体积便向周围有空穴或也已熔化的区域流动，这样熔化的液态 PCM 逐渐占据了空穴区。

本模型在描述空穴的形成、移动、减少、消失时，以控制体单元为对象，逼近相变过程中微团的行为。空穴模型与 Marangoni 对流、PCM 膨胀和收缩引起的对流是不可分的。在凝固过程中，二者的作用是相结合的，在熔化过程中只考虑后者。在 PCM 工况不变的情况下，凝固过程空穴模型比熔化过程更显重要。

计算表明控制体单元的大小不影响该空穴模型的建立。

模型不考虑 PCM 与容器的润湿作用，并假定空穴内为真空。

在计算程序中，每一个时间步长内计算 PCM 总体积变化量 SV。

凝固过程 $SV<0$。对$[i][j]$控制体单元,参见图3.2。如单元内有体积收缩或已有部分空穴,即 PCM 体积 $V_1[i][j]$ < 单元体积,则在$[i][j]$、$[i+1][j]$、$[i-1][j]$、$[i][j-1]$、$[i][j+1]$五个单元中确定最高温度单元。最高温度单元的 PCM 进入$[i][j]$单元,如不能填满$[i][j]$单元,则最高温度单元变为全空。

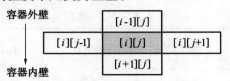

容器外壁

$[i-1][j]$

$[i][j-1]$ $[i][j]$ $[i][j+1]$

容器内壁

$[i+1][j]$

图 3.2 热分析控制体单元

熔化过程 $SV>0$。计算$[i][j]$控制体单元,如单元内有体积膨胀或体积已超过单元体积,即 PCM 体积 $V_1[i][j]$ > 单元体积,则多余体积向$[i+1][j]$、$[i-1][j]$、$[i][j-1]$、$[i][j+1]$四个单元分配,原则是先向含空穴的单元分配,如多余体积未分配完,再向含液相的单元分配。分配量由单元边界尺寸与可填充 PCM 的单元总边界长之比决定。

3.2.2.2 与其他空穴模型的比较

在微重力条件下,决定空穴位置的 Marangoni 力是表面力,与自然重力条件下的相变传热不同,重力是体积力,所以可以假设凝固时空穴有一个由分散到集中的移动过程。这与蒋大鹏采用的模型的不同之处在于,空穴不是出现在最高温度位置后在其周围扩展,而是从每个控制体单元的角度,观察空穴的发展。这样可以更好地模拟空穴的产生及扩展过程。并且单元之间 PCM 的混合反映了 Marangoni 对流换热。

如果将 PCM 容器的换热边界条件加以调整,最高温度位置会不在外壁内侧,可能是在 PCM 中,这样就不能以空穴始终在外壁处的模型做计算。SD 系统吸热器内大量的 PCM 容器所受太阳辐射热流不同,考虑到吸热器设计上的可能,在辐射热流小的位置 PCM 容器会出现上述工况。

对 PCM 容器中的对流换热用动量方程求解,理论上是最精确的模型。但是,空穴界面很难确定,动量方程中的表面张力不容易描述。NORVEX 程序所做的工作值得深入学习,其中根据液气界面液相 PCM 的速度调整空穴位置,也是从每一个控制体单元的角度分析空穴的运动。

3.2.2.3 空穴内的传热

真空空穴内的热传递包括辐射、导热和蒸发凝结换热。这里主要考虑径向辐射换热,因控制体单元周向尺寸比径向尺寸大。

单元内的空穴按其体积理想化[48]为两平板,两平板表面均为发射率为 0.6[49]的等温漫射表面。平板间的辐射换热为空穴内换热量 q,图3.2以熔化过程中(容器外壁温度高于内壁)的全空空穴为例示意了空穴内的辐射换热情况。平板长为空穴单元周向尺寸,全空空穴理想平板间距离为空穴径向尺寸和。如单元内部分为空穴,理想化后其中的 PCM 放于单元下边界。空穴径向辐射热流计算见下式。

$$q_r = 0.6 \times cbs \times (t_2^4 - t_1^4) \times (r + dr/2) \times f \qquad (3.10)$$

式中 q_r 为空穴径向辐射热流 $cbs = 5.669 \times 10^{-8} \text{W}/(\text{m}^2 \cdot \text{K}^4)$,为斯蒂芬—玻耳兹曼常数;$r$ 为单元的径向尺寸,f 为辐射角系数,dr 为径向尺寸步长。

式(3.10)的差分方程为

$$q_r[i][j] = 0.6 \times cbs \times (t^4[i-3][j] - t^4[i][j]) \times (r + dr/2) \times f \quad (3.11)$$

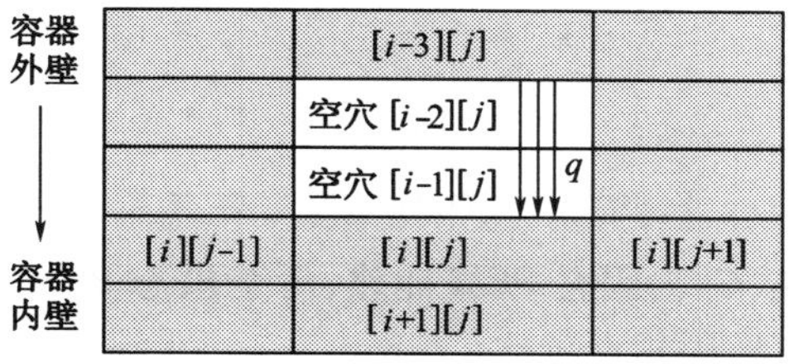

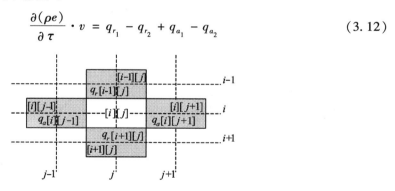

图 3.3　全空空穴辐射换热示意图

3.2.3　物理模型

对于存在相变的传热过程,用数值解法求解焓法能量方程。控制体单元的计算参数为焓,由焓确定单元内 PCM 的相态,决定其物性参数,进而求出单元中心的温度。由于相态的变化,相变材料不同相态间的界面是移动的,焓法避免了求解温度时无法确定控制体单元物性参数的困难。

PCM 容器内的传热过程尽管经历时间长,但始终处于非稳态。

对于控制体单元能量控制方程是能量守恒方程。对于计算区域一控制体单元$[i][j]$(参见图 3.4),PCM 容器内无外力做功,相变热量计入控制体能量,不作为内部产生的能量,流出控制体的净能之和为 0。因此,在二维坐标(r,a)下,采用焓的形式表示的导热控制的能量守恒方程如下式所示:

$$\frac{\partial(\rho e)}{\partial \tau} \cdot v = q_{r_1} - q_{r_2} + q_{a_1} - q_{a_2} \quad (3.12)$$

图 3.4　控制体单元热流示意图

方程左项为单位时间控制体单元能量的增量,其中 ρ 为 PCM 密度,e 为 PCM 的焓值,τ 为时间,v 为控制体体积;方程右边为单位时间传入控制体的热量,q_r 为径向热流,q_a 为周向热流。

将式(3-12)进行差分变形后得到:

$$e[i][j] = e^0[i][j] + (q_r[i-1][j] - q_r[i+1][j] +$$
$$q_a[i][j-1] - q_a[i][j+1]) \times \mathrm{d}t/(v\rho) \quad (3.13)$$

式中,$e^0[i][j]$ 为上一时刻控制体单元的焓值,$\mathrm{d}t$ 为时间步长。

55

控制体单元焓 e 与温度 t 的关系为

$$t = \begin{cases} e/C_p & & \\ e/C_s & e < e_s & e_s = t_m \times C_s \\ tm & e_s < e < e_l & e = x \cdot e_s + (1-x)e_l \\ (e - e_l)/C_l + t_m & e > e_l & e_l = t_m \times C_s + q_m \end{cases} \tag{3.14}$$

式中：C_p 为容器材料比热，C_s 为固态 PCM 比热，C_l 为液态 PCM 比热，t_m 为 PCM 熔点，q_m 为 PCM 潜热，x 为糊相 PCM 固相百分比。

固液两相混合 PCM 的物性参数如下式：

$$\rho = x\rho_s + (1-x)\rho_1$$
$$C = xC_s + (1-x)C_1$$
$$k = xk_s + (1-x)k_1 \tag{3.15}$$

式中：ρ_s 为固态 PCM 密度；ρ_1 为液态 PCM 密度，k_s 为固态 PCM 热导率，k_1 为液态 PCM 热导率。

3.2.4　控制方程的离散化与求解

3.2.4.1　网格划分

PCM 容器周向截面划分为 10×16 个控制体单元，径向 $i = 0 \sim 9$，周向 $j = 0 \sim 15$，网格形式和控制体单元尺寸分别见图 3.5 和图 3.6。其中周向角度 $da = 2\pi/16$，径向尺寸情况为：容器外壁（$i = 0$ 时），$dr = r_1 - r_2$；容器内壁（$i = 9$ 时），$dr = r_3 - r_4$；其余单元（$i = 1 \sim 8$ 时），$dr = (r_2 - r_3)/8$。

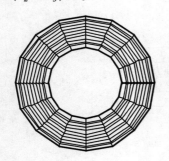

图 3.5　网格划分示意图

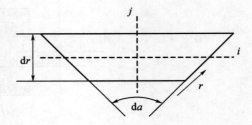

图 3.6　控制体单元尺寸示意图

3.2.4.2　公式及离散化方程

采用热流分析法，得到有限显式差分方程。热流方向及符号见图 3.4，如相变材料单元内有空穴，径向热流计算见 3.2.3 中说明。

1. 外壁单元离散方程：$i < 2$

$j = 0$ 时太阳辐射热流最大 $q_s = 68000 W/m^2$。由于吸热器内不同位置的 PCM 容器的辐射换热情况不同，为了便于进行不同 PCM 容器的热分析计算，将外壁单元与吸热器内其他部件间的辐射换热量近似按其自身灰体辐射热乘以一个系数代替，该系数取值在

1% ~10% 之间,系数越大表示散热量越大。

$$q_{r_1} = \begin{cases} (0.54\cos\theta + 0.29) \times q_s \times A_1, & \theta < \pi/2 \ \text{或} \ \theta > 3\pi/2 \\ 0.29 \times q_s \times A_1, & \pi/2 \leqslant \theta \leqslant 3\pi/2 \end{cases} \quad (3.16)$$

$$q_{r_2} = A_2 \times (t - t_s)/\Delta r \times kk \quad (3.17)$$

$$q_{a_1} = A_3 \times (t_r - t)/\Delta l \times kp \quad (3.18)$$

$$q_{a_2} = A_4 \times (t - t_1)/\Delta l \times kp \quad (3.19)$$

式中:θ 为外壁单元的法线与太阳辐射热流方向夹角;A 为换热面积,kk 和 kp 分别为径向复合热导率和容器壁热导率;Δr 为控制体单元径向尺寸,Δl 为控制体单元周向尺寸。

对式(3.16)~式(3.19)进行差分和变换得到

$$q_r[0][j] = \begin{cases} (0.54\cos(j \times da) + 0.29) \cdot q_s \cdot r_1 \cdot da, & j \times da < \pi/2 \ \text{或} \ j \times da > 3\pi/2 \\ 0.29 \times q_s \cdot r_1 \cdot da, & \pi/2 \leqslant j \times da \leqslant 3\pi/2 \end{cases}$$

$$(3.20)$$

$$q_r[1][j] = r_2 \times da \times (t[0][j] - t[1][j])/((r_1 - r_2)/2 + dr/2) \times kk$$

$$kk = (kp \times dr/2 + k[i][j] \times (r_1 - r_2)/2))/(dr/2 + (r_1 - r_2)/2) \quad (3.21)$$

$$q_a[0][j] = (r_1 - r_2)(t[0][j-1] - t[0][j])/((r_1 - (r_1 - r_2)/2) \times da) \times kp$$

$$(3.22)$$

$$q_a[0][j+1] = (r_1 - r_2)(t[0][j] - t[0][j+1])/((r_1 - (r_1 - r_2)/2) \times da) \times kp$$

$$(3.23)$$

$$e[0][j] = e[0][j] + (q_r[0][j] - 0.1 \times cbs \times 0.6 \times t^4[0][j] -$$

$$q_r[1][j] + q_a[0][j] - q_a[0][j+1]) \times dt/(\rho \times p \times (r_1 - r_2) \times$$

$$(r_1 - (r_1 - r_2)/2) \times da) \quad (3.24)$$

2. 相变材料单元离散方程:$1 < i < 8$

$$q_{r_1} = A_1 \times (t_n - t)/\Delta r \times kk \quad (3.25)$$

$$q_{r_2} = A_2 \times (t - t_s)/\Delta r \times kk \quad (3.26)$$

$$q_{a_1} = A_3 \times (t_r - t)/\Delta l \times kk \quad (3.27)$$

$$q_{a_2} = A_4 \times (t - t_1)/\Delta l \times kk \quad (3.28)$$

对式(3.25)~式(3.28)进行差分和变换得到:

$$q_r[i][j] = (r + dr/2) \times (t[i-1][j] - t[i][j])/dr \times (k[i-1][j] + k[i][j])/2$$

$$(3.29)$$

$$q_r[i][j+1] = (r - dr/2) \times (t[i][j] - t[i+1][j])/dr \times (k[i][j] + k[i+1][j])/2$$

$$(3.30)$$

$$q_a[i][j] = dr \times (t[i][j-1] - t[i][j])/(r \times da) \times (k[i][j] + k[i][j-1])/2$$

$$(3.31)$$

$$q_a[i][j+1] = dr \times (t[i][j] - t[i][j+1])/(r \times da) \times (k[i][j] + k[i][j+1])/2$$

(3.32)

$$e[i][j] = e[i][j] + (q_r[i][j] - q_r[i+1][j] + q_a[i][j] - q_a[i][j+1]) \times$$

$$dt/(\rho \times r \times da \times dr) \qquad (3.33)$$

3. 内壁单元离散方程: $i = 9$

$$q_{r_1} = A_1 \times (t_n - t)/\Delta r \times kk \qquad (3.34)$$

$$q_{r_2} = A_2 \times (t - t_f) \times kf \qquad (3.35)$$

$$q_{a_1} = A_3 \times (t_r - t)/\Delta l \times kp \qquad (3.36)$$

$$q_{a_2} = A_4 \times (t - t_1)/\Delta l \times kp \qquad (3.37)$$

对式(3.25)~式(3.28)进行差分和变换得到:

$$q_r[9][j] = r_3 \times da \times (t[8][j] - t[9][j])/(dr/2 + (r_3 - r_4)/2) \times kk$$

$$kk = (kp \times dr/2 + k[i][j] \times (r_3 - r_4)/2)/(dr/2 + (r_3 - r_4)/2) \qquad (3.38)$$

$$q_a[9][j] = (r_3 - r_4) \times (t[9][j-1] - t[9][j])/((r_3 + (r_3 - r_4)/2) \times da) \times kp$$

(3.39)

$$q_a[9][j+1] = (r_3 - r_4) \times (t[9][j] - t[9][j+1])/((r_3 + (r_3 - r_4)/2) \times da) \times kp$$

(3.40)

$$e[9][j] = e[9][j] + (q_r[9][j] - r_4 \times da \times (t[9][j] - t_f) \times k_f + q_a[9][j] -$$

$$q_a[9][j+1])/(\rho \times p \times (r_3 + (r_3 - r_4)/2) \times da \times (r_3 - r_4)) \qquad (3.41)$$

式中: k_f 为内壁与气体工质对流换热系数; t_f 为气体工质温度,根据 PCM 容器在吸热器腔体中的位置, t_f 的取值为 850K~950K。

3.2.4.3 离散方程的求解

相变材料容器热分析物理过程时间长,计算 10 个轨道周期,可达 950min,如果采取隐式差分方法迭代求解,计算时间会很长。显式差分法,选择适当的时间步长 dt 使求解过程收敛,相对会缩短计算时间。

时间步长 dt 的大小与单值性条件有关,也与网格划分有关。

对于 PCM 控制体单元应满足以下关系,所以网格越密, $k/(\rho \times C)$ 越大,所需计算步长越小。

$$dt < C \times \rho \times r \times da \times dr/$$

$$[(r + dr/2) \times k1/dr + (r - dr/2) \times k2/dr + dr \times k3/(r \times da) + dr \times k4/(r \times da)]$$

(3.42)

式中: C 为 PCM 比热容; $k1, k2, k3, k4$ 为热导率。

以液体 PCM 热物性参数计算, $dt < 0.442\text{s}(i = 1)$,以固体 PCM 热物性参数计算, $dt < 0.150\text{s}(i = 1)$, $dt < 0.138\text{s}(i = 8)$。

由于离散方程不同,外壁面计算步长 $dt < 0.07\text{s}(i = 0)$,内壁面 $dt < 0.065\text{s}(i = 9)$。

计算程序中取步长为 0.06s，可见程序的计算次数非常大。如果计算轨道周期数减少，应考虑迭代法，增大时间步长，减少计算时间。

对 PCM 容器进行二维热分析的计算程序框图如图 3.7 所示，其中对 PCM 容器进行热应力分析的建模、离散化与求解等详细内容单独在 3.2.6 节展开。

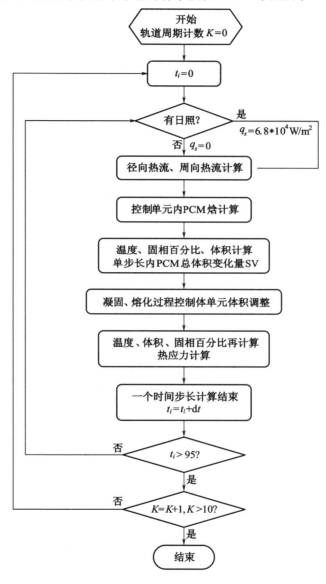

图 3.7　PCM 容器二维热分析的计算程序框图

3.2.5　计算结果分析

吸热器腔内不同位置 PCM 容器对应的内外壁面热交换条件不同，而本节仿真仅针对单个 PCM 容器，为了体现 PCM 容器位置不同引起的热边界条件变化，PCM 容器外壁的热辐射以外壁面单元灰体辐射量乘系数 1% ~10% 代替，系数越大表示散热量越大，而内壁

59

面的循环气体温度根据 PCM 容器位置在 850K～950K 之间选取。

本节以吸热器内两端的 PCM 容器为例进行了热分析计算,对于循环工质出口端的 PCM 容器(以下简称容器 1)取辐射系数为 0.1,循环工质温度为 950K,对于循环工质入口端的 PCM 容器(以下简称容器 2)取辐射系数为 0.01,循环工质温度为 850K。计算时间取为 10 个轨道周期共计 950min。

容器 1 和容器 2 的热分析计算结果分别如图 3.8～图 3.15 所示,图中容器右侧横线处 $\theta = 0$,代表最大热流入射方向,等值线标示中的"0"表示该区域为空穴区。以下分别从空穴的形成与消失过程及容器内温度场分布两方面展开仿真计算结果分析。

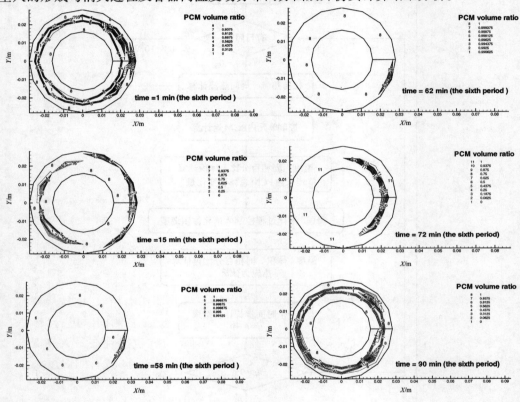

图 3.8　容器 1 空穴形成图(系数 = 0.1, t_f = 950K)

3.2.5.1　空穴的形成与消失

仿真计算经过 5 个轨道周期之后基本达到平衡,选取第 6 个周期为例,以周期内的 6 个时刻的空穴分布计算结果来分析和说明 PCM 容器中空穴的形成与消失。日照期分别选取 1min、15min、58min,阴影期分别选取 62min、72min、90min。容器 1 的计算结果见图 3.8,计算结果 2 见图 3.9。

对于容器 1(图 3.8),在日照期,PCM 熔化从最大热流方向处开始,沿空穴径向两侧同时充扩,周向扩充并不明显,空穴体积减少,随着热量向内的传递,容器最大热流相反方向的 PCM 也开始熔化,空穴不断收缩,逐渐消失。在阴影期,随着温度的下降,PCM 开始凝固时,最高温度位置在容器右侧靠近外壁处,空穴在此形成,逐渐沿周向扩展。由于系数为 0.1 的 PCM 容器的冷却速度较快,PCM 周向温度较一致,空穴持续扩展,形成一

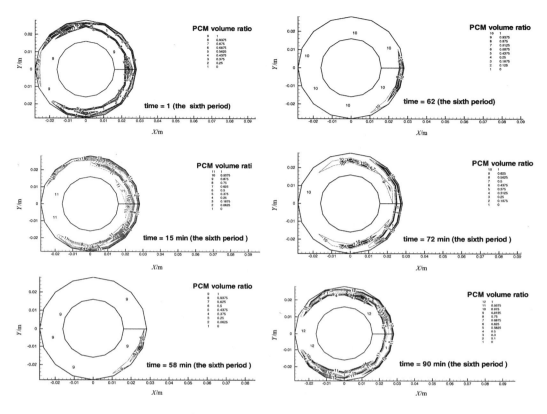

图 3.9　容器 2 空穴形成图(系数 = 0.01, t_f = 850K)

圆周。

对于容器 2(图 3.9),在日照期,PCM 的熔化过程与容器 1 基本相似,也是从容器右侧最大热流方向处开始,沿径向向内熔化,空穴径向尺寸减小,左右侧同时进行,体积收缩,逐渐消失。在阴影期,PCM 开始凝固时,与容器 1 相似,空穴也出现在最大热流方向紧贴外壁内侧,但是由于系数为 0.01 时 PCM 容器冷却速度较慢,区域右侧温度高于左侧,空穴扩展集中在偏右侧进行,形成紧贴外壁的弧状。

图中 PCM 的体积比(PCM volume ratio),即单元内 PCM 的体积与控制体单元体积的百分比。由等体积比曲线看出,在空穴边缘区域,PCM 分布呈蜂窝状,虚结在一起。

由上述推测,在 SD 系统的吸热器内,由于受热情况各异,PCM 容器内空穴的形式是各不相同的,首先形成在最高温度位置处,其扩展及最后形状与温度场有关。

3.2.5.2　PCM 容器温度场

容器 1 和容器 2 的温度场计算结果如图 3.10 ~ 图 3.15 所示,其中图 3.10 ~ 图 3.12 分别为容器 1 的第 1、4、6 轨道周期的计算结果,图 3.13 ~ 图 3.15 分别为容器 2 的第 1、2、6 轨道周期的计算结果。

计算结果显示,PCM 容器内温度场随着轨道周期发生周期性地变化,并基本呈现以容器右侧最大热流方向(θ = 0)处法线方向为轴的对称分布,从温度场分布情况中也可看出空穴的存在。

容器 1 和容器 2 的计算结果均表明:第 1 周期 PCM 的温度偏高,这是因为初始温度

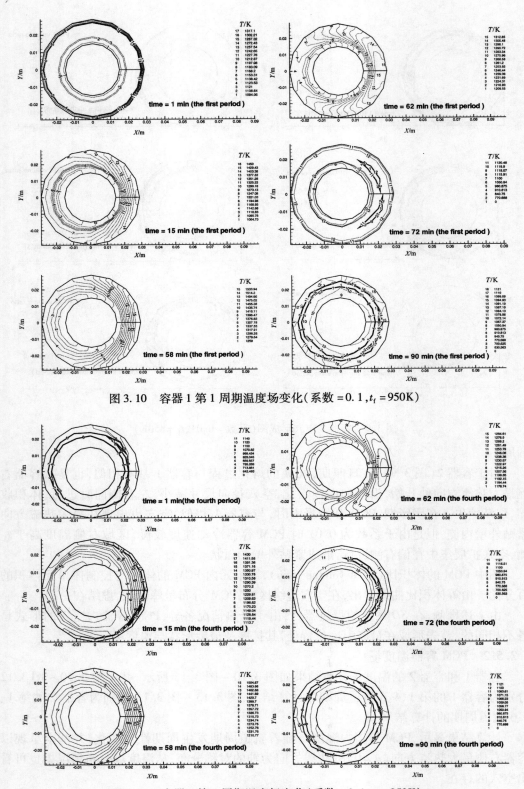

图 3.10　容器 1 第 1 周期温度场变化（系数 = 0.1，t_f = 950K）

图 3.11　容器 1 第 4 周期温度场变化（系数 = 0.1，t_f = 950K）

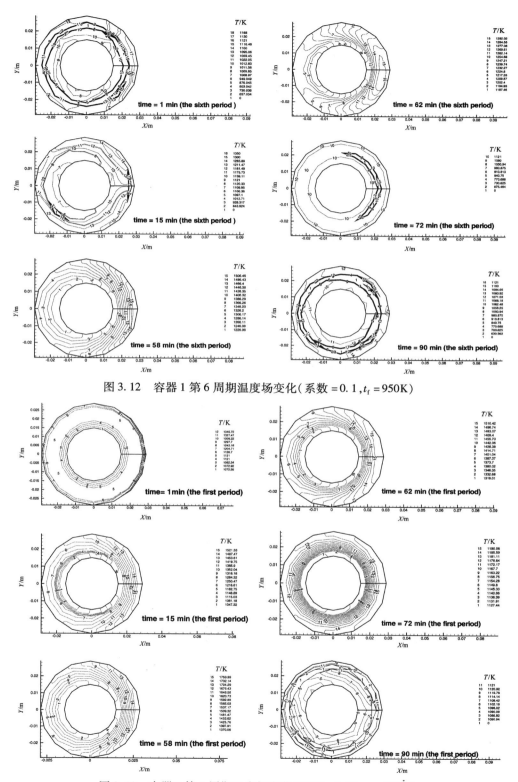

图 3.12　容器 1 第 6 周期温度场变化（系数 = 0.1, t_f = 950K）

图 3.13　容器 2 第 1 周期温度场变化（系数 = 0.01, t_f = 850K）

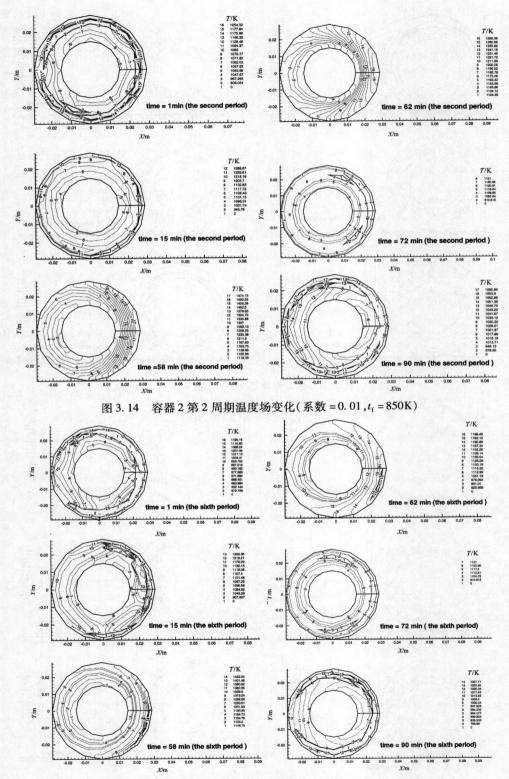

图 3.14　容器 2 第 2 周期温度场变化（系数 = 0.01, t_f = 850K）

图 3.15　容器 2 第 6 周期温度场变化（系数 = 0.01, t_f = 850K）

高(1123K),日照期 PCM 左侧温度会降低,继而升高,温度场有一个重新分配的过程;进入第 4 个周期,计算基本稳定;在 10 个计算周期中,日照期时容器外壁面温度最高处出现在右侧最大热流处,阴影期恰恰相反,由于容器右侧辐射散热也最强,该处温度反而更低,所以温度最高处出现在辐射散热最弱的容器左侧。

对于容器 1,在传热过程达到周期性稳定后(以第 6 周期的计算结果为例),熔化初期,由于空穴的影响,空穴区包围的 PCM 温度仍是均匀的,热流受到空穴的阻隔,容器左侧最大热流处温度偏高,高约 100K。容器左侧的 PCM 熔化比右侧慢。凝固初期,温度分布仍对称偏右,随后温度迅速下降,空穴形成,温度场分布均匀,PCM 释热过程中由于空穴的阻隔,空穴包围区外的 PCM 仅是向外壁处散热,温度比空穴包围区的 PCM 高。

对于容器 2,在传热过程达到周期性稳定后(以第 6 周期的计算结果为例),熔化初期,由于空穴紧贴外壁,外壁最大热流处温度比左侧壁面高 200K。其左侧空穴先消失,这是因为左侧的空穴体积小于右侧的空穴。容器 2 内 PCM 的熔化速度比容器 1 慢,这是因为循环工质的温度低,使 PCM 容器的温度偏低。显然容器 2 中的容器外壁工况更恶劣。凝固前期与容器 1 相似,但凝固速度更快,末期由于容器右侧空穴的形成,左侧 PCM 多,左侧的温度也较高。

因容器的径向尺寸比周向尺寸小,径向换热面积比周向大,所以在 PCM 容器的热传递过程中,径向传热占主导地位。温度场等温线呈圆周状,说明了这一点。熔化时 PCM 径向向内进行,凝固时径向向外进行。凝固初期,右侧出现封闭温度线说明 PCM 温度逐渐下降。

容器内壁面不受空穴影响,温度比外壁面低,变化辐度小,热工况比外壁面要良好得多,沿周向温度差最大达 100K。而外壁面受辐射热流和空穴的影响,工况恶劣。

熔化过程热流进入 PCM,大量的热量集中在右侧,左右两侧温差可达 200K,这会降低能量的利用。

图 3.16 与图 3.17 分别为容器 1 和容器 2 在 10 个轨道周期内的容器壁面温度变化范围。从温度变化曲线可以看出容器 1 比容器 2 稳定。在对 PCM 容器的热分析过程中,相变过程使控制体单元内的 PCM 量改变,有的单元内只有微量 PCM,这相当于某些控制

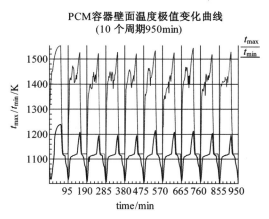

图 3.16　容器 1 壁面温度在 10 个
计算周期内的变化曲线

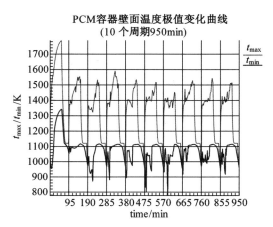

图 3.17　容器 2 壁面温度在 10 个
计算周期内的变化曲线

体单元的"网格"缩小,对于这样的单元,不仅热流计算容易失真,更会引起计算稳定性下降,严重的引起发散。理论上讲控制体单元网格化分越细,计算越准确,但时间步长也要更小。所以在 PCM 热分析中,网格细化并不绝对提高计算准确性。计算热流时,对微量 PCM 可以界定,计算结果 1 中微量的标准值是 PCM 体积比小于 0.1,计算结果 2 中微量的标准是 PCM 体积比小于 0.01,标准值高,计算稳定性提高。

3.2.6 PCM 容器热应力分析

PCM 容器长期工作在高温下,容器内壁和外壁受热不均匀,热工况周期性地变化,导致容器壁内产生交变热应力,从而引起热疲劳和蠕变疲劳,这决定了容器的使用寿命,也是容器设计的重要考虑因素。所以容器的热应力分析和蠕变分析是设计和加工的依据。

容器内充装的 PCM 凝固时产生空穴。当进入日照期,贴近壁面处存在空穴时,强大的太阳辐射在该处造成金属壁面的局部高温和大的温度梯度,即"热斑"现象。由于空穴的移动,在容器的局部范围内可能没有空穴,进入日照期后在靠近壁面的 PCM 熔解时,会在内层的固体和壁面之间膨胀,使容器外壁因受力而扩张变形,即"热松脱"现象。"热斑"和"热松脱"使 PCM 容器工况更加恶劣,在设计时应尽量采用能减少和避免这两种现象的结构形式。

3.2.6.1 容器的热应力计算方法

容器的热应力分析是在二维热分析的基础上进行的。容器内壁、外壁均是薄壁圆筒,壁厚仅为 1mm ~ 2mm。通过计算可知,内、外壁壁厚方向(径向)的温差均约 0.5K,由此导致的材料纤维热收缩和膨胀的不一致可忽略不计。所以热应力主要由周向的一维温度变化引起。

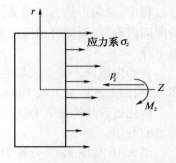

图 3.18 蓄热容器应力分析图

壁面周向温度不均匀引起轴向(z 向)纤维收缩、膨胀不一致,从而产生热应力。因容器的 z 向边界受力为零,在边界上沿周向加一应力系[50],与应力系 σ_z 大小相等、方向相反,其作用效果等同于一合力 p_z 和一弯矩 M_z,见图 3.18。

单元热应力系 $(\sigma_z)_j$、合力 p_z、弯矩 M_z 及热应力 σ_z 的计算方法如下:

$$
\begin{cases}
(\sigma_z)_j = -\alpha \times E \times (t[i][j] - 273.15 - 25) \\
p_z = \sum_{j=0}^{15} (-\sigma_z)_j \times A_j \\
A_j = r \times da \times dr \\
(\sigma_z)_p = P_z / \sum_{j=0}^{15} A_j \\
M_{zx} = \sum_{j=0}^{15} (-\sigma z)_j \times A_j \times r \times \sin(j \times da) \\
M_{zy} = \sum_{j=0}^{15} (-\sigma z)_j \times A_j \times r \times \cos(j \times da) \\
(\sigma_z)_M = M_{zx} \times r \times \sin(j \times da)/J_x + M_{zy} \times r \times \cos(j \times da)/J_y \\
\sigma_z = (\sigma_z)_j + (\sigma_z)_p + (\sigma_z)_M
\end{cases}
\tag{3.43}
$$

式中：下标 j 为轴向单元数；下标 i 为径向单元数，$\alpha = 16.5 \times 10^{-6}(1/K)$ 为线膨胀系数，$E = 175 \times 10^{9}(\text{Pa})$ 为弹性模量。

$$A_j = \begin{cases} (r_1 + r_2)/2 \times \mathrm{d}a \times \mathrm{d}r, & i = 0 \\ A_j = (r_3 + r_4)/2 \times \mathrm{d}a \times \mathrm{d}r, & i = 9 \end{cases} \tag{3.44}$$

$$r = \begin{cases} (r_1 + r_2)/2, & i = 0 \\ (r_3 + r_4)/2, & i = 9 \end{cases} \tag{3.45}$$

$$J_x = J_y = \begin{cases} \pi \times (r_1^4 - r_2^4)/4, & i = 0 \\ \pi \times (r_3^4 - r_4^4)/4, & i = 9 \end{cases} \tag{3.46}$$

3.2.6.2 热应力计算结果

以 3.2.5 节中容器 2 的热分析计算结果为例分别计算 PCM 容器外壁、内壁的热应力，热应力计算结果见图 3.19 ~ 图 3.22。其中图 3.19 ~ 图 3.20 分别为第 1 和第 7 个计算周期内各时刻的容器外壁热应力计算结果，图 3.21 ~ 图 3.22 分别为第 1 和第 7 个计算周期内各时刻的容器内壁热应力计算结果。

从以上计算结果可以看到，日照期初，由于容器在太阳辐射热流的加热下，外壁右侧温度高出左侧温度最大约 200K，内壁左右侧温度也有差异，因而产生较大热应力，日照期末(58min)容器温度最高，外壁、内壁上的温度周向分布最不均匀，热应力的应力幅最大。而在刚开始凝固的一段时间，由于壁面温度受日照期的影响，仍不均匀，热应力较大，在阴影期末(90min)经过 30min 的冷却，容器周向温度较均匀，热应力幅只有 10MPa。

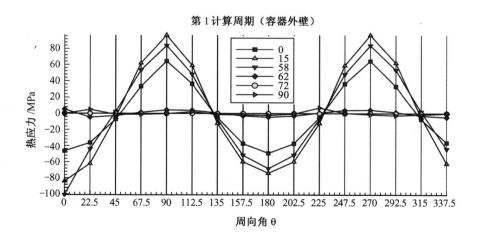

图 3.19　第 1 个计算周期内容器外壁热应力分布

图 3.23 和图 3.24 分别为整个计算周期(950min)内容器外壁和内壁各位置的热应力变化曲线。外壁与内壁相比，日照期温度高，热流不均匀，在传热过程稳定变化时产生的热应力是后者的三倍。阴影期二者热应力变化范围相近。外壁的热应力有明显的分区，容器外壁第 1、2、8、9、10、16 单元主要受压应力，第 3、7、11、15 单元的应力值较小，且受拉

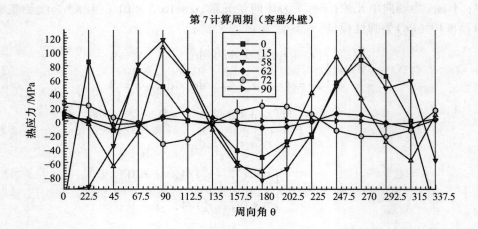

图 3.20 第 7 个计算周期内容器外壁热应力分布

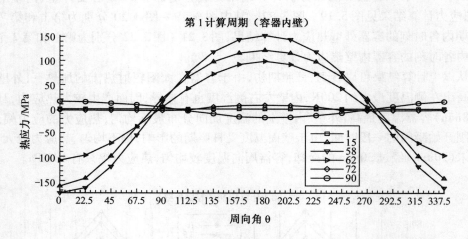

图 3.21 第 1 个计算周期内容器内壁热应力分布

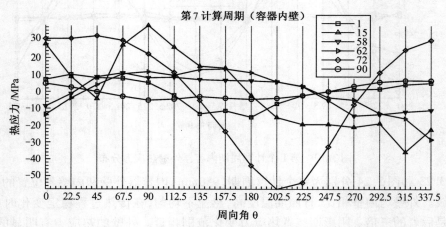

图 3.22 第 7 个计算周期内容器内壁热应力分布

或压的特征不明显,第4、5、6、12、13、14单元主要受拉应力,如图3.23所示。容器内壁的热应力也较小,且无明显分区,图3.24中以第2和13单元为例显示。

在外壁、内壁产生的热应力是周期性的,使材料产生热疲劳,强度降低。容器材料Haynes188在760℃时10000h的持久强度极限是107MPa,在1093℃时1000h的持久强度极限只有7MPa。内壁的工作温度相比之下较低,而且周向温差在10K~100K之间变化,根据计算结果,可以安全持久地工作。

容器外壁工况恶劣,不仅温度随时间变化剧烈,而且周向温差在也可达200K以上,因此稳定工作后容器外壁的最大热应力达150MPa。周向22.5°、90°、112.5°、270°、292.5°等位置的应力辐150MPa,远超过1093℃时材料的持久强度极限,属于危险部位,工作几十个小时后可能会出现周向裂纹,而其他部位也会出现器壁变形。外壁热应力产生的弯矩会影响PCM容器侧壁与外壁、内壁的焊缝。

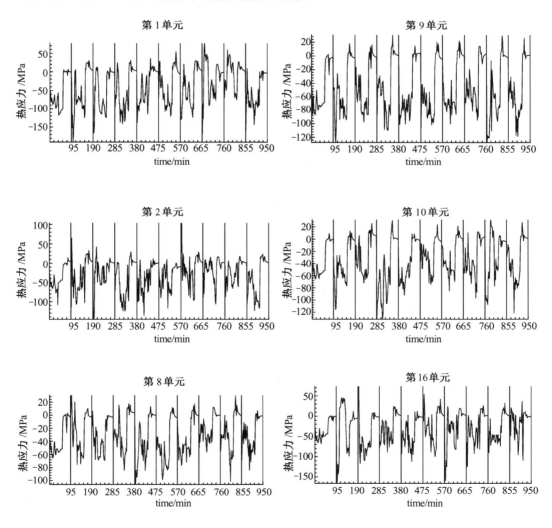

(a) 第1、2、8、9、10、16单元,受压应力

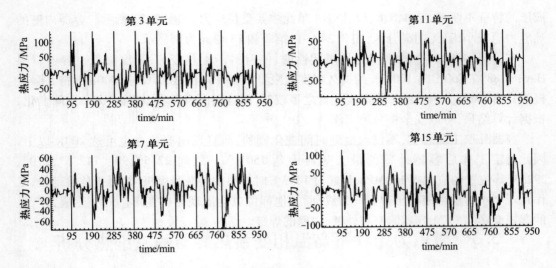

（b）第 3、7、11、15 单元，应力较小，特征不明显

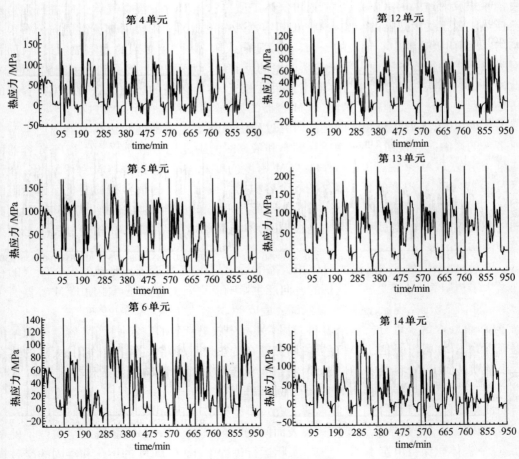

（c）第 4、5、6、12、13、14 单元，受拉应力

图 3.23　容器外壁应力变化图

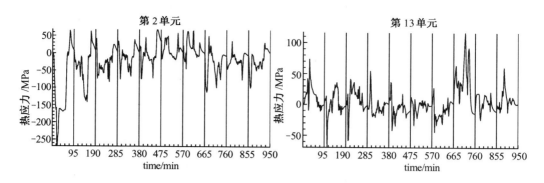

图 3.24　容器内壁应力变化图(第 2、13 单元,应力较小)

3.3　微重力条件下高温相变蓄热容器的三维热分析

对于空间太阳能热动力发电系统吸热器内的 PCM 容器来说,其外壁接受由抛物面反射镜聚焦反射过来的太阳光,内壁通过气体工质导管与 He-Xe 混合气体工质进行强迫对流换热。由于受吸热器的结构限制,PCM 容器外壁接受的太阳辐射热流沿周向分布很不均匀,即朝向吸热器中心轴线的一面(直接朝向太阳辐射)接受到的太阳辐射最强,而背对吸热器中心轴线的一面仅靠吸热器内壁的反射接受太阳辐射,接受到的太阳辐射最弱。此外,PCM 容器的轴向尺寸与容器半径尺寸相近,容器侧壁的影响很大,在 PCM 容器的传热过程中占有重要地位。因此,PCM 容器的吸、放热过程是一个三维过程。

长期以来,人们在对相变问题的研究过程中忽略了固液密度变化在容器内产生空穴所带来的影响。通常情况下,物质在固态和液态时的密度是不相等的。对于 PCM 容器内质量一定的 PCM 来说,相变过程中 PCM 密度的变化相应地引起 PCM 体积变化,导致 PCM 容器内 PCM 占据的容积以外的剩余容积增大或缩小。剩余容积的变化引起热阻的变化,进而影响相变过程的进行。对于 LiF 而言,凝固时的体积收缩率约为 23%,如此高的体积收缩率,对相变过程的影响是很大的,不能简单地加以忽略,在相变过程中必须考虑固液密度的变化。

PCM(如 LiF、CaF_2 等)凝固时体积收缩的后果是在 PCM 容器内形成空穴。空穴的存在增大了热阻,并对相变过程进行的方向产生影响。空穴的存在还可能使 PCM 容器产生"热斑"和"热松脱"现象,这两种现象都会造成 PCM 容器的破坏。

Kerslake[3]的一维分析结果表明,因 PCM 凝固收缩产生的空穴使 PCM 容器壁面峰值温度上升了 200K。但是,PCM 容器的两侧壁在传热过程中将发挥重要作用,大量的热会经由侧壁传到 PCM 容器内部,从而削弱空穴对传热过程的影响。为量化空穴影响,Kerslake[4]以 SSF 吸热器中的 PCM 容器为例,编写了二维(r,z)计算程序,对微重力状态下周期性相变传热过程进行了数值求解。空穴模型给定了 PCM 容器内空穴的形状和位置,空穴内热传递过程包括蒸气导热和各表面间的辐射换热。Kerslake[4]假定空穴位于外壁处,且空穴体积保持恒定不变。但是,实际运行过程中,随着 PCM 的熔化和凝固的交替进行,容器内空穴的体积也随之减小或增加,并不保持为定值。

国内除蒋大鹏[48]曾对含空穴的固液相变蓄热过程进行了二维热分析以外,未开展更深入的研究,尚无相关的文献可供参考。而蒋大鹏所做的热分析也只是在计算结果中可以看出考虑了空穴,但并未说明如何计算和处理相变过程中空穴的体积变化。国内在微重力下伴随有空穴生成和发展的三维固液相变过程方面的研究还存在空白。

本章为准确模拟容器内伴随着空穴体积变化的相变传热过程,引入一个变量——空穴体积分数f_v,表示单元内空穴体积的相对大小。f_v为 0 时,代表单元内无空穴;f_v为 1 时,代表单元内被空穴充满;f_v介于 0 和 1 之间时,代表单元有空穴存在。通过引入空穴体积分数f_v,本章提出了计算空穴体积变化及空穴调整的算法,建立了伴随有空穴生成和发展的高温相变蓄热容器的换热过程数学模型,并在国内首次完成了微重力下伴随着空穴体积变化的相变传热过程的三维热分析计算,填补了国内在这方面的研究空白。

3.3.1 物理模型

计算的物理模型取自参考文献[3]。PCM 容器外形如图 3.25 所示,容器的轴向截面如图 3.26 所示,其中容器尺寸如下:外壁处半径$r_o = 0.02261\text{m}$,内壁处半径$r_i = 0.01022\text{m}$,外壁厚度$\delta_{wo} = 0.00152\text{m}$,内壁厚度(包括 PCM 容器内壁厚度和气体工质导管壁厚)$\delta_{wi} = 0.00165\text{m}$,侧壁厚度$\delta_{ws} = 0.00152\text{m}$,容器轴向长度$L = 0.0254\text{m}$。

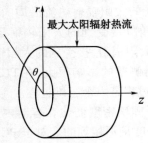

图 3.25　PCM 容器及坐标系选取

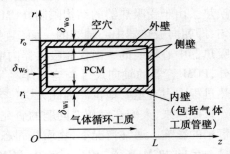

图 3.26　容器轴向截面示意图

PCM 容器材料为钴基合金 Haynes188,PCM 为 80.5LiF-19.5CaF$_2$,材料物性及 He-Xe 混合气的物性列于表 3.1 中[3,4]。其中容器材料 Haynes188 与相变材料 80.5LiF-19.5CaF$_2$的物性数据的参考温度为 1040K。He-Xe 混合气的物性数据定性温度为 900K。

3.3.2 数学模型

虽然 Solomon 和 Wilson[51]给出了一维等壁温条件下伴随有空穴生成的固液相变问题的精确解,但对于本书研究的复杂边界条件下 PCM 容器的多维相变换热过程的精确解仍无法得到,只能采用数值解法求解。

弱数值解法是唯一可行的求解 PCM 容器内多维相变传热过程的方法。本书采用焓法求解微重力下 PCM 容器内伴随有空穴变化的三维固液相变传热问题。

PCM 及其容器壁的能量控制方程是能量守恒方程。忽略透过固态和液态 PCM 区的辐射换热以及液态 PCM 对流影响,在三维柱坐标(r, θ, z)情况下,采用焓的形式表示的导热控制的能量守恒方程如下式所示:

$$\frac{\partial(\rho e)}{\partial t} = k\left(\frac{\partial^2 T}{\partial r^2} + \frac{1}{r}\frac{\partial T}{\partial r} + \frac{1}{r^2}\frac{\partial^2 T}{\partial \theta^2} + \frac{\partial^2 T}{\partial z^2}\right) \tag{3.47}$$

比熵 e 与温度 T 的函数关系式参见式(3.4)。

为了计算方便,容器壁的能量守恒方程也以熵的形式表示,容器壁的比熵 e 与温度的函数关系如下:

$$T = e/c_W, \quad -\infty < e < \infty \tag{3.48}$$

式中下标 W 分别代表容器壁。参照式(3.4)和式(3.48),得到包括容器壁在内的比熵 e 与温度 T 的函数关系如下:

$$T = \begin{cases} T_m + e/c_s, & e < 0 \\ T_m, & 0 \leqslant e \leqslant \Delta H_m \\ T_m + (e - \Delta H_m)/c_1, & e > \Delta H_m \\ e/c_W, & -\infty < e < \infty \end{cases} \tag{3.49}$$

这样就把 PCM 和容器壁的方程统一起来,整个 PCM 容器可以统一进行求解。

3.3.3 边界条件与初始条件

PCM 容器在外壁 $r = r_o$ 处接受入射太阳辐射热流。内壁与 He-Xe 混合气进行强迫对流换热。输入热流 $q(t)$ 以及 He-Xe 混合气的入口温度 $T_f(0,t)$(0 代表入口)随时间变化的曲线在图 3.27 中示出。此处假定流过 PCM 容器内壁的 He-Xe 混合气温度保持在入口温度不变。He-Xe 混合气流量为 0.01039kg/s。容器在两侧壁 $z = 0$ 和 $z = L$ 处绝热。

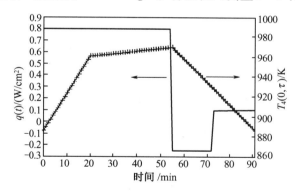

图 3.27　PCM 容器换热过程边界条件

为计算内壁与 He-Xe 混合气($Pr = 0.24$)之间的强迫对流换热,本书采用参考文献[52]推荐的低 Pr 数(0.18~0.7)混合气体在圆管内强迫流动的对流换热实验关联式

$$Nu = 0.022 Re^{0.8} Pr^{0.6} \tag{3.50}$$

式中:Re 为雷诺数。

由于 PCM 容器有正对入射太阳辐射的一面和背对入射太阳辐射(即朝向吸热器腔壁)的一面。除了直接照射到 PCM 容器外壁的一部分外,太阳辐射热流由换热管之间的空隙照射到吸热器腔具有高反射率的内壁上,反射到 PCM 容器的背对太阳辐射的外壁表面,因此,太阳辐射热流分布沿 PCM 容器周向是不均匀的。参考文献[6]和[53],PCM 容器外壁背对太阳辐射的一面(PCM 容器外壁表面的半个圆周)接受吸热器腔壁反射的太

阳辐射,取为占太阳辐射总量的30%,正对太阳辐射的一面接受太阳辐射总量的70%(参见图3.28)。θ 为 PCM 容器外壁上任一点和该点所在圆截面的圆心的连线与换热管中心和吸热器腔中心连线的夹角,其中换热管中心和吸热器腔中心连线为最大太阳辐射热流的方向,故 $\theta = 0$ 代表 PCM 容器外壁接受的最大太阳辐射热流处。

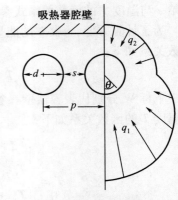

图 3.28 中的 $q(t)$ 为 $\theta = 0$ 处最大太阳辐射热流。因为 PCM 容器背面接受太阳辐射总量的30%,故有

$$q(t) \cdot s = q(t) \cdot (s + d) \cdot 30\% \qquad (3.51)$$

由式(3.51)可得

图 3.28　PCM 容器外壁沿周向太阳辐射热流分布

$$s = \frac{3}{7}d \qquad (3.52)$$

假设 PCM 容器外壁背对太阳辐射的一面 $\left(\dfrac{\pi}{2} \leqslant \theta \leqslant \dfrac{3\pi}{2}\right)$ 接受腔内壁反射的太阳辐射沿周向均匀分布,即

$$q_2(t) \cdot \pi \cdot \frac{d}{2} = q(t) \cdot s \qquad (3.53)$$

可得 PCM 容器外壁背面热流分布为

$$q_2(\theta,t) = \frac{6}{7\pi}q(t) \approx 0.2728q(t), \quad \frac{\pi}{2} \leqslant \theta \leqslant \frac{3\pi}{2} \qquad (3.54)$$

假设 PCM 容器外壁正对太阳辐射的一面 $\left(0 \leqslant \theta \leqslant \dfrac{\pi}{2} 和 \dfrac{3\pi}{2} \leqslant \theta \leqslant 2\pi\right)$,太阳辐射热流分布从与背面交接处到最大热流处随夹角 θ 的变化而连续变化,即从 $q_2(\theta,t)$ 连续变化到 $q(t)$,热流分布可取为如下形式

$$q_1(\theta,t) = Aq(t)\cos\theta + q_2(\theta,t), \quad 0 \leqslant \theta < \frac{\pi}{2} 和 \frac{3\pi}{2} < \theta < 2\pi \qquad (3.55)$$

对上式在区间 $\left[0,\dfrac{\pi}{2}\right]$ 和 $\left[\dfrac{3\pi}{2},2\pi\right]$ 上积分,并且因为 PCM 容器外壁正对太阳辐射的一面接受太阳辐射总量的70%,可得

$$\int_0^{\frac{\pi}{2}} \left[Aq(t)\cos\theta + q_2(\theta,t)\right]\frac{d}{2}\mathrm{d}\theta + \int_{\frac{3\pi}{2}}^{2\pi} \left[Aq(t)\cos\theta + q_2(\theta,t)\right]\frac{d}{2}\mathrm{d}\theta$$

$$= q(t) \cdot (d + s) \cdot 70\% \qquad (3.56)$$

将式(3.54)和式(3.55)代入式(3.56),可求得系数 A,即

$$A = 0.5714 \qquad (3.57)$$

则 PCM 容器外壁正对太阳辐射一面的热流分布为

$$q_1(\theta,t) = 0.5714q(t)\cos\theta + 0.2728q(t) \tag{3.58}$$

故三维柱坐标下 PCM 容器换热过程的边界条件为

$$k\frac{\partial}{\partial r}[T(r_o,\theta,z,t)] = \begin{cases} q_1(\theta,t), & 0 \leqslant \theta < \dfrac{3\pi}{2} \ \text{和} \ \dfrac{3\pi}{2} < \theta < 2\pi \\[3mm] q_2(\theta,t), & \dfrac{\pi}{2} \leqslant \theta \leqslant \dfrac{3\pi}{2} \end{cases}$$

$$k\frac{\partial}{\partial r}[T(r_i,\theta,z,t)] = \alpha[T(r_i,\theta,z,t) - T_f(z,t)], \quad 0 \leqslant \theta \leqslant 2\pi \tag{3.59}$$

$$\frac{\partial}{\partial z}[T(r,\theta,0,t)] = 0, \quad \frac{\partial}{\partial z}[T(r,\theta,L,t)] = 0, \quad 0 \leqslant \theta \leqslant 2\pi.$$

式中：$q(\theta,t)$ 代表输入太阳热流；α 为对流换热系数；下标 o 和 i 分别代表 PCM 容器的内壁和外壁，下标 f 代表流体循环工质，L 为 PCM 容器的轴向长度。

初始条件为全部 PCM 均处于固态，即

$$T(r,\theta,z,0) = T_s < T_m \tag{3.60}$$

3.3.4 PCM 空穴模型

由于 PCM 凝固时体积收缩以及吸热器设计上的考虑，在 PCM 容器内总有一定比例的空穴存在[4]。空穴占 PCM 容器的体积百分比处于 8% ~ 22% 之间，随 PCM 的熔化和凝固而变动。PCM 和容器壁由热膨胀而引起的体积变化忽略不计。

微重力下空穴的分布尚无成熟的理论可以引用。在 STS - 62 飞行任务进行了 PCM 容器的空间飞行试验[54]。试验后的 PCM 容器进行了层析 X 射线照相法研究，试验用 PCM 容器及照相结果如图 3.29 所示。

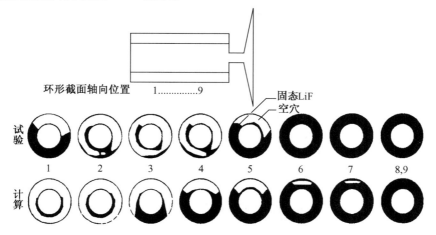

图 3.29　PCM 容器空间飞行试验装置及试验结果

从图中可以看出，凝固后的固态 LiF 集中在 PCM 容器靠近辐射排热器后部的一端（图 3.29 中靠近位置 9 处，PCM 容器在该处的温度最低），而另一端由于润湿性的作用也聚集了一部分 LiF。容器内部形成的空穴集中位于容器内温度稍高的区域，而且倾向于朝向加热热流最大的方向（图3.29中容器正上方）。对于本书研究的PCM容器来说，由于热量从内壁被循环工质带走，因此当处于阴影期时，内壁处温度较低，PCM首先在内壁处发生凝固，并沿径向逐渐向外扩展，最终在外壁处形成空穴。故可以假定空穴位于靠近容器外壁处，形成一柱状环形空间。

假定空穴内充满PCM蒸气，蒸气压力很低，1040K时LiF蒸气压力只有0.933Pa，CaF_2的蒸气压力比LiF低10个数量级[2]，可以认为空穴内基本上充满了LiF蒸气。由于蒸气压力很低，空穴内蒸气质量可以忽略不计。故透过空穴的换热包括空穴导热和空穴界面间的辐射换热。空穴内轴向温度梯度很小，因此空穴内蒸气温度分布按径向稳态传热方程确定[4]

$$\frac{1}{r}\frac{\partial}{\partial r}\left(r\frac{\partial T}{\partial r}\right) = 0 \qquad (3.61)$$

方程(3.24)的解如下

$$T(r) = A\ln r + B \qquad (3.62)$$

式中

$$A = \frac{T(r_0) - T(r_v)}{\ln(r_0/r_v)}, \quad B = \frac{T(r_0) - \ln[T(r_0) - T(r_v)]}{\ln(r_0/r_v)}$$

下标0代表PCM容器外壁的内表面，v代表与PCM交界处的空穴表面。

空穴内的辐射换热计算基于以下假设：① 所有空穴表面均为漫反射灰体表面；② PCM表面吸收所有波长的辐射；③ 空穴内蒸气不参与辐射换热。在二维和三维情况下，相变界面以及空穴界面的形状通常是扭曲的、不规则的，界面之间还会互相遮挡，计算空穴界面之间的辐射换热角系数非常困难。虽然采用蒙特卡洛法、霍特尔区域法以及离散传播法等方法[12,55]来计算辐射换热可以得到比较精确的结果，但这些方法本身都需要大量的计算时间和计算机存储量，将使得整个相变过程的计算时间大大延长，因此是不经济的。此外，空穴界面间的辐射换热主要集中在径向，轴向和周向的辐射换热相比弱得多，为简化计算，忽略轴向和周向辐射换热。

为量化空穴内蒸气导热与空穴界面间辐射换热的相对大小，本书对PCM容器径向一维情况下空穴界面辐射换热与LiF蒸气导热进行了比较。

空穴内LiF蒸气的热导率k_{LiF}根据气体运动论按如下公式计算[2,6]

$$k_v = 1.457 \times 10^{-3}\sqrt{T} \qquad (3.63)$$

将空穴两界面间的辐射换热组合到LiF蒸气导热中去，即综合考虑透过空穴的导热和辐射换热效应，空穴有效传热系数k_{veff}可按下式计算：

$$k_{veff} = k_{LiF} + k_{reff} = k_{LiF} + \ln\left(\frac{r_W}{r_v}\right) \cdot \frac{r_v\sigma(T_W(t) + T_v(t))(T_W^2(t) + T_v^2(t))}{\frac{1}{\varepsilon_{PCM}} + \frac{r_v}{r_W}\left(\frac{1}{\varepsilon_W} - 1\right)} \qquad (3.64)$$

式中：k_{reff}为空穴界面间辐射换热的折合当量热导率；σ为斯蒂芬—玻耳兹曼常数（$\sigma = 5.67 \times 10^{-8}W/(m^2 \cdot K^4)$）；$T_W$为外壁温度；$T_v$为PCM在空穴界面处的温度；$\varepsilon_{PCM}$为PCM发射率；$\varepsilon_W$为容器壁发射率；v代表空穴界面。

图 3.30 为计算得到的空穴有效传热系数 k_{veff} 与 PCM 蒸气导热系数 k_{LiF} 之比 k_{veff}/k_{LiF} 在整个轨道周期内的变化,可以看出 k_{veff}/k_{LiF} 在 2.29~4.57 之间变动,从中可以得到 k_{veff}/k_{LiF} 在整个周期内的算术平均值为 3.407,即空穴辐射换热量平均为空穴导热量的 2.407 倍。考虑到 PCM 容器侧壁的导热作用,在三维计算中按比较保守的估计,取空穴辐射换热量为 LiF 蒸气导热量的 2 倍,即空穴复合传热系数 $k_{eff} = 3.0 * k_{LiF}$。

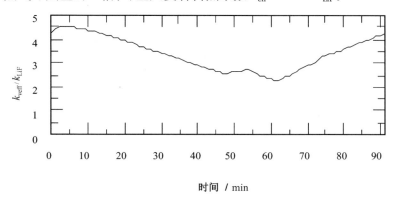

图 3.30 k_{veff}/k_{LiF} 的变化曲线

3.3.5 控制方程的离散化与求解

为进行数值计算,首先要进行区域离散化,即把求解区域划分成许多个互不重叠的子区域,由子区域内有代表性的点即节点上的待求变量值来表示区域内连续变化的待求变量场。根据节点在子区域内位置的不同,区域离散化方法可分为两类:外节点法和内节点法。由于内节点法处理物性变化的情况比较方便,故本书采用内节点法。

把求解区域离散化后,就可以将控制微分方程在各个节点上离散,针对每个节点建立相应的离散方程。控制微分方程的离散方法有泰勒级数展开法、多项式拟合法、控制容积积分法、平衡法以及变分法等。控制容积积分法又称有限容积法,是传热数值计算中广泛采用的方法。该方法推导过程的物理概念清晰,推导结果具有明确的物理意义,离散方程的守恒特性可以得到保证。本书采用控制容积积分法导出离散方程。

对于差分格式的选取,Thibault[56]曾经做过详细的研究。通过求解三维导热问题,他比较了三种显式格式、四种 ADI 格式和两种隐式格式的计算结果与精确解的误差、易编程性、所需计算时间以及对计算存储量的要求,指出最好的是两种 ADI 格式,完全显式格式排在第三位。完全显式格式的主要缺点是受稳定性的限制,时间步长不能取得过大。对本书的研究来说,由于相变过程中 PCM 的密度发生变化,容器内存在空穴,随着相变过程的进行,空穴体积增加或缩小,这就决定了时间步长不能取得太大,以避免计算结果失真。当时间步长较小时,隐式格式的优势也就不存在了,而且由于需要迭代,计算时间反而比显示格式要长。因此,本书采用完全显式格式进行离散化求解。

将计算的 PCM 容器按 $r \times \theta \times z$ 划分为 $20 \times 18 \times 10$ 的网格单元。任一单元节点 $P(i, j, k)$ 的控制容积如图 3.31 所示。节点 P 所在的轴向截面如图 3.32 所示。其中 e, ω, s, n, t, b 为单元节点 P 的 6 个界面;E, W, S, N, T, B 分别为与单元节点 P 相邻的节点。

将控制方程(3.1)在节点 $P(i, j, k)$ 的控制容积(参见图 3.31)上作积分

$$\iiiint \frac{\partial(\rho e)}{\partial t} \mathrm{d}V\mathrm{d}t = \iiiint \frac{1}{r} \frac{\partial}{\partial r}\left(kr \frac{\partial T}{\partial r}\right)\mathrm{d}V\mathrm{d}t + \iiiint \frac{1}{r} \frac{\partial}{\partial \theta}\left(\frac{k}{r} \frac{\partial T}{\partial \theta}\right)\mathrm{d}V\mathrm{d}t +$$

$$\iiiint \frac{\partial}{\partial z}\left(k \frac{\partial T}{\partial z}\right)\mathrm{d}V\mathrm{d}t \tag{3.65}$$

等号左边非稳态项在时间和空间上均采用阶梯形分布,即

$$\int_r^{r+\Delta r} \int_\theta^{\theta+v\theta} \int_z^{z+\Delta z} \int_t^{t+\Delta t} \frac{\partial(\rho e)}{\partial t} r\mathrm{d}r\mathrm{d}\theta\mathrm{d}z\mathrm{d}t = \rho\left(e^{t+\Delta t} - e^t\right)r_P\Delta r\Delta\theta\Delta z = E_P^{t+\Delta t} - E_P^t \tag{3.66}$$

式中:E_P 代表节点 $P(i,j)$ 所在控制容积内 PCM 的焓值。

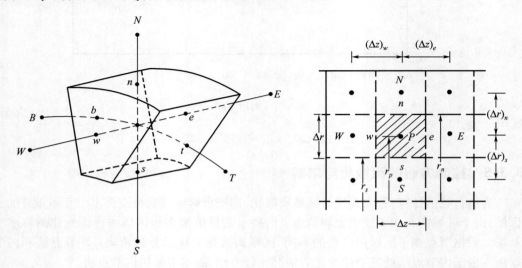

图 3.31　离散化控制容积示意图　　　图 3.32　网格的轴向截面示意图

等号右边扩散项在时间上采用阶梯形分布,在空间上采用分段线性分布,则有

$$\int_r^{r+\Delta r} \int_\theta^{\theta+\Delta\theta} \int_z^{z+\Delta z} \int_t^{t+\Delta t} \frac{1}{r} \frac{\partial}{\partial r}\left(kr \frac{\partial T}{\partial r}\right)r\mathrm{d}r\mathrm{d}\theta\mathrm{d}z\mathrm{d}t$$

$$= \left[(kr)_n(T_N^t - T_P^t) - (kr)_s(T_P^t - T_S^t)\right]\Delta\theta\Delta z\Delta t \tag{3.67}$$

$$\int_r^{r+\Delta r} \int_\theta^{\theta+\Delta\theta} \int_z^{z+\Delta z} \int_t^{t+\Delta t} \frac{1}{r} \frac{\partial}{\partial \theta}\left(\frac{k}{r} \frac{\partial T}{\partial \theta}\right)r\mathrm{d}r\mathrm{d}\theta\mathrm{d}z\mathrm{d}t = \left(k_t \frac{T_T^t - T_P^t}{r_t\Delta\theta_t} - k_b \frac{T_P^t - T_B^t}{r_b\Delta\theta_b}\right)\Delta r\Delta z\Delta t$$

$$\tag{3.68}$$

$$\int_r^{r+\Delta r} \int_\theta^{\theta+\Delta\theta} \int_z^{z+\Delta z} \int_t^{t+\Delta t} \frac{\partial}{\partial z}\left(k \frac{\partial T}{\partial z}\right)r\mathrm{d}r\mathrm{d}\theta\mathrm{d}z\mathrm{d}t = \left(k_e \frac{T_E^t - T_P^t}{\Delta z_e} - k_w \frac{T_P^t - T_W^t}{\Delta z_w}\right)r_P\Delta r\Delta\theta\Delta t$$

$$\tag{3.69}$$

式中 E、W、N、S、T、B 分别代表节点 P 的六个相邻节点:$(i+1,j,k)$、$(i-1,j,k)$、$(i,j+1,k)$、$(i,j-1,k)$、$(i,j,k+1)$ 和 $(i,j,k-1)$;$(kr)_n$、$(kr)_s$、k_e、k_w、k_t、k_b 意义如下:

$$(kr)_n = \cfrac{1}{\cfrac{\Delta r_n^-}{k_N\left(r_N - \cfrac{\Delta r_n^-}{2}\right)} + \cfrac{\Delta r_P^+}{k_P\left(r_P + \cfrac{\Delta r_P^+}{2}\right)}}, \qquad (kr)_s = \cfrac{1}{\cfrac{\Delta r_s^+}{k_S\left(r_S + \cfrac{\Delta r_s^+}{2}\right)} + \cfrac{\Delta r_P^-}{k_P\left(r_P - \cfrac{\Delta r_P^-}{2}\right)}},$$

$$k_e = \cfrac{\Delta z_e}{\cfrac{(\Delta z_e)^+}{k_E} + \cfrac{(\Delta z_e)^-}{k_P}}, \qquad k_w = \cfrac{\Delta z_w}{\cfrac{(\Delta z_w)^+}{k_P} + \cfrac{(\Delta z_w)^-}{k_W}}$$

$$k_t = \cfrac{r_t \Delta\theta_t}{\cfrac{(r_t\Delta\theta_t)^+}{k_T} + \cfrac{(r_t\Delta\theta_t)^-}{k_P}}, \qquad k_b = \cfrac{r_b\Delta\theta_b}{\cfrac{(r_b\Delta\theta_b)^+}{k_P} + \cfrac{(r_b\Delta\theta_b)^-}{k_B}}$$

由式(3.66) ~ 式(3.69)得微分方程(3.47)的离散化形式如下：

$$E_P^{t+\Delta t} - E_P^t = \left[(kr)_n(T_N^t - T_P^t) - (kr)_s(T_P^t - T_S^t)\right]\Delta\theta\Delta z\Delta t +$$
$$\left(k_t\frac{T_T^t - T_P^t}{r_t\Delta\theta_t} - k_b\frac{T_P^t - T_B^t}{r_b\Delta\theta_b}\right)\Delta r\Delta z\Delta t + \left(k_e\frac{T_E^t - T_P^t}{\Delta z_e} - k_w\frac{T_P^t - T_W^t}{\Delta z_w}\right)r_P\Delta r\Delta\theta\Delta t$$

$$(3.70)$$

对于外壁节点，其外部接受太阳辐射热流 $q(\theta, t)$，节点离散控制方程化为

$$E_P^{t+\Delta t} - E_P^t = (kr)_s(T_S^t - T_P^t)\Delta\theta\Delta z\Delta t + q(\theta, t)r_o\Delta\theta\Delta z\Delta t$$
$$\left(k_t\frac{T_T^t - T_P^t}{r_t\Delta\theta_t} - k_b\frac{T_P^t - T_B^t}{r_b\Delta\theta_b}\right)\Delta r\Delta z\Delta t + \left(k_e\frac{T_E^t - T_P^t}{\Delta z_e} - k_w\frac{T_P^t - T_W^t}{\Delta z_w}\right)r_P\Delta r\Delta\theta\Delta t$$

$$(3.71)$$

式中：r_o 代表 PCM 容器外径。

对于内壁节点，其内部与循环工质气体进行强迫对流换热，对流换热系数为 α，循环工质气体温度为 T_f，则节点离散控制方程化为

$$E_P^{t+\Delta t} - E_P^t = (kr)_n(T_N^t - T_P^t)\Delta\theta\Delta z\Delta t + \alpha(T_f - T_P^t)r_i\Delta\theta\Delta z\Delta t$$
$$\left(k_t\frac{T_T^t - T_P^t}{r_t\Delta\theta_t} - k_b\frac{T_P^t - T_B^t}{r_b\Delta\theta_b}\right)\Delta r\Delta z\Delta t + \left(k_e\frac{T_E^t - T_P^t}{\Delta z_e} - k_w\frac{T_P^t - T_W^t}{\Delta z_w}\right)r_P\Delta r\Delta\theta\Delta t$$

$$(3.72)$$

式中：r_i 代表 PCM 容器内径。如果某单元的相邻单元为空穴单元，则式(3.70)、式(3.71)、式(3.72)中计算与相邻单元的换热量时，应采用空穴复合传热系数按与空穴单元相邻的非空穴单元的换热进行计算。

对于均匀网格，$\Delta r_n = \Delta r_s = \Delta r_P = \Delta r$，$\Delta\theta_t = \Delta\theta_b = \Delta\theta$，$\Delta z_e = \Delta z_w = \Delta z$，$r_t = r_P = r_b$，$r_N = r_P + \Delta r$，$r_S = r_P - \Delta r$，$r_n = r_P + \Delta r/2$，$r_s = r_P - \Delta r/2$。

微分方程的求解采用显式有限差分方法求解，式(3.70)、式(3.71)、式(3.72)中各节点温度均为前一时刻已知的温度值，故当前时刻各节点的焓值可立即得到。显式求解时的计算步长由稳定性限制公式确定。

将 $E_P = \rho e r_P \Delta r \Delta \theta \Delta z$ 和 $e = c_P T$ 代入差分式(3.70)中,采用均匀网格条件,并假设各节点物性均相同,则有

$$(kr)_n = \frac{2k}{\dfrac{\Delta r}{r_N - \dfrac{\Delta r}{4}} + \dfrac{\Delta r}{r_P + \dfrac{\Delta r}{4}}}, \quad (kr)_s = \frac{2k}{\dfrac{\Delta r}{r_P - \dfrac{\Delta r}{4}} + \dfrac{\Delta r}{r_S + \dfrac{\Delta r}{4}}}$$

整理得

$$T_P^{t+\Delta t} = T_P^t +$$

$$\frac{1}{\rho c_P r_P \Delta r \Delta \theta \Delta z}\left(\frac{T_N^t - T_P^t}{\dfrac{\Delta r}{r_N - \dfrac{\Delta r}{4}} + \dfrac{\Delta r}{r_P + \dfrac{\Delta r}{4}}} + \frac{T_S^t - T_P^t}{\dfrac{\Delta r}{r_P - \dfrac{\Delta r}{4}} + \dfrac{\Delta r}{r_S + \dfrac{\Delta r}{4}}} \right) 2k\Delta\theta\Delta z\Delta t +$$

$$\frac{1}{\rho c_P r_P \Delta r \Delta \theta \Delta z}\left[\left(\frac{T_T^t - T_P^t}{r_P \Delta \theta} - \frac{T_P^t - T_B^t}{r_P \Delta \theta} \right) k\Delta r \Delta z\Delta t + \frac{kr_P \Delta r \Delta \theta \Delta t}{\Delta z}(T_E^t + T_W^t - 2T_P^t) \right]$$

$$= \frac{k\Delta t}{\rho c_P r_P \Delta r \Delta \theta \Delta z}\left[\left(\frac{T_N^t}{\dfrac{\Delta r}{r_N - \dfrac{\Delta r}{4}} + \dfrac{\Delta r}{r_P + \dfrac{\Delta r}{4}}} + \frac{T_S^t}{\dfrac{\Delta r}{r_P - \dfrac{\Delta r}{4}} + \dfrac{\Delta r}{r_S + \dfrac{\Delta r}{4}}} \right) 2\Delta\theta\Delta z + \right.$$

$$\left. \frac{\Delta r \Delta z}{r_P \Delta \theta}(T_T^t + T_B^t) + \frac{r_P \Delta r \Delta \theta}{\Delta z}(T_E^t + T_W^t) \right] +$$

$$\left\{ 1 - \frac{k\Delta t}{\rho c_P r_P \Delta r \Delta \theta \Delta z}\left[\left(\frac{1}{\dfrac{\Delta r}{r_N - \dfrac{\Delta r}{4}} + \dfrac{\Delta r}{r_P + \dfrac{\Delta r}{4}}} + \frac{1}{\dfrac{\Delta r}{r_P - \dfrac{\Delta r}{4}} + \dfrac{\Delta r}{r_S + \dfrac{\Delta r}{4}}} \right) 2\Delta\theta\Delta z + \right. \right.$$

$$\left. \left. \frac{2\Delta r \Delta z}{r_P \Delta \theta} + \frac{2r_P \Delta r \Delta \theta}{\Delta z} \right] \right\} T_P^t \tag{3.73}$$

保证稳定性的条件是 T_P^t 的系数大于等于0,即

$$\Delta t \leqslant \frac{(\rho c_P / k) r_P \Delta r \Delta \theta \Delta z}{\left(\dfrac{1}{\dfrac{\Delta r}{r_N - \dfrac{\Delta r}{4}} + \dfrac{\Delta r}{r_P + \dfrac{\Delta r}{4}}} + \dfrac{1}{\dfrac{\Delta r}{r_P - \dfrac{\Delta r}{4}} + \dfrac{\Delta r}{r_S + \dfrac{\Delta r}{4}}} \right) 2\Delta\theta\Delta z + \dfrac{2r_P \Delta r \Delta \theta}{\Delta z} + \dfrac{2\Delta r \Delta z}{r_P \Delta \theta}}$$

$$\tag{3.74}$$

此式即为步长的稳定性限制条件。

3.3.6 空穴体积变化的计算与处理

由于容器内存在空穴,这就要求在对控制方程离散化后,计算每个单元与相邻单元的换热量时,需要对该单元及相邻单元内是否存在空穴作出判断,以正确计算该单元内 PCM 的质量以及与相邻单元的换热量。

当有空穴存在时,PCM 单元内 PCM 的质量应为

$$m_{i,j,k} = \rho_{i,j,k} V_{i,j,k} (1 - f_{vi,j,k})$$
$$i = 1,2,\cdots,\mathrm{II}\,;j = 1,2,\cdots,\mathrm{JJ}\,;k = 1,2,\cdots,\mathrm{KK} \tag{3.75}$$

式中:i、j、k 代表第 (i,j,k) 个单元;II、JJ、KK 代表 PCM 容器各坐标方向划分的单元数;f_v 为空穴体积分数。具体含义如下:$f_v = 0$,无空穴;$0 < f_v < 1$,单元内存在部分空穴;$f_v = 1$,单元内全部为空穴。

另外 PCM 的密度随着相变过程发生变化,必须考虑 PCM 体积变化引起的某些单元内空穴体积的改变,即 f_v 随之变化。容器内 PCM 体积变化量可由发生相变的 PCM 的质量计算。每个时间步长内发生相变的 PCM 的质量即为前后两个时刻容器内固态或液态 PCM 的质量之差。在相变过程中由于 PCM 体积膨胀或收缩,液态 PCM 会充填容器内的空穴,或从某单元中抽出,使其变为含有部分空穴甚至全空,这样每个时间步长内计算的液态 PCM 的质量前后是不一致的,而固态 PCM 的质量是不变的。为避免错误的计算结果,本书采用每个时间步长的前后两个时刻的固态 PCM 的质量之差作为发生相变的 PCM 的质量,即:

$$\Delta m = \sum_{i,j,k} \lfloor [(1 - mf_{li,j,k}^{t+\Delta t}) \cdot (1 - f_{vi,j,k}^{t+\Delta t}) \cdot \rho_{i,j,k}^{t+\Delta t} -$$
$$(1 - mf_{li,j,k}^{t}) \cdot (1 - f_{vi,j,k}^{t}) \cdot \rho_{i,j,k}^{t}] \rfloor \cdot V_{i,j,k} \tag{3.76}$$

为保证质量守恒,每个时间步长内都要检查当前时刻容器内 PCM 的总质量,若存在偏差,则对 Δm 进行偏差修正。判断修正后的 Δm 的值,若 $\Delta m > 0$,说明固态 PCM 的质量增加,PCM 发生了凝固;若 $\Delta m < 0$,说明固态 PCM 的质量减少,PCM 发生了熔化;若 $\Delta m = 0$,说明固态 PCM 的质量未变化,PCM 正处于显式吸热或放热状态。Δm 不为 0 时 PCM 发生了相变,由前后两个时刻固态 PCM 的质量之差 Δm,就可以求出每一个时间步长内 PCM 的体积变化量 ΔV,即

$$\Delta V = \Delta m \cdot (1/\rho_s - 1/\rho_l) \tag{3.77}$$

根据计算得到的 PCM 体积变化量 ΔV,对 PCM 容器的空穴体积进行调整。如果 $\Delta V > 0$,说明 PCM 的体积增加,就减小空穴所占的体积;如果 $\Delta V < 0$,说明 PCM 的体积缩小,相应地增大空穴体积。因假定空穴位于外壁处,故减小空穴所占的体积,按从内向外的顺序进行,而增大空穴体积按相反的顺序进行。

调整空穴体积应遵循的原则是:如果 $f_v < 1$,同时 $mf_l > 0$,即单元非全空,有液态 PCM 存在,则可以从中削减 PCM 的体积,即增加空穴体积;如果 $f_v > 0$,即单元未充满,则可以向单元内充填液态 PCM,即缩小空穴体积。

采用上述方法,在整个计算过程中可以保持 PCM 容器内 PCM 的质量守恒。

当 PCM 发生相变时,计算空穴体积变化并进行空穴调整后可能导致整个 PCM 容器的能量不守恒。为保证计算过程能量守恒,每一个时间步长的计算完成后,都要检验 PCM 容器的总体能量是否守恒,即在每一个时间步长内检查传入和传出 PCM 容器的总热量 Q_{in}、Q_{out} 之差是否与 PCM 容器的总焓增 ΔH 相等。令 $\Delta E = (Q_{in} - Q_{out}) - \Delta H$,如果 ΔE 不为零,即能量不守恒,则需对发生相变的单元进行能量修正,将能量差值 ΔE 平均分配到发生相变的单元。

关于空穴体积变化的计算及调整,目前尚无成熟的理论。NOVEX 程序[57,58]中依据动量方程的求解结果确定进出 PCM 单元的质量,并根据含自由表面单元内液态 PCM 的速度调整空穴位置,该方法计算烦琐,对计算速度要求很高,使得计算成本大大增加。另外该程序没有提及能量守恒检查,因为在进行空穴调整时能量方程已先行求解,空穴调整后必然引起能量变化,如果不进行能量守恒检查,随着计算过程的进行,误差积累将越来越严重,最终影响计算结果的准确性。因此,在计算中进行能量守恒检查是必要的。根据本书提出的算法,在计算过程中可以保持质量及能量平衡,从而可以得到比较准确的结果。

计算采用显式方法求解。考虑空穴存在及体积变化的 PCM 容器相变换热过程的计算程序框图如图 3.33 所示。

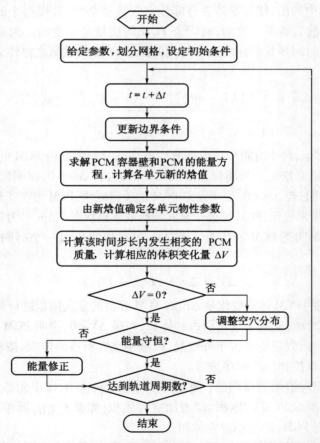

图 3.33 伴随有空穴空穴体积变化的 PCM 容器相变换热计算程序框图

3.3.7　计算结果分析

计算所取的初始状态为 PCM 容器和容器内的 PCM 均处于低于 PCM 熔点的均匀温度下,即 PCM 容器内的 PCM 全部处于固态。由于假定初始状态为整个 PCM 容器处于均匀的温度场,当完成第一个轨道周期的模拟计算后,PCM 容器内温度分布不均匀,当连续进行有限个轨道周期的模拟计算后,PCM 容器内各部分的温度以轨道周期为变化周期发生有规律的变化,可以认为这时初始温度分布对 PCM 容器内的固液相变蓄放热过程已无影响,即 PCM 的吸、放热过程只与给定的边界条件有关,也就是达到正规热状况阶段[59]。理论上达到正规热状况要经历无限长的时间,但实际计算中在经过有限个轨道周期后即可认为达到正规热状况阶段。本书中 PCM 容器的吸、放热计算共模拟了 10 个日照—阴影循环。轨道周期 91min,其中阴影期 36.4min。当 PCM 全部熔化时,空穴体积占 PCM 容器容积的 8%;当 PCM 全部凝固时,空穴体积可占 PCM 容器容积的 22% 以上。

图 3.34 示出了模拟计算得到的 10 个轨道周期内空穴体积分数(此处指空穴总体积占 PCM 容器总容积的百分比)的变化。当日照期结束时,PCM 全部熔化,空穴体积占 PCM 容器容积的 8%;当阴影期结束时,PCM 全部凝固,空穴体积占 PCM 容器容积的 22% 以上。下面以基本达到正规热状况阶段的第十个轨道周期内的 PCM 容器内换热过程进行分析。

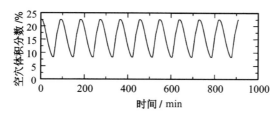

图 3.34　空穴体积分数变化曲线

由分析和计算可知,每个轨道周期内 PCM 容器的最高和最低温度分别发生在容器最大太阳辐射热流处的外壁表面和与之相对的最小太阳辐射热流处的内壁表面。图 3.35 为 PCM 容器外壁表面最高温度和内壁表面最低温度在轨道周期内的变化。以第十个轨道周期为例,轨道周期内最高温度可达 1148.41K,而最低温度可降至 996.72K,最大温差可达 108.41K,轨道周期内平均温差为 51.14K。

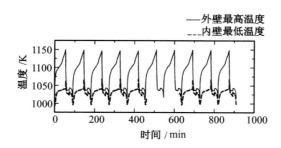

图 3.35　容器外壁最高温度和内壁最低温度变化曲线

图 3.36 为第十个轨道周期内容器两侧壁的导热量占整个容器的径向总传热量的百分数—侧壁分数的变化曲线,侧壁分数基于侧壁与容器外壁内表面交界处的传热量计算得到。由图可以看出,日照期内侧壁分数在 60%~80% 之间变动,整个轨道周期内平均为 69.7%,即大部分的热量经由容器侧壁传到了容器内部,容器侧壁在整个 PCM 容器的换热过程中发挥了重要作用。

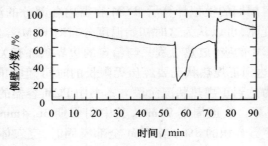

图 3.36 侧壁分数变化曲线

图 3.37 为气体循环工质进出口温度的变化曲线。可以看出,整个轨道周期内气体循环工质出口温度平均升高了 2.96K。

图 3.38 为第十个轨道周期内 PCM 的熔化率(容器内液态 PCM 占 PCM 总质量的百分数)的变化曲线。PCM 全部熔化需要 55min,因为输入热流沿周向不均匀,容器背向输入热流的一面只靠吸热器壁面反射吸收热量,因而熔化过程进行迟缓。这可由图 3.39、图 3.40 和图 3.41 更清楚地看到。

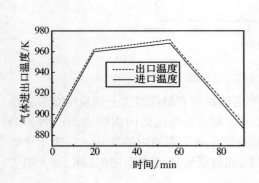

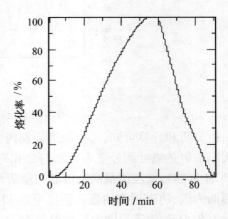

图 3.37 气体循环工质进口与出口温度   图 3.38 熔化率变化曲线

图 3.39 为第十个轨道周期开始后,最大太阳辐射热流处($\theta=0$)第 0、27.5、54.63 和 73 分钟时(图中(a)、(b)、(c)、(d))的 PCM 相图和容器等温线图(图中 0、1 分别代表外壁面和内壁面)。轨道周期开始时,所有 PCM 均为固体。在此后的约 55min 内,在容器外壁接受热流条件下 PCM 开始熔化。从图 3.39(a)可以看到,由于容器侧壁的导热,在靠近侧壁处,等温线向下倾斜,PCM 从两侧壁沿轴向向内熔化。日照期结束时(见图 3.39(c)),PCM 全部变成液态。之后进入阴影期,PCM 重新开始凝固过程。由于空穴的隔热保温及侧壁沿径向向外的导热,PCM 首先沿容器内壁和侧壁凝固,逐渐向容器空腔的中部扩展。

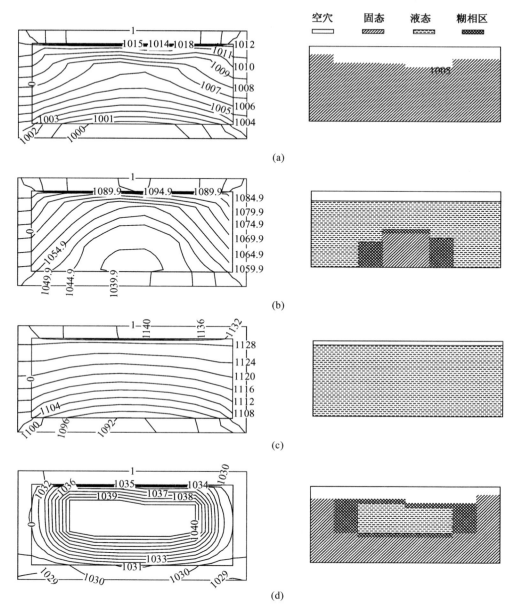

空穴　　固态　　液态　　糊相区

(a)

(b)

(c)

(d)

(a)、(b)、(c)、(d)分别代表轨道周期的第 0、27.5、54.63 和 73 分钟

图 3.39　PCM 容器最大太阳热流处($\theta=0$)轴向截面等温线图

(左侧,温度单位为 K)和 PCM 相图(右侧)

图 3.40 中(a)、(b)、(c)、(d)分别为第九个轨道周期开始后,最小太阳辐射热流处($\theta=\pi$)第 0、27.5、54.63 和 73 分钟时的 PCM 相图和容器等温线图(图中 1、0 分别代表外壁面和内壁面)。$\theta=0$ 和 $\theta=\pi$ 两截面在日照期开始时刻(图 3.39(a)和图 3.40(a)),各对应位置的温度差别很小,只相差约 1K。日照期开始后,与最大太阳辐射热流 $\theta=0$ 处相比,$\theta=\pi$ 处 PCM 的熔化过程进行缓慢。27.5min 时(见图 3.40(b)),与图 3.39(b)相比,该截面处未熔化的 PCM 明显很多,而 $\theta=0$ 截面内靠近侧壁处的 PCM 全部熔化,只有容

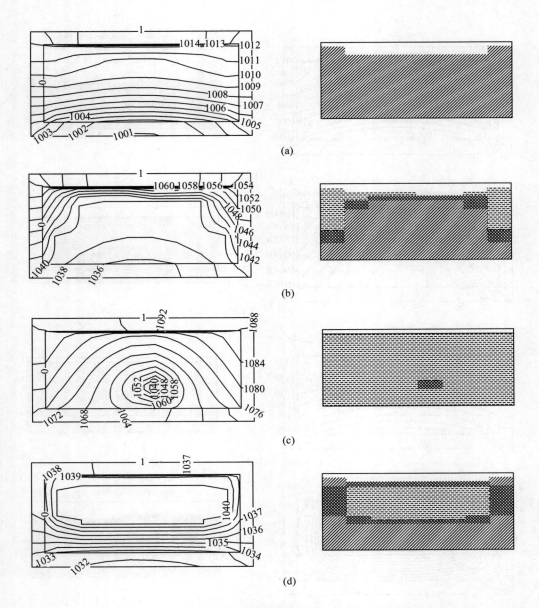

（a）、（b）、（c）、（d）分别代表轨道周期的第 0、27.5、54.63 和 73 分钟

图 3.40　PCM 容器最小太阳热流处轴向截面（$\theta=\pi$）等温线图
（左侧，温度单位为 K）和 PCM 相图（右侧）

器中部紧贴内壁处有部分 PCM 尚未熔化。日照期结束时（图 3.16（c）），该截面处在容器轴向中部与径向靠近内壁处仍有很少量的糊态 PCM，只是在接着进入阴影期的很短时间内（第 55min 时）才全部熔化。与熔化过程进行缓慢相对应，该截面内的温升较慢，温度水平较低，日照期结束时比 $\theta=0$ 截面对应点的温度低 30K～70K。

　　图 3.41 中（a）、（b）、（c）、（d）分别为第十个轨道周期开始后，$\theta=\pi/2$ 处介于最大和最小输入热流之间的轴向截面内第 0、27.5、54.63 和 73min 时的 PCM 相图和容器等温线图（图中 1、0 分别代表容器壁的外表面和内表面，以下同）。由图可以看出，日照期内，该

86

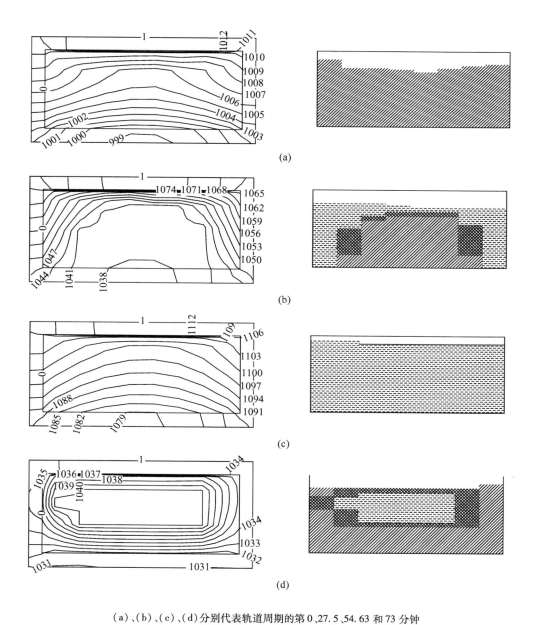

（a）、（b）、（c）、（d）分别代表轨道周期的第 0、27.5、54.63 和 73 分钟

图 3.41　PCM 容器 $\theta = \pi/2$ 处轴向截面等温线图（左侧，温度单位为 K）和 PCM 相图（右侧）

截面内 PCM 的熔化推进过程以及温度上升速率均介于 $\theta = 0$ 和 $\theta = \pi$ 两截面之间。

图 3.42 为第十个轨道周期的第 0、27.5、55 和 73min 时 $z = 2.9$mm 处（靠近 PCM 容器左侧侧壁）PCM 容器周向截面 PCM 相图和容器等温线图。从第二个图中可以明显地看到，在 PCM 容器正对最大太阳辐射热流的一侧，PCM 熔化过程进行得很快，该侧 PCM 全部熔化时，背对最大太阳辐射热流一侧的熔化过程缓慢，部分紧贴容器内壁的 PCM 仍处于固态。由于容器外壁的导热性能较好，从等温线图可以看出，随着加热过程的进行，等温线逐渐沿容器外壁从右向左倾斜，同时很明显地看到，容器背对最大太阳辐射热流处的温度变得最低。

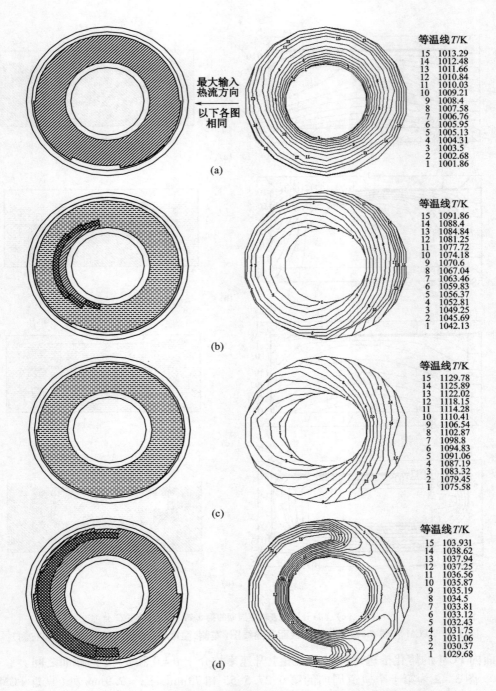

（a）、（b）、（c）、（d）分别代表轨道周期的第 0、27.5、55 和 73 分钟

图 3.42　PCM 容器靠近侧壁处（$z = 2.9\text{mm}$）周向截面等温线图（右侧）和 PCM 相图（左侧）

　　图 3.43 为第十个轨道周期的第 0、27.5、55 和 73min 时 $z = 11.3\text{mm}$ 处（接近 PCM 容器轴线方向的中间位置）PCM 容器周向截面 PCM 相图和容器等温线图。正对与背对最大太阳辐射热流处的熔化过程类似图 3.42。但由于该截面靠近 PCM 容器中部，经由容器侧壁传过来的轴向导热量很少，因而与图 3.42 相比，熔化过程大大推迟，相应地凝固过

88

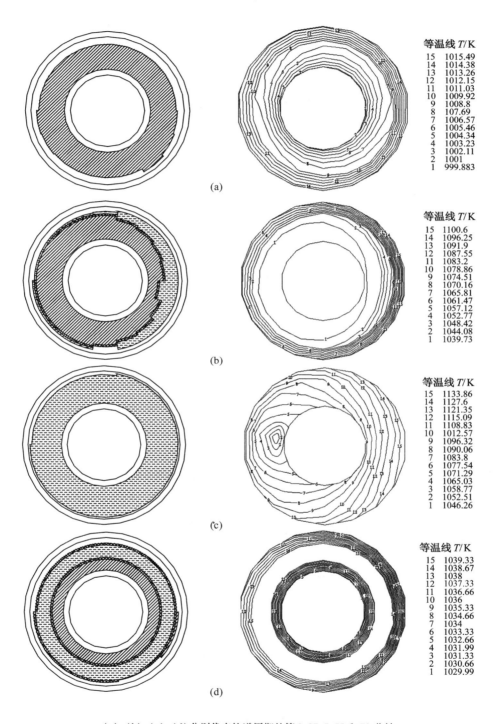

（a）、（b）、（c）、（d）分别代表轨道周期的第 0、27.5、55 和 73 分钟

图 3.43　PCM 容器轴向中部($z = 11.3$mm)轴向截面等温线图(右侧)和 PCM 相图(左侧)

程也远滞后于靠近侧壁处 PCM 的凝固过程。等温线的变化与图 3.42 相似。

图 3.44 为第十个轨道周期的第 0、27.5、55 和 73min 时 PCM 容器侧壁处 $z = 0.76$mm 处周向截面等温线图。侧壁处的温度变化与前两个周向截面处的温度变化相似,稍有差别的是温度差别低一点。

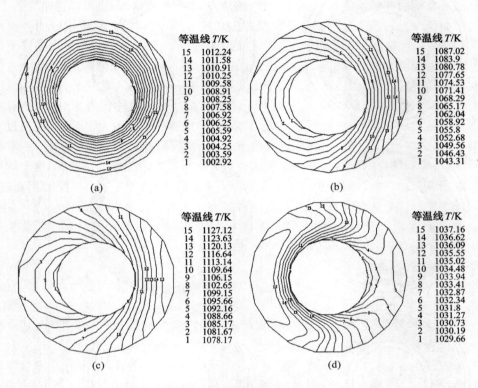

（a）、（b）、（c）、（d）分别代表轨道周期的第 0、27.5、55 和 73 分钟

图 3.44　PCM 容器侧壁处($z = 0$)周向截面等温线图

3.4　重力条件下高温相变蓄热容器的热分析

由于空间实验成本高,实施困难,因此高温固液相变蓄热研究的大量实验要在地面完成。在空间微重力条件下,自然对流基本消失。但在地面重力条件下,在液态 PCM 区域会产生自然对流。自然对流对固液相变换热过程会产生很大影响,故对在地面进行实验的 PCM 容器进行热分析时,应考虑自然对流的影响,相应地需要开发重力下同时考虑空穴生成和发展以及自然对流的高温固液相变蓄热容器的热分析计算程序。

本节内容结合 3.3 节提出的空穴体积变化和空穴调整的算法,考虑重力作用的特点,编制了重力下同时考虑空穴发展和自然对流的二维流动和相变换热的计算程序,首次在同时考虑空穴发展和自然对流的情况下针对地面高温蓄热实验进行了模拟计算,并与实验结果进行了比较。

3.4.1 考虑自然对流的数学模型

在地面重力条件下,在液态 PCM 区域,自然对流占主导地位,表面张力驱动的热毛细对流远小于自然对流的影响,故本书计算中忽略 Marangoni 对流的影响。另外相变界面上的膨胀和收缩引起的液体运动比自然对流的影响小 7 个数量级,也可以忽略[6]。

考虑对流影响的相变过程的数值模拟方法与仅考虑导热时类似,也可分为界面跟踪法[28,60-62](变换网格法)和固定网格法[63-65]两大类。界面跟踪法通过坐标变换将不规则的移动两相界面转换为规则的固定界面,从而把求解区域转换为规则固定区域,该方法可以得到精确的界面位置,但由于要进行坐标变换,求解方程变得非常复杂,网格生成也需要大量的运算,延长了计算时间,尤其是对于固液两相区的换热均需考虑时,需要对液态区和固态区各生成一套网格,计算量更大,完成计算所需时间更长。固定网格法通过引入变量焓或者显比热容,把求解区域用统一的方程表示,从而可以进行整体求解,不需跟踪相变界面,计算简便,编程容易,缺点是无法得到非常精确的两相界面位置,但这个缺点可以通过加密网格来削弱。对于类似本书中形状复杂、非单调、具有多个界面的相变过程,界面跟踪法的网格生成将变得极其困难,这种情况下采用固定网格法比较合适。本节采用焓法形式的固定网格法。关于上述两类方法的详细介绍和比较,可参见参考文献[31]、[32]、[66-68]。

3.4.1.1 控制方程

地面重力条件下,在重力作用下液态 PCM 位于容器底部,而空穴集中在容器的顶部。容器内液态 PCM 的流动为层流流动[57]。根据 Boussinesq 假设,即① 忽略黏性耗散;② 除密度外其他物性为常数;③ 对密度仅考虑动量方程中与体积力有关的项,其余各项中的密度仍为常数。

在轴对称条件(计算所取的物理模型示意图,见图 3.45)下,假设重力方向与容器轴线平行,二维液态 PCM 区层流流动的连续方程、z 方向(轴向)动量方程、r 方向(径向)动量方程和焓法表示的能量方程如下:

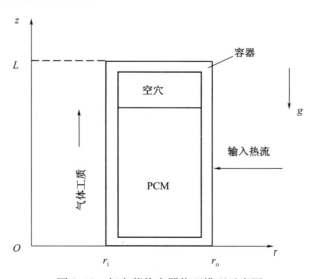

图 3.45 相变蓄热容器物理模型示意图

$$\frac{\partial u}{\partial z} + \frac{1}{r}\frac{\partial(rv)}{\partial r} = 0 \tag{3.78}$$

$$\frac{\partial u}{\partial t} + \frac{\partial u^2}{\partial z} + \frac{1}{r}\frac{\partial(ruv)}{\partial r} = -\frac{1}{\rho}\frac{\partial p}{\partial z} + g\beta(T - T_m) + \nu\nabla^2 u \tag{3.79}$$

$$\frac{\partial v}{\partial t} + \frac{\partial(uv)}{\partial z} + \frac{1}{r}\frac{\partial(rv^2)}{\partial r} = -\frac{1}{\rho}\frac{\partial p}{\partial r} + \nu\left(\nabla^2 v - \left(\frac{v}{r^2}\right)\right) \tag{3.80}$$

$$\frac{\partial(\rho e)}{\partial t} + \frac{\partial(\rho ue)}{\partial z} + \frac{1}{r}\frac{\partial(r\rho ve)}{\partial r} = k\nabla^2 T \tag{3.81}$$

式中：u、v 分别为 z 方向和 r 方向的速度分量；p 为压力；g 为重力加速度；β 为 PCM 液态体积膨胀系数；ν 为运动黏度；c 为比热。

3.4.1.2 糊态区流动的处理

在 PCM 相变过程中，可能有固态、液态和糊态三种相态。固态区运动速度为零。与固态区相邻的糊态区为固液两相共存区，由于存在液态 PCM，故糊态区也存在一定程度的液态 PCM 的流动，但由于固态 PCM 的存在，流动程度显然不如液态区的流动强烈。因此，液态区的流体速度经过糊态区的速度衰减，到固态区降至零。为描述从液态区经过糊态区到固态区速度逐渐降为零的液态 PCM 流动，人们提出了以下两种方法：变黏性系数法和附加源项法。

1. 变黏性系数法

Cao 和 Faghri[40] 把黏性系数 μ 看成温度的函数，采用如下形式使得黏性系数 μ 在糊态区变成很大的一个值

$$\mu = \begin{cases} \mu_1, & T > T_m + \delta T \\ \mu_1 + (T - T_m - \delta T)(\mu_1 - N)/2\delta T, & T_m - \delta T < T < T_m + \delta T \\ N, & T < T_m - \delta T \end{cases} \tag{3.82}$$

式中 N 取很大的一个值。这样黏性系数 μ 就由液态区的液态黏性系数 μ_1 经过糊态区逐渐增大到相当大的值。

Voller[63] 建议把黏性系数表示成以下焓的函数的形式

$$\mu = \mu_1 + B(\Delta H_m - \Delta H_r) \tag{3.83}$$

式中 B 为一个很大的常数，ΔH_r 代表单元内 PCM 的相变潜热部分的焓值。当 PCM 为液态时，$\Delta H_r = \Delta H_m$，黏性系数 μ 取为液态黏性系数 μ_1；当 PCM 正处于相变过程中时，ΔH_r 在 ΔH_m 和 0 之间，黏性系数 μ 随 ΔH_r 的减小而增大；当 PCM 为固态时，$\Delta H_r = 0$，黏性系数 μ 取为 $\mu = \mu_1 + B\Delta H_m$，为一个相当大的值，强制固态区速度降为零。

2. 附加源项法

附加源项法是把糊态区看作多孔介质，则可假设糊态区内液态 PCM 的流动由 Darcy 定律控制，即

$$V = -\left(\frac{K}{\mu}\right)\mathrm{grad}P \tag{3.84}$$

式中:V 为速度矢量;K 为渗透率,是孔隙率—糊态区液体质量百分数的函数;μ 为动力黏度。

孔隙率下降时渗透率 K 也下降,在固态区降到 0,这可以通过在动量方程中引入附加源项来实现,即定义

$$S_z = -Au, \quad S_r = -Av \qquad (3.85)$$

式中 A 随液体质量百分数的增大而减小,在固态区为很大的一个数,在液态区减为 0。这样,在液态区附加源项消失,动量方程求解的是液体的真实速度,在糊态区随着 A 的增大,附加源项在动量方程中的比重越来越大,到达固态区后附加源项在动量方程中占主要地位,其他各项与之相比可以忽略不计,从而强制性地使得速度降到 0。因此,合适地选取 A 的值是问题的关键。由 Carman-Koseny 方程[64]

$$\text{grad}P = -C\frac{(1-x_1)^2}{x_1^3}V \qquad (3.86)$$

可以把 A 可取为

$$A = -C\frac{(1-x_1)^2}{(x_1^3+q)} \qquad (3.87)$$

式中:x_1 代表液体质量百分数;q 为很小的一个数,防止分母为 0 导致计算溢出。

为简化计算,加快计算速度,A 可取为以下形式[65]:

$$A = (1-x_1)^b c \qquad (3.88)$$

式中:b 可取 1 或 2;c 为相当大的一个数,本书中取为 10^9。

Dantzig[69] 指出,变黏性系数法适用于凝固过程中固态 PCM 与液态 PCM 混合,随液态 PCM 一起运动的情形;附加源项法适用于固态 PCM 不随液态 PCM 一起运动,保持静止的情形。因此,本书采用附加源项法。

通过在动量方程中引入附加源项,就可以把固态区、糊态区和液态区在形式上统一起来,进行整体求解。

在求解流场时壁面处的边界条件取为无滑移边界条件。

由于容器内存在空穴,PCM 熔化后在液态 PCM 区顶部形成自由液面,液面随着 PCM 的不断熔化而不断上升,计算过程中假定液面始终保持平整,无变形。本书计算中忽略表面张力的影响。

与前面几章相同,推广焓的定义到容器壁,则容器壁的能量守恒方程也可以表示成方程(3.45)的形式。

比焓 e 是温度 T 的函数,二者关系如前面章节所述。

容器与 PCM 接触的壁面处流动边界条件采用无滑移边界条件,即 $u=v=0$。

液态 PCM 区与空穴相邻的自由表面处流动边界条件为

$$\frac{\partial u}{\partial z} = 0, \quad v = 0 \qquad (3.89)$$

换热过程的边界条件为

$$\begin{cases} k\dfrac{\partial}{\partial r}T(r_{o},z,t) = q(t) \\[3mm] k\dfrac{\partial}{\partial r}T(r_{i},z,t) = \alpha\big[T(r_{i},z,t) - T_{f}(t)\big] \\[3mm] \dfrac{\partial}{\partial z}T(r,0,t) = 0 \\[3mm] \dfrac{\partial}{\partial z}T(r,L,t) = 0 \end{cases} \qquad (3.90)$$

式中：$q(t)$ 代表输入太阳热流；α 为对流换热系数；下标 o 和 i 分别代表 PCM 容器的外壁和内壁，下标 f 代表流体循环工质；L 为 PCM 容器的轴向长度。

初始条件为全部 PCM 均处于固态，即

$$T(r,z,0) = T_{s} < T_{m} \qquad (3.91)$$

空穴内的换热计算与 3.3 节相似，考虑 PCM 蒸气导热和径向辐射换热。

3.4.2 方程的离散化

为适应数值求解的需要，需要把控制方程在计算区域内进行离散化，得到离散化的控制方程形式，再进行数值求解。

3.4.2.1 交错网格

在求解流体流动问题时，为了检测不合理的压力场，广泛采用交错网格[47,55,70,71]。所谓交错网格就是指把速度 u、v 及压力 p（包括其他所有标量和物性参数）分别存储于三套不同网格上的网格系统。其中速度 u 存在于压力控制容积的东西界面上，速度 v 存在于压力控制容积的南北界面上，u、v 各自的控制容积则以速度所在位置为中心。

如图 3.46 所示，u 控制容积与主控制容积（即压力的控制容积）之间在 x 方向有半个网格的错位，v 控制容积与主控制容积（即压力的控制容积）之间在 y 方向有半个网格的错位。在交错网格系统中，相邻两点间的压力差恰好构成了两网格点之间速度分量的自然驱动力，从而可以检测出不合理的压力场。但是，采用交错网格也要付出一定的代价。首先增加了计算工作量，在求解 u、v 方程时必须通过插值计算控制容积各界面上的物性参数和流量，在求解位于主节点上的变量方程时控制容积各界面上的速度 u、v 也要进行

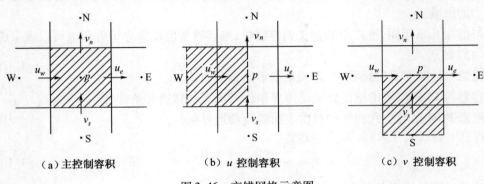

（a）主控制容积　　　　（b）u 控制容积　　　　（c）v 控制容积

图 3.46　交错网格示意图

插值计算;其次,三套网格系统(二维情况)中节点编号必须仔细处理才能协调一致,增加了程序编制工作量。

3.4.2.2 通用方程的离散

把控制方程写成圆柱轴对称坐标下的通用形式

$$\frac{\partial(\rho\varphi)}{\partial t} + \frac{\partial}{\partial z}(\rho u\varphi) + \frac{1}{r}\frac{\partial}{\partial r}(r\rho v\varphi) = \frac{\partial}{\partial z}\left(\Gamma_\varphi\frac{\partial\varphi}{\partial z}\right) + \frac{1}{r}\frac{\partial}{\partial r}\left(r\Gamma_\varphi\frac{\partial\varphi}{\partial r}\right) + S_\varphi \quad (3.92)$$

式中:φ 是通用变量;Γ_φ 与 S_φ 是与 φ 相对应的广义扩散系数及广义源项。

引入在 z 及 r 方向的对流—扩散总通量 J_z、J_r,即

$$J_z = \rho u\varphi - \Gamma\frac{\partial\varphi}{\partial z}, \quad J_r = r\rho v\varphi - r\Gamma\frac{\partial\varphi}{\partial r} \quad (3.93)$$

则式(3.92)可改写为

$$\frac{\partial(\rho\varphi)}{\partial t} + \frac{\partial J_z}{\partial z} + \frac{1}{r}\frac{\partial J_r}{\partial r} = S \quad (3.94)$$

对如3.3节图3.32所示的控制容积对时间和空间作积分,方程左边第一项为

$$\int_t^{t+\Delta t}\int_s^n\int_w^e \frac{\partial(\rho\varphi)}{\partial t}r\mathrm{d}t\mathrm{d}z\mathrm{d}r = \left[(\rho\varphi)_P - (\rho\varphi)_P^0\right]r_p\Delta z\Delta r \quad (3.95)$$

假设 z、r 方向的总通量 J_z、J_r 在各自的界面 w、e 与 s、n 上是均匀的,则有

$$\int_t^{t+\Delta t}\int_s^n\int_w^e \frac{\partial J_z}{\partial z}r\mathrm{d}t\mathrm{d}z\mathrm{d}r = \int_s^n(J_z^e - J_z^w)\Delta t r_p\mathrm{d}r = (J_z^e - J_z^w)\Delta t r_p\Delta r = (J_e - J_w)\Delta t$$

$$(3.96)$$

式中:J_z^e、J_z^w 代表 z 方向上界面 e、w 处单位面积上的通量;J_e、J_w 代表总面积上的通量。同理可得

$$\int_t^{t+\Delta t}\int_s^n\int_w^e \frac{1}{r}\frac{\partial J_r}{\partial r}r\mathrm{d}t\mathrm{d}z\mathrm{d}r = (J_n - J_s)\Delta t \quad (3.97)$$

取 $S = S_C + S_P\varphi_P (S_P \leqslant 0)$,将式(3.84)积分后所得各项整理得

$$\frac{(\rho\varphi)_P - (\rho\varphi)_P^0}{\Delta t}\Delta z r_p\Delta r + (J_e - J_w) + (J_n - J_s) = (S_C + S_P\varphi_P)\Delta z r_p\Delta r \quad (3.98)$$

参考文献[70],有

$$J_e = (a_E + F_e)\varphi_P - a_E\varphi_E \quad (3.99)$$

$$J_w = (a_W + F_w)\varphi_p - a_W\varphi_W \quad (3.100)$$

$$J_n = (a_N + F_n)\varphi_P - a_N\varphi_N \quad (3.101)$$

$$J_s = (a_S + F_s)\varphi_P - a_S\varphi_S \quad (3.102)$$

将以上各式代入式(3.98),整理得

$$a_P\varphi_P = a_E\varphi_E + a_W\varphi_W + a_N\varphi_N + a_S\varphi_S + b \quad (3.103)$$

其中

$$a_E = D_e A(P_{\Delta e}) = D_e A(\mid P_{\Delta e} \mid) + [\mid -F_e, 0 \mid] \tag{3.104}$$

$$a_W = D_w A(P_{\Delta w}) = D_w A(\mid P_{\Delta w} \mid) + [\mid F_w, 0 \mid] \tag{3.105}$$

$$a_N = D_n A(P_{\Delta n}) = D_n A(\mid P_{\Delta n} \mid) + [\mid -F_n, 0 \mid] \tag{3.106}$$

$$a_S = D_s A(P_{\Delta s}) = D_s A(\mid P_{\Delta s} \mid) + [\mid F_s, 0 \mid] \tag{3.107}$$

$$b = S_C r_p \Delta z \Delta r + a_P^0 \varphi_P^0 \tag{3.108}$$

$$a_P = a_E + a_W + a_N + a_S + a_P^0 - S_P \Delta z r_p \Delta r \tag{3.109}$$

$$a_P^0 = \frac{\rho_P \Delta z r_p \Delta r}{\Delta t} \tag{3.110}$$

$$F_e = (\rho u)_e r_p \Delta z, F_w = (\rho u)_w r_p \Delta z, F_n = (\rho v)_n r_n \Delta r, F_s = (\rho v)_s r_s \Delta r \tag{3.111}$$

$$D_e = \frac{\Gamma_e r_p \Delta z}{(\delta z)_e}, D_w = \frac{\Gamma_w r_p \Delta z}{(\delta z)_w}, D_n = \frac{\Gamma_n r_n \Delta r}{(\delta r)_n}, D_s = \frac{\Gamma_s r_s \Delta r}{(\delta r)_s} \tag{3.112}$$

其中 F 表示对流(流动)的强度;D 表示扩散的强度,其比值 $P_\Delta = F/D$ 称为贝克利数,对流动来说,$P_\Delta = \rho u \delta / \mu$,对于换热,$P_\Delta = \rho u c_p \delta / k$。

式(3.103)可简写为

$$a_P \varphi_P = \sum a_{nb} \varphi_{nb} + b \tag{3.113}$$

下标 nb 代表相邻节点。

3.4.2.3 动量方程的离散

在交错网格中,一般变量 φ 的离散过程与上一节相同。但对动量方程而言,积分用的控制容积是速度分量 u、v 各自的控制容积,压力梯度项从源项中分离出来,对于速度 u_e 的控制容积,该项积分为

$$\int_s^n \int_P^E \left(-\frac{\partial p}{\partial z} \right) r \mathrm{d}z \mathrm{d}r = -\int_s^n (p \mid_P^E) r_P \mathrm{d}r \approx (p_P - p_E) r_P \Delta r \tag{3.114}$$

u_e 的控制容积的东、西界面上压力是各自均匀的,分别为 p_E 和 p_P。关于 u_e 的离散方程便具有以下形式

$$a_e u_e = \sum a_{nb} u_{nb} + b + (p_P - p_E) A_e \tag{3.115}$$

式中:u_{nb} 是 u_e 的邻点速度(u_{ee}, u_n, u_w 以及 u_s);b 为不包括压力在内的源项中的常数部分,对非稳态问题为 $b = S_c \Delta v + a_e^0 u_e^0$;$A_e = r_P \Delta r$,是压力差的作用面积;系数 a_{nb} 的计算公式取决于所采用的格式,见上一节所述。

同理可得速度 v 的离散方程

$$a_n v_n = \sum a_{nb} v_{nb} + b + (p_P - p_N) A_n \tag{3.116}$$

3.4.2.4 对流—扩散方程的差分格式

对流—扩散方程的差分格式有五种三点格式可以选择,即中心差分、迎风差分、混合格式、指数格式、乘方格式(见表3.2)。其中中心差分在 P_Δ 大于一定的数值后会出现解

的振荡现象。迎风差分又称为上风差分、施主格子差分,它克服了中心差分的缺点,保证了动量离散方程中各系数永远大于或等于零,避免了解的振荡现象的产生。混合格式综合吸取了中心差分和迎风差分的优点,而且克服了中心差分当 $P_\Delta > 2$ 时出现解的振荡、迎风差分对扩散项的处理不考虑 P_Δ 的影响等缺点。指数格式在五种三点格式中最精确,但指数的计算比较费时。1979 年 Patankar[71] 提出了乘方格式,在很大的范围内,乘方格式与指数格式的结果非常接近,而计算工作量减少了。本研究中对流—扩散方程的离散采用乘方格式。

表 3.2 五种三点格式的 $A(\lvert P_\Delta \rvert)$

格式	$A(\lvert P_\Delta \rvert)$
中心差分	$1 - 0.5\lvert P_\Delta \rvert$
迎风差分	1
混合格式	$[\lvert 0, 1 - 0.5\lvert P_\Delta \rvert \rvert]$
指数格式	$\lvert P_\Delta \rvert/(exp(\lvert P_\Delta \rvert) - 1)$
乘方格式	$[\lvert 0, (1 - 0.1\lvert P_\Delta \rvert)^5\rvert]$

3.4.2.5 能量方程的离散

采用容积平衡法,得内外节点的离散差分方程与前面无对流情况时的相似,但增加了与相邻单元的对流换热项。为保证计算稳定,对流项采用迎风差分格式,得到通过节点 P 所在控制容积界面的对流换热量如下:

w 界面

$$\rho_w F'_w [e^t_W \max(u^t_P, 0) - e^t_P \max(-u^t_P, 0)] \tag{3.117}$$

e 界面

$$\rho_e F'_e [e^t_E \max(-u^t_E, 0) - e^t_P \max(u^t_E, 0)] \tag{3.118}$$

s 界面

$$\rho_s F'_s [e^t_s \max(v^t_P, 0) - e^t_P \max(-v^t_P, 0)] \tag{3.119}$$

n 界面

$$\rho_n F'_n [e^t_n \max(-v^t_n, 0) - e^t_P \max(v^t_n, 0)] \tag{3.120}$$

其中:ρ_w、ρ_e、ρ_s、ρ_n 分别为界面 w、e、s 和 n 上的流体密度,由界面两侧单元的密度插值计算得到;F'_w、F'_e、F'_s、F'_n 分别为界面 w、e、s 和 n 的流通面积,当考虑整个圆周时分别为 $2\pi r_i \Delta r$、$2\pi r_i \Delta r$、$2\pi(r_i - \Delta r/2)\Delta r$、$2\pi(r_i + \Delta r/2)\Delta r$。

参考 3.3.5 节中的式(3.70),得 PCM 容器内部能量方程的离散化方程为:

$$\rho_P (e^{t+\Delta t}_P - e^t_P) r_P \Delta r \Delta z = \left(k_e \frac{T^t_E - T^t_P}{\Delta z_e} - k_w \frac{T^t_P - T^t_W}{\Delta z_w} \right) \Delta r \Delta t +$$

$$\left[\left(\frac{kr}{\delta} \right)_n (T^t_N - T^t_P) - \left(\frac{kr}{\delta} \right)_s (T^t_P - T^t_S) \right] \Delta z \Delta t +$$

$$\rho_w F'_w [e^t_w \max(u^t_P, 0) - e^t_P \max(-u^t_P, 0)] +$$

$$\rho_e F'_e [e^t_e \max(-u^t_e, 0) - e^t_P \max(u^t_P, 0)] +$$

$$\rho_s F_s' \big[e_s^t \max(v_P^t, 0) - e_P^t \max(-v_P^t, 0) \big] +$$

$$\rho_n F_n' \big[e_n^t \max(-v_n^t, 0) - e_P^t \max(v_n^t, 0) \big] \qquad (3.121)$$

对于容器壁上的节点,由于采用壁面无滑移边界条件,壁面处流通量为0,故容器壁上节点离散控制方程不包括对流换热项。

3.4.3 代数方程的求解

最初的微分方程经离散化后得到上述一系列的代数方程,问题的求解转化为对上述代数方程的求解。代数方程的求解可分为直接解法和迭代法两大类。最基本的直接解法有克莱姆法则、Gauss 消去法等,但只适于求解未知数个数极少的情形,对于通常划分为大量单元具有很多个节点的离散方程来说,计算量非常大,实际上是不可行的。

描写传热和流体流动问题的控制方程大多数是非线性的。对非线性问题,离散方程中的系数可能都是未知量的函数。因此,通常采用迭代法进行传热和流体流动问题的求解。

比较常用的迭代解法有点迭代法、块迭代法、交替方向块迭代(Alternating Direction Implicit, ADI)法等。点迭代法又叫显式迭代法,如雅可比迭代法、高斯—塞德尔迭代法、超/欠松弛迭代法(SOR/SUR)等。块迭代法把求解区域分成若干块,每块由一条或数条网格线组成。在同一块中各节点的值用代数方程的直接解法求得。采用块迭代法可使迭代次数显著减少,缩短计算时间。交替方向块迭代法在迭代计算过程中扫描的方向交替进行,即先逐行进行一次扫描,再逐列进行一次扫描,两次扫描组成一轮迭代。由于边界条件传播的速度加快,加快了迭代的收敛。实际求解过程中可能采用上述几种方法的组合。

本书把能量方程和动量方程分开求解,求解能量方程采用显式格式,求解动量方程采用 ADI 与 TDMA(求解一维问题的追赶法)相结合的方法。例如,对通用方程的离散化方程(3.103),采用 ADI 与 TDMA 相结合的方法,把方程右边的 $a_W \varphi_W$ 和 $a_E \varphi_E$ 两项归并到常数项 b 中,用 b' 表示,则方程(3.103)化为

$$a_P \varphi_P = a_N \varphi_N + a_S \varphi_S + b' \qquad (3.122)$$

式中 $b' = a_E \varphi_E + a_W \varphi_W + b$。由上式,采用 TDMA 算法即可求出同一条线上的各节点待求变量值 φ_P、φ_N 以及 φ_S,完成该条线上的求解后,再求解下一条线上的变量值,如此扫描完整个求解区域,即完成了一轮迭代。再结合 ADI 方法,让相邻两轮迭代的扫描方向交替变化,先按列(或行)扫描完成一轮计算,再按行(或列)扫描进行计算,两次扫描完成一轮迭代,从而加快迭代收敛的速度。

为防止迭代求解过程发散,在求解过程中一般采用欠松弛处理,即

$$\varphi_P^n = \varphi_P^{n-1} + \alpha(\varphi_P^* - \varphi_P^{n-1}) \qquad (3.123)$$

上标 n 代表迭代轮数,$n-1$ 为上一轮迭代。φ_P^* 为本轮计算得到的未经欠松弛处理的值,$\varphi_P^* = (a_N \varphi_N^n + a_S \varphi_S^n + b')/a_P$。(为松弛因子,把松弛因子组合到迭代计算式中,得

$$\left(\frac{a_P}{\alpha} \right) \varphi_P^n = a_N \varphi_N^n + a_S \varphi_S^n + b' + \left(\frac{1-\alpha}{\alpha} \right) a_P \varphi_P^{n-1} \qquad (3.124)$$

在进行另一个方向的扫描求解时,只需把上式与 b' 中的下标互换即可。

3.4.4 求解 $N-S$ 方程的 SIMPLE 算法

以速度和压力为原始变量的 $N-S$ 方程求解的关键,是如何求解压力场,或者在假定了一个压力场之后如何改进这个压力场。目前广泛采用的是 SIMPLE 算法[71]及其衍化派生出来的各种算法。

SIMPLE 算法是由 Patankar[71]与 Spalding 在 1972 年提出的,是 Semi-Implicit Method for Pressurelinked Equations 的缩写,即求解压力耦合方程的半隐方法。其基本思想是按给定的压力场,求出速度 u 和 v,这样按给定的压力场求得的速度场可能不满足质量守恒的要求,要对给定的压力场进行修正。将求得的速度值代入连续方程,根据速度与压力的关系,得到压力修正方程,由此方程求得压力修正值,用压力修正值来修正压力和速度,以修正后的速度重新计算动量离散方程的系数,开始下一层次的计算。如此反复,直到获得收敛的解。下面首先构造出压力修正方程。

假定原来的压力为 p^*,相应的速度为 u^*、v^*。记压力修正值为 p',相应的速度修正值为 u'、v',则修正后的压力和速度分别为

$$p = p^* + p', \quad u = u^* + u', \quad v = v^* + v'$$

将修正后的压力和速度代入到动量离散方程中,可得

$$a_e(u_e^* + u_e') = \sum a_{nb}(u_{nb}^* + u_{nb}') + b + [(p_P^* + p_P') - (p_E^* + p_E')]A_e \quad (3.125)$$

其中 u^*、v^* 是根据 p^* 从动量离散方程求解得到的,因此它们满足动量方程,即

$$a_e u_e^* = \sum a_{nb} u_{nb}^* + b + (p_P^* - p_E^*)A_e \quad (3.126)$$

式(3.125)与式(3.126)两式相减,得

$$a_e u_e' = \sum a_{nb} u_{nb}' + b + (p_P' - p_E')A_e \quad (3.127)$$

上式右边第一项为邻点速度修正值对该节点速度修正值的影响,第二项为相邻两节点间的压力修正值之差对该节点速度修正值的影响。忽略邻点速度修正值的影响,只考虑压力修正值的影响,得速度修正方程

$$a_e u_e' = (p_P' - p_E')A_e \quad (3.128)$$

即

$$u_e' = \frac{A_e}{a_e}(p_P' - p_E') = d_e(p_P' - p_E') \quad (3.129)$$

同理可得速度 v 的修正方程

$$v_n' = d_n(p_P' - p_N') \quad (3.130)$$

式中:$d_e = A_e/a_e$;$d_n = A_n/a_n$。

利用速度修正值来修正速度,即

$$u_e = u_e^* + d_e(p_P' - p_E') \quad (3.131)$$

$$v_n = v_n^* + d_n(p_P' - p_N') \quad (3.132)$$

修正后的速度场应能够满足连续性方程。首先对连续性方程在时间间隔 Δt 内对主控制容积作积分,得

$$\frac{\rho_P - \rho_P^0}{\Delta t}\Delta z r_P \Delta r + \left[(\rho u)_e - (\rho u)_w\right]r_P \Delta r + \left[(\rho v)_n r_n - (\rho v)_s r_s\right]\Delta z = 0 \quad (3.133)$$

将速度修正关系式代入式(3.133),得到压力修正值方程,即

$$a_P p' = a_E p_E' + a_W p_W' + a_N p_N' + a_S p_S' + b \quad (3.134)$$

式中

$$\begin{cases} a_E = \rho_e d_e r_P \Delta r \\ a_W = \rho_w d_w r_P \Delta r \\ a_N = \rho_n d_n r_n \Delta z \\ a_S = \rho_s d_s r_s \Delta z \\ a_P = a_E + a_W + a_N + a_S \end{cases} \quad (3.135)$$

$$b = \frac{\rho_P - \rho_P^0}{\Delta t}\Delta z r_P \Delta r + \left[(\rho u^*)_e - (\rho u^*)_w\right]r_P \Delta r + \left[(\rho v^*)_n r_n - (\rho v^*)_s r_s\right]\Delta z$$

$$(3.136)$$

b 的值代表了一个控制容积不满足连续性条件的剩余质量的大小,故可以用各控制容积剩余质量 b 的绝对值最大值以及各控制容积剩余质量 b 的代数和作为收敛判据,当这两个值都为很小的值时,就可以认为速度场迭代已经收敛。

采用 SIMPLE 算法求解 $N\text{-}S$ 方程的步骤如下:

(1)先假定一个速度分布,以此计算动量离散方程的系数和常数项;

(2)假定一个压力场;

(3)依次求解动量方程,得到速度场;

(4)求解压力修正值方程;

(5)根据压力修正值修正压力和速度;

(6)利用改进后的速度重新计算动量离散方程的系数,并用改进后的压力场作为下一层次迭代计算的初值。重复步骤(3)~(6),直到获得收敛的解。

在采用 SIMPLE 算法求解流场时,为防止迭代过程发散,一般对速度 u、v 及压力修正要进行亚松弛。不同的具体问题,松弛因子取值不一定相同,应根据具体情况进行适当调整。Patankar[71] 推荐的速度松弛因子为 0.5,压力松弛因子为 0.8。

基于上述 SIMPLE 算法、焓法形式的能量方程以及第三章空穴体积调整的算法,编制了考虑空穴变化和自然对流的 PCM 容器内换热过程的计算程序,其中 SIMPLE 算法的计算子程序框图见图 3.47,主程序框图见图 3.48。

利用本节计算程序完成了两个有关自然对流的算例(不涉及空穴),即方形空腔内空气的自然对流(参见附录 1)和矩形腔内金属镓的熔化实验(参见附录 2)的计算。计算结果与前人计算结果以及实验结果吻合很好,说明本书编制的模拟考虑自然对流的相变过程的模拟计算程序是可靠的,其精度可以得到保证。

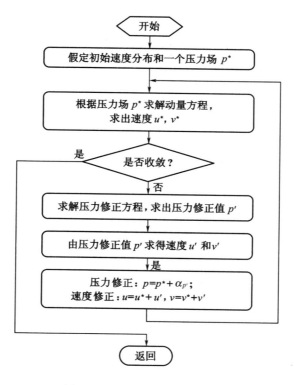

图 3.47 SIMPLE 算法程序框图

3.4.5 对重力条件下相变蓄热实验的模拟计算与结果比较

3.4.5.1 实验描述

Kerslake 的实验[53]共采用了 3 个圆柱套筒状环形 PCM 容器,串列套装在一空气导管上。PCM 容器和空气导管的材料均为 Haynes188 钴基合金。PCM 为 LiF-20CaF$_2$(摩尔百分比)。Kerslake 给出的 LiF-20CaF$_2$ 的物性数据以及 PCM 容器的具体尺寸列于表 3.3 中,未给出的 LiF-20CaF$_2$ 的其他物性参数可参考表 3.1 中的数据。

表 3.3 参考文献[53]实验中 PCM 容器的一些特性参数

PCM 容器及冷却空气导管材料	Haynes188
外径/外壁壁厚/cm	4.98/0.129
内径(冷却空气导管)/内壁壁厚(容器内壁厚度加冷却空气导管壁厚)/cm	2.07/0.261
长度/侧壁厚度/cm	2.43/0.091
PCM	LiF-20CaF$_2$
PCM 熔点/K	1042
PCM 相变潜热/(J/kg)	816000
PCM 质量/g	53
容器总质量/g	137

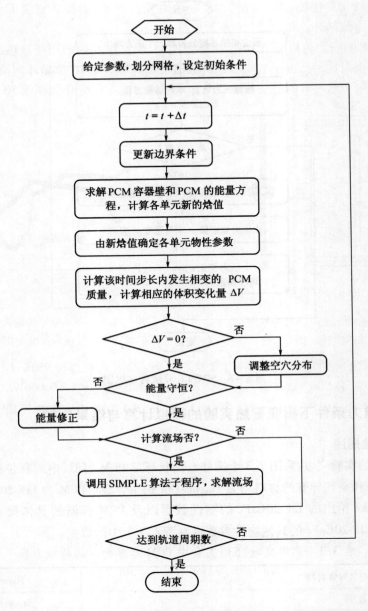

图 3.48　考虑空穴发展和自然对流的 PCM 容器换热过程计算主程序框图

　　PCM 容器与空气导管之间为间隙配合,两者之间存在厚度 0.002cm ～ 0.005cm 的空气夹层。实验段为长方形腔室,由数层金属屏蔽板实现绝热。采用 6 个 2kW 的石英灯辐射加热器加热 PCM 容器。空气经预热后在实验段的空气导管内流过,通过强迫对流冷却 PCM 容器。实验过程中,空气流量始终保持在 40.8kg/h。

　　实验模拟的轨道周期为 91.1min,其中日照期为 54.7min。实验设计了三种布置方式:① 底部加热;② 顶部加热;③ 侧面加热。侧面加热情况下的实验腔室布置示于图 3.49 中,其他两种布置方式只需将实验腔室沿顺时针或逆时针旋转 90° 即可。

循环实验从实验段温度稳定在922K一段时间后开始,实验共完成了900多个轨道周期的加热—冷却循环。

Kerslake对侧面加热情况第10个循环周期PCM容器B内的相变换热过程进行了数值计算。本书也对这种情况下的实验进行数值模拟计算。第10个循环周期内PCM容器B接受的按周向平均以后的外部热流及冷却空气进口温度的变化如图3.50所示。

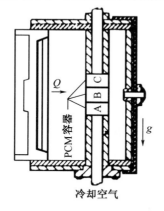

图3.49　文献[53]中侧面
加热实验装置布置图

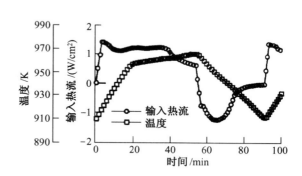

图3.50　PCM容器外壁平均输入热流
以及冷却空气进口温度变化

取冷却空气的定性温度为950K,由参考文献[59]的附录4,查得950K下空气的物性如下:密度$\rho = 0.3717 \text{kg/m}^3$,比热容$c_P = 1.130 \text{kJ/(kg·K)}$,热导率$k = 0.066 \text{W/(m·K)}$,动力黏度$\mu = 4.1175 \times 10^{-5} \text{kg/(m·s)}$,普朗特数$Pr = 0.704$。因为空气质量流量$\dot{m}$为40.8kg/h,则雷诺数$Re$可计算如下:

$$Re = \frac{\rho u d}{\mu} = \frac{\rho u \cdot \frac{\pi d^2}{4}}{\mu \frac{\pi d}{4}} = \frac{4\dot{m}}{\pi d \mu} = 16930.3 \tag{3.137}$$

由管内紊流强迫对流换热公式[59],可求得努谢塞尔数Nu,即

$$Nu = 0.023 Re^{0.8} Pr^{0.4} = 48.27 \tag{3.138}$$

故对流换热系数α为

$$\alpha = Nu \cdot k/d = 153.9 \text{W/(m·K)} \tag{3.139}$$

3.4.5.2　针对重力下高温固液相变蓄热实验的模拟计算

Kerslake[53]将计算截面划分为20×10的网格系统。计算中采用对流换热准则关系式考虑自然对流影响,但没有考虑PCM发生相变时的体积变化,即PCM容器内PCM体积和空穴体积均保持不变。

本书中计算截面的划分与Kerslake[53]相似,只是轴向划分较密,划分为20×42的网格系统。计算中考虑PCM和空穴的体积变化,并随着相变过程的进行调整空穴体积。在重力作用下,液态PCM流向容器的底部,空穴位于容器顶部。当PCM熔化时,PCM体积膨胀,液态 PCM 向上填充空穴,空穴体积缩小;凝固过程则与之相反。

计算中径向速度松弛因子取 0.01,轴向速度松弛因子取 0.95,压力松弛因子取 0.8,收敛判据为压力修正方程中各单元剩余质量的最大值小于 10^{-12},所有单元剩余质量的代数和小于 10^{-15}。采用显式求解能量方程,求解能量方程时速度取上一时刻的值。时间步长取为 0.005s。

流场计算并不从 PCM 开始熔化后即立即进行,而是在液态 PCM 占一定比例以后才开始。因为当 PCM 刚开始熔化时,液态区很小,难以形成自然对流。本书从液态 PCM 达到 PCM 总质量的约 10% 后开始求解流场。

3.4.5.3 计算结果与实验结果的比较分析

参考文献[53]给出了侧面加热情况下,对应于 PCM 容器轴向截面上的三个不同位置(见图 3.51)的温度的实验测量结果,其中每个位置沿周向相隔 90°各布置了 3 支热电偶。

计算采用的外部输入热流边界条件对实际热流分布进行了周向平均,所以计算值应在最大输入热流(正对加热面处)和最小输入热流(背对加热面处)两个极端位置的实测值之间。计算结果与实验结果的比较参见图 3.52。

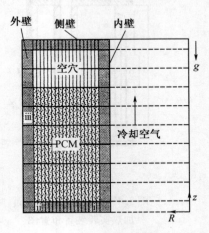

图 3.51 参考文献[53]中 PCM 容器网格划分与热电偶测温位置
i—单元(3,1); ii—单元(18,1);
iii—单元(20,6)。

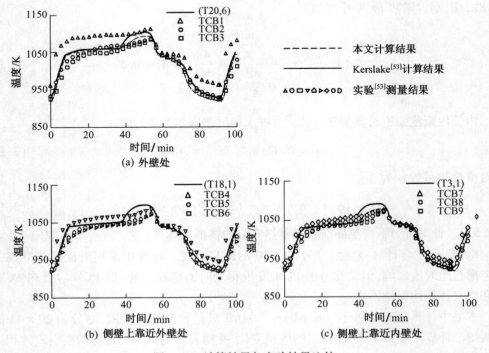

(a) 外壁处

(b) 侧壁上靠近外壁处

(c) 侧壁上靠近内壁处

图 3.52 计算结果与实验结果比较

由图 3.52 可知,本书计算结果(图中虚线)与实验结果(图中用散点表示)偏差不大,即计算结果基本处于相距 180°的两支热电偶——TCB1 与 TCB3、TCB4 与 TCB6、TCB7 与 TCB9 的测量值之间,其中前一个热电偶正对加热面,另一个热电偶位于加热面的相反方向。尤其是在图 3.28(c)中,即靠近内壁的侧壁处位置,计算结果与实验结果相差很小。不足之处是阴影期内计算得到的温度值稍许偏低,估计是计算所取的材料物性存在一定的差别。

图 3.53 为本书计算得到的循环第 15、20、30、40min 和 54.63min 时容器内液态 PCM 的速度矢量图。其中图(a)、(b)、(c)、(d)、(e)中最大速度分别为 0.001223m/s、0.003834m/s、0.003041m/s、0.002852m/s 和 0.003457m/s,均在 10^{-3}m/s 的量级。阴影期内由于液态 PCM 区温度梯度下降,自然对流很快消失。

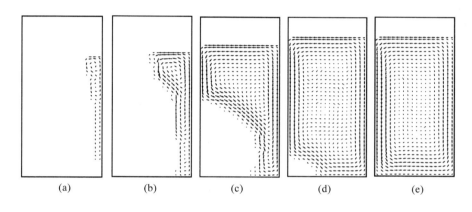

(a)　　　　　　(b)　　　　　　(c)　　　　　　(d)　　　　　　(e)

图 3.53　容器内液态 PCM 区速度矢量图

图 3.54(a)、(b)、(c)、(d)、(e)、(f)为本书计算得到的循环开始后第 15、20、30、40、54.63min 和 73min 时 PCM 容器等温线图(图中 0、1 分别代表容器壁的外表面和内表面),图中半径 R 方向与图 3.48 中 R 方向相反,即每个截面的右侧为外壁。地面重力环境下,由于 PCM 直接与容器外壁接触,在自然对流的作用下,靠近容器外壁的流体被加热后沿外壁上升,到达液态区顶部后向后冲击固液两相界面的上部位置,使得靠近顶部的固态 PCM 接受更多的热量,PCM 呈现出顶部熔化较快的趋势,等温线明显地向 PCM 顶部倾斜,熔化过程从容器上部向下推进。而空间微重力下 PCM 沿两侧壁向容器中部和内部熔化,熔化过程进行的方向明显不同。重力和空间微重力下 PCM 容器的温度分布也存在较大差异。空间微重力下容器外壁处温度偏高,内壁温度较低。而地面重力条件下由于存在自然对流,容器的温度分布发生了变化:容器的顶部温度较高,底部温度较低。

通过计算结果与实验结果的比较,表明本书关于流场的计算是成功的,编制的重力下同时考虑自然对流和空穴变化的计算程序是正确的、可靠的。

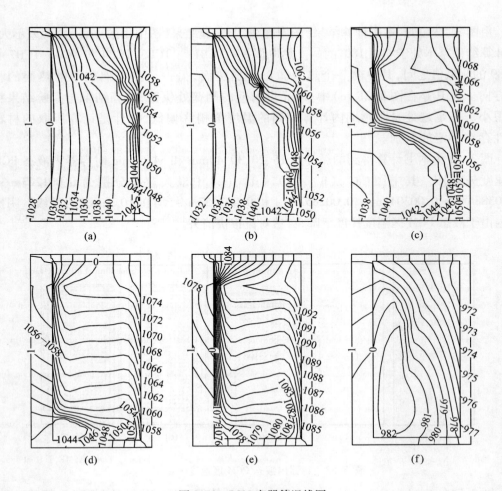

图 3.54　PCM 容器等温线图

参 考 文 献

[1]　田文华. 空间太阳能动力装置吸热—储热器. 空间技术情报研究,1992(上).

[2]　Kerslake T W. Multi-dimensional modeling of a thermal energy storage canisters. Master Thesis,N91 – 19177.

[3]　Kerslake T W,Ibrahim M B. Analysis of thermal energy storage material with change-of phase volumetric effects. Trans. ASME,Journal of Solar Energy Engineering,1993,115(2):22 – 31.

[4]　Kerslake T W,Ibrahim M B. Two-dimensional model of a space station freedom thermal energy storage canister. Trans. ASME,Journal of Solar Energy Engineering,1992,114(5):114 – 121.

[5]　Ahn Kyung Hu. Improved boundary layer heat transfer calculations near a stagnation point. N96 – 11508.

[6]　Wichner R P,Solomon A D,Drake J B,et al. Thermal analysis of heat storage canisters for a solar dynamic,space power system. ORNL-TM-10665.

[7]　Tong M T,Kerslake T W,Thompson R L. Structural assessment of a space station soalr dynamic heat receiver thermal energy storage canister. AIAA SDM Issues of the International Space Station,Williamsburg Virginia,April 21 – 22,1988, 162 – 172.

[8]　Carslaw H S,Jaeger J C. Conduction of heat in solids. 2nd editon. Clarendon Press,Oxford,1959.

[9] Crank John. Free and moving boundary problems. Clarendon Press, Oxford, 1984.

[10] 张寅平,孔祥东,胡汉平,等. 相变贮能——理论和应用. 合肥:中国科学技术大学出版社,1996.

[11] 埃克特 E R G,德雷克 R M. 传热与传质分析. 航青,译. 北京:科学出版社,1983.

[12] 钱壬章,俞昌铭,林文贵. 传热分析与计算. 北京:高等教育出版社,1984.

[13] 陈则韶. 求解凝固相变热传导问题的简便方法——热阻法. 中国科学技术大学学报,1991,21(3):69-76.

[14] 福迫尚一郎. 低温環境下における传热问题. 机械の研究,1989,41(1):63-68.

[15] 斋藤武雄. 移动境界问题における最近の进展と先端分野への応用. 日本机械学会志,1987,90(822):59-67.

[16] Rathmann C E. Phase changes in an infinite slab subject to transient heat flux. AIAA-81-1048.

[17] 陈明勇,张玉文,陈钟颀. 第三类边界条件下环形空腔内凝固问题的研究. 太阳能学报,1994,15(1):43-48.

[18] Voller V R. A heat-balance integral method based on an enthalpy formulation. Int. J. Heat Mass Transfer,1987,30(3):604-607.

[19] Shamsunder N, Sriniwasan R. A new similarity method for analysis of multi-dimensional solidification. Trans. ASME, J. Heat Transfer,1979,101(4):585-591.

[20] 宋又王. 用奇异摄动法解圆柱体的凝固问题. 工程热物理学报,1981,2(4):359-365.

[21] Westphal K O. Series soluton of freezing problem with the fixed surface radiating into a medium of arbitrary varying temperature. Int. J. Heat Mass Transfer,1967,10(2):195-205.

[22] Anastas Lazaridis. A Numerical Solution of the Multidimensional Solidification(or Melting) Problem. Int. J. Heat Mass Transfer,1970,13(9):1459-1477.

[23] Murray W D, Landis F. Numerical and machine solutions of transient heat conduction problems involving melting or freezing. Trans. ASME, J. Heat Transfer,1959,81(1):106-112.

[24] Gupta R S, Kumar D. Variable time methods for one-dimensional stefan problem with mixed boundary condition. Int. J. Heat Mass Transfer,1981,24(2):251-259.

[25] Landau H G. Heat conduction in a melting solid. Quarterly of Applied Mathematics,1950,8(1):81-94.

[26] Ho C J, Chen S. Numerical simulation of melting of ice around a horizontal cylinder. Int. J. Heat Mass Transfer,1986,29(9):1359-1368.

[27] Saitoh T. Numerical method for multidimensional freezing problems in arbitrary domains. Trans. ASME, J. Heat Transfer,1978,100(2):294-299.

[28] Gilmore S D, Guceri S I. Three-dimensional solidification, a numerical approach. Numerical Heat Transfer,1988:165-186.

[29] Yeoh G H, Behnia M, Davis G De Vahl, et al. A numerical study of three-dimensional natural convection during freezing of water. Int. J. for Numerical Methods in Engineering,1990,30(4):899-914.

[30] Crank J, Crowley A B. On an implicit scheme for the isotherm migragation method along orthogonal flow lines in two dimensions. Int. J. Heat Mass Transfer,1979,22(10):1331-1337.

[31] Salcudean M, Abdullah Z. On the numerical modeling of heat transfer during solidification processes. Int. J. Numer. Meth. Eng.,1988,25(2):445-473.

[32] Voller V R. An overview of numerical methods for solving phase change problems. In Advances in Numerical Heat Transfer: Volume 1, edited by Mikowycz W J, Sparrow E M. Taylor & Francis, Washington D. C.,1997.

[33] Comini G, Giudice S D, Lewis R W, and Zienkiewicz O C. Finite element solution of nonlinear heat conduction problems with special reference to phase change. Int. J. Numer. Meth. Eng.,1974,8(3):613-624.

[34] Bonacina C, Comini G, Fasano A, et al. Numerical solution of phase-change problems. Int. J. Heat Mass Transfer,1973,16(10):1825-1832.

[35] Bonacina C, Comini G. On the solution of the nonlinear heat conduction eqations by numerical methods. Int. J. Heat Mass Transfer,1973,16(3):581-589.

[36] Comini G, Giudice S D, Lewis R W, and Zienkiewicz O. C. Finite element solution of nonlinear heat conduction problems with special reference to phase change[J]. Int. J. Numer. Meth. Eng. 1974,8[3] 613-624.

[37] Pham Q T. A fast, unconditionally stable finite-difference scheme for heat conduction with phase change. Int. J. Heat

Mass Transfer,1985,28(11):2079 -2084.

[38] Pham Q T. The use of lumped capacitance in the finite-element solution of heat conduction problems with phase change. Int. J. Heat Mass Transfer,1986,29(2):285 -291.

[39] Comini G,Giudice S D,Saro O. A conservative algorithm for multidimensional conduction phase change. Int. J. Numer. Meth. Eng. ,1990,30(4):697 -709.

[40] Cao Y,Faghri A. A numerical analysis of phase -change problems including natural convection. Trans. ASME,J. Heat Transfer,1990,112(3):812 -816.

[41] Shamsundar N,Sparrow E M. Analysis of multidimensional conduction phase change via the enthalpy model. Trans. ASME,J. Heat Transfer,1975,(8):333 -340.

[42] Shamsundar N,Sparrow E M. Effect of density change on multidimensional conduction phase change. Trans. ASME,J. Heat Transfer,1976,(11):550 -557.

[43] Voller V R. Fast Implicit finite-difference method for the analysis of phase change problems. Numerical Heat Transfer, Part B,1990,17(2):155 -169.

[44] Zeng X,Xin M D. An implicit enthalpy solution for conduction control phase change problems of cylinders and spheres. AIAA -91 -4001.

[45] Cao Yiding,Faghri Amir,Chang Wonsoon. A numerical analysis of Stefan problems for generalized multi-dimensional phase-change structures using the enthalpy transforming model. Int. J. Heat Mass Transfer,1989,32(7):1289 -1298.

[46] Elliott C M,Ockendon J R. Weak and variatinl methods for moving boundary problems. Pitman Advanced Publishing Programs,Boston. London. Merborne,1982.

[47] 郭宽良,孔祥谦,陈善年. 计算传热学. 合肥:中国科学技术大学出版社,1988.

[48] 蒋大鹏. 空间太阳能动力装置吸热—储热器相变材料容腔的热分析计算. 北京:航天工业总公司501 设计部硕士学位论文,1991.

[49] 董克用. 高温固液相变蓄热容器的热分析. 北京:北京航空航天大学博士学位论文,1998.

[50] 温崇哲编. 热工及热应力基础. 北京:机械工业出版社,1982.

[51] Solomon A D,Wilson D G. A stefan-type problem with void formation and its explicit solution. ORNL -6277.

[52] Taylor M F,Bauer K E,Mceligot D M. Internal forced convection to low-prandtl-number gas mixtures. Int. J. Heat Mass Transfer,1988,31(1):13 -25.

[53] Kerslake T W. Experiments with phase change thermal energy storage canisters for space station freedom. NASA-TM-104427,see also 26th IECEC ,1991,248 -261.

[54] Namkoong David,Jacqmin D,Szaniszlo. Effect of microgravity on material undergoing melting and freezing-the TES experiment. AIAA 95 -0614.

[55] 范维澄,万跃鹏. 流动及燃烧的模型与计算. 合肥:中国科学技术大学出版社,1992.

[56] Thibault J. Comparison of nine three-dimensional numerical methods for the solution of the heat diffusion equation. Numerical Heat Transfer,1985,8(3):281 -298.

[57] Skarda J Raymond Lee,Namkoong David,Darling Douglas. Scaling analysis applied to the NORVEX code development and thermal energy flight experiment. AIAA -91 -1420.

[58] Darling Douglas,Namkoong David,Skarda J Raymond Lee. Modeling void growth and movement with phase change in thermal energy storage canister. AIAA -93 -2832.

[59] 杨世铭. 传热学. 北京:高等教育出版社,1989.

[60] Gadgil A,Gobin D. Analysis of two-dimensional melting in rectangular enclosures in presence of convection. Trans. -ASME,J. Heat Transfer,1984,106(1):12 -19.

[61] Bernard C,Gobin D,Zanoli A. Moving boundary problem:heat conduction in the solid phase of a phase-change material during melting driven by natural convection in the liquid. Int. J. Heat Mass Transfer,1986,29(11):1669 -1681.

[62] Beckermann C,Viskanta R. Effect of solid subcooling on natural convection melting of a pure metal. Trans. ASME,J. Heat Transfer,1989,111(2):416 -424.

[63] Voller V R,Cross M,Markatos. An enthalpy method for convection diffusion phase change. Int. J. Numer. Meth. Eng. ,

108

1987,24(1):271 –284.

[64] Voller V R, Prakash C. A fixed grid numerical modeling methodology for convection/diffusion mushy phase change problems. Int. J. Heat Mass Transfer,1987,30(8):1709 –1719.

[65] Brent A D, Voller V R, ReidK J. Enthalpy-porosity technique for modeling convection-diffusion phase change:application to the melting of a pure metal. Numerical Heat Transfer,1988,13(3):1709 –1719.

[66] Samarskii A A, Vabishchevich P N, Iliev O P, et al. Numerical simulation of convection/diffusion phase change problems—a review. Int. J. Heat Mass Transfer,1993,36(17):4095 –4106.

[67] Voller V R, Swaminathan C R, Thomas B G. Fixed grid techniques for phase change problems:a review. Int. J. Numer. Meth. Eng. ,1990,30(4):875 –898.

[68] Lacroix M, Voller V R. Finite difference solutions of solidification phase change problems:transformed versus fixed grids. Numerical Heat Transfer,Part B,1990,17(1):25 –41.

[69] Dantzig Jonathan A. Modelling liquid-solid phase changes with melt convection. Int. J. Numer. Meth. Eng. ,1989, 28(8):1769 –1785.

[70] 陶文铨. 数值传热学. 西安:西安交通大学出版社,1988.

[71] Patankar S V. 传热和流体流动的数值方法. 郭宽良,译. 合肥:安徽科学技术出版社,1984.

第四章　蓄热单元管的地面实验研究与热力学仿真

由于空间搭载实验费用昂贵,实施困难,因此高温相变蓄热研究的大部分实验需要在地面完成。为了验证空间太阳能吸热器蓄热单元管的蓄/放热性能,本章设计研制了采用 80.5LiF – 19.5CaF$_2$ 的 PCM 容器及蓄热单元管试件,建立了地面模拟实验台,完成了多个循环的 PCM 凝固/熔化实验,并针对蓄热单元管的地面实验系统建立仿真模型,进行了实验过程的数值仿真,将仿真结果与实验结果进行了对比分析。

4.1　相变蓄热容器的研制与实验研究

PCM 容器是空间站太阳能热动力发电系统吸热蓄热器的关键部件。吸热蓄热器的蓄/放热性能、运行的可靠性及寿命取决于这一核心部件的设计与制造是否可靠。在轨道的日照期,进入吸热器的高强度太阳热流首先加热 PCM 容器,熔化部分或全部相变材料吸收储存一定的热量,并通过 PCM 容器内壁加热循环工质气体。当进入轨道阴影期,液态 PCM 凝固释热,释放的热量继续加热工质气体,保证循环工质气体出口温度在整个轨道周期都能被加热到稳定的水平。可见 PCM 容器既是传热的媒介又是蓄热的载体,其研制对吸热蓄热器来说至关重要。

4.1.1　相变蓄热容器的设计制造

4.1.1.1　相变材料及容器材料的选择

在 PCM 容器研制中首先碰到的问题就是 PCM 及容器材料的确定。

氟盐的相变潜热高,而且氟盐及其共晶物可以通过改变成分比例来灵活调节相变温度,使其适合于太阳能热发电系统的工作温度,因此成为吸热器设计中普遍采用的 PCM。当前研究应用最广的是 LiF 和以 LiF 为主的 80.5LiF – 19.5CaF$_2$(物质的量百分比),一方面是因为其有合适的相变温度和高的相变潜热;另一方面是 LiF 和 CaF$_2$ 在氟盐中有最佳的化学安定性,与其他氟化物相比,具有较高的负的自由能,如表 4.1 所列,因此它们也是较稳定的化合物。早期的太阳能热发电系统出于可靠性考虑多采用相变温度较低的 80.5LiF – 19.5CaF$_2$,后期热发电系统的吸热器方案中大都采用相变温度更高的 LiF,因为较高的工作温度能提高系统的发电效率,而且 LiF 较高的相变潜热能够有效降低系统质量。

LiF 和 80.5LiF – 19.5CaF$_2$ 有两个明显的缺点,即热导率较低和凝固时体积收缩率较大(分别为 23% 和 21.6%),这两个缺点导致阴影期内相变材料凝固时在容器内形成空穴,造成日照期内出现"热斑"和"热松脱"现象,将导致容器破坏和变形,从而影响 PCM 容器的长期安稳运行。因此,容器在设计上需要采取措施予以重视解决。

表 4.1　一些氟化合物的自由能(1500℉[①])

化合物	自由能(kcal/g)	化合物	自由能(kcal/g)
CaF_2	-122	CoF_2	-60
LiF	-120	NiF_2	-59
CrF_2	-73	WF_2	-47
FeF_2	-66		

根据国外的研究现状,目前所见到的方案均采用氟盐 PCM,盐类 PCM 在高温下有极强的腐蚀性,因此容器材料必须采用耐蚀高温合金,大多着眼于铁基、镍基、钴基高温合金及难熔金属。如参考文献[1]中报道的 Inconel617、Haynes188、Haynes230 和 316SS 四种合金和 LiF – CaF_2 在 871℃下的 500 小时相容性实验结果表明,这些合金在真空无杂质情况下均有良好的抗腐蚀性。

附录 3 和附录 4 列出了部分可供选择的氟盐相变材料和容器材料,仅供参考。

4.1.1.2　蓄热容器的结构设计

本章 PCM 容器的结构设计参考了 Garrett 公司 20 世纪 80 年代自由号空间站 25kW 吸热蓄热器及 90 年代 2kW 热动力发电系统地面示范项目吸热蓄热器中的 PCM 容器设计,采用了独立的 PCM 容器设计。

该设计方案有如下优点:

(1)高的可靠性:由于采用了完全密封的大量小容器,少量容器的泄漏或损坏不会对整个循环工况有多大影响;

(2)充分间隔化:轴向尺寸仅 22.4mm 限制了空穴的纵向运动,防止了热松脱问题;

(3)良好的热耦合:容器两个侧壁可以起到加强热导的作用,较好的热耦合降低了"热斑"温度,同时也能改变空穴分布,以改善"热斑"形成的环境。

先后完成了厚壁和薄壁两种规格 PCM 容器的详细设计,结构尺寸分别如图 4.1 和图 4.2 所示。厚壁容器的内环外径和壁厚分别为 30mm 和 3mm,外环外径和壁厚分别为 56mm 和 3mm,上、下端盖厚度为 2.5mm,容器净高度 23mm,可充装 LiF – CaF_2 约 60g。薄

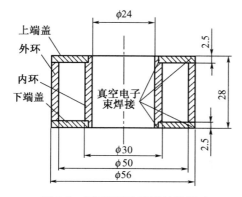

图 4.1　厚壁 PCM 容器结构尺寸

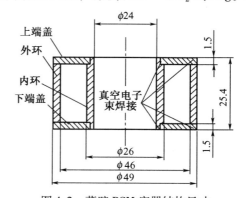

图 4.2　薄壁 PCM 容器结构尺寸

---

① ℉,华氏度。$\dfrac{t_F}{℉} = \dfrac{9}{5}\dfrac{T}{K} - 459.67$。

壁容器的内环外径和壁厚分别为 26mm 和 1mm,外环外径和壁厚分别为 49mm 和 1.5mm,上、下端盖厚度为 1.5mm,容器净高度 22.4mm,可充装 LiF – CaF$_2$ 约 50g。

根据两种 PCM 容器结构方案,先后完成了 70 套容器的加工制造。55 套厚壁容器采用了价格较低的铁镍基耐热合金 H861、H800、Incoloy800H 及 3Cr18Ni25Si2 作容器材料,其中内环均采用了 H861 管材制造,外环分别采用了 H800(6 套)、Incoloy 800H(31 套)及 3Cr18Ni25SiZ(18 套)棒材制造,上、下端盖与外环材质相同。H861 和 H800 为钢铁研究总院研制的专利材料。薄壁容器的内、外环及上下端盖采用了钴基超耐热合金 Haynes 188(国内牌号 GH188)。

表 4.2 为几种耐热合金材料的化学成分。Incolly 800H 和 3Cr18Ni25Si2 均为奥氏体钢,有良好的抗氧化性和工艺性能,无负荷时可耐受 1100℃,Incoloy 800H 钢具有良好的高温塑性,耐热冲击性也较高,适于热应力较大的场合。

表 4.2　几种容器材料的化学成分

钢　号	C	Ni	Cr	Co	Mo	W	Fe	Si	Mn	Al	S	Mn	B	La
3Cr18Ni25Si2	0.3	25.0	18.0				余	2.5	1.5					
Incoloy 800H	0.05	32.5	21.0				余	1.0	0.75	0.38	0.015			
Haynes 188	0.1	22.0	22.0	37.2		14.0	3.0	0.35	1.25				0.02	0.07
Inconel 617	0.07	52.7	22.0	12.5	9.0		1.5	0.5	0.5	1.2				
316SS	0.1	12.0	17.0		2.5		余							

4.1.1.3　容器的制造工艺

首先对容器材料在真空下进行固溶处理,一方面有利于机械冷加工,另一方面固溶处理后的合金强度较低而塑性很高,可减少焊接热裂纹的敏感性。然后按图 4.2 和图 4.3 所示的结构尺寸将内环、外环及上、下端盖四个零件加工好。一个完整的 PCM 容器的制造过程包括:① 开口容器的制备;② PCM 的熔敷和充装;③ 容器的焊接封装;④ 容器的检漏或焊缝检查。

零件的加工要点如下:

(1) 按零件图加工各零件;

(2) 将加工好的零件加热蒸洗(可用三氯乙烯),目的是除掉切削过程中残留在零件表面的油渍;

(3) 蒸洗后的零件放入氢气炉中在 1038℃ 下热处理,以减少零件表面的氧化物,热处理后的零件表面形成一层蓝黑色的薄层,这一薄层经元素分析发现存在一些合金成分中没有的元素,必须进一步进行表面处理;

(4) 对零件表面喷砂处理,然后抛光,直至成为纯净的合金表面;

(5) 抛光后的零件超声波扰动清洗,然后在真空加热炉中烘干;

(6) 从真空炉中取出零件后用细砂纸抛光处理,并用丙酮擦拭干净备用;

(7) 将内、外环与下端盖用真空电子束焊接成为开口容器;

(8) PCM 在液态下充装到开口容器内直至合适的质量,同时作除气处理;

(9) 容器的封装与焊缝检验。

4.1.1.4 PCM 的制备与充装工艺

PCM 采用 80.5LiF – 19.5CaF$_2$ 混合物其熔点为 1040K。其充装工艺要点为：

1. 相变物质的物理混合

将相变材料 LiF 和 CaF$_2$ 按质量百分比 57.83% 和 42.17% 配合成一定质量的混合物，经机械搅拌尽可能均匀，放入真空加热炉中加热除气并除水熔化形成共晶体。

2. PCM 的充装

准备 100ml 的 Al$_2$O$_3$ 陶瓷烧杯或高纯石墨坩锅若干，烧杯中 LiF – CaF$_2$ 共晶盐不少于 60g，将烧杯及开口容器放入炉内在氩气保护气雾下加热至 950℃，待混合物彻底熔化后迅速准确地灌入容器内，然后关掉电炉在炉内缓慢冷却。

熔敷过程中发现两个问题，凝固物质中易出现气孔，即空穴，观察发现空穴位于容器中与重力作用反方向所形成峰面的最高位置处，见图 4.3。另外容器中的混合物质具有极强的铺展性导致混合物凸出，甚至溢出。

图 4.3 空穴成形照片

PCM 的充装也可采用固态充装的办法，在每个容器端盖上焊装一个内径 ϕ3mm 的充装管，将 LiF – CaF$_2$ 共晶盐制成不大于 0.5mm 的颗粒，将颗粒从充装管灌入容器内，然后放入真空炉内熔化并冷却，取出后再注入颗粒，重复此过程直至加入的 PCM 质量合适，最后用真空电子束焊接将充装管密封好。

4.1.1.5 真空电子束焊接工艺

1. 高温合金焊接特性

高温合金焊接时遇到的对焊接质量影响最大的冶金缺陷是焊接接头热裂纹。热裂纹敏感性作为评价高温合金焊接性能的主要判据。热裂纹主要为焊缝金属凝固裂纹和液化裂纹及热影响区沿晶裂纹，在高温使用过程中，可能形成再热裂纹或应变时效裂纹。

高温合金的化学成分、组织结构、冶金质量、焊件的拘束度（含接头形式）、热处理状态、焊接工艺参数等因素都对焊接热裂纹的形成有较大的影响。

合金中存在冶金缺陷和冶金工艺不当，对其焊接质量有影响。一般采用真空冶炼的合金能避免焊接过程中形成低熔点的共晶偏聚于晶界，热裂纹敏感性较小。另外，合金的晶粒度和组织对焊接热裂纹敏感性也具有影响，晶粒度细小的合金敏感性较小。

焊接工艺技术要点：① 焊前彻底清除待焊接区域表面氧化物及其他污物，特别注意微量 Cu 污染会引起焊缝金属形成热裂纹；② 采用较低的焊接线能量工艺参数焊接。

2. 器件工序安排

完成器件的焊接工艺,其工序除了焊接工艺外,还包括焊前准备和焊后处理。工序技术要点如下:

焊前热处理→接头形式确定及机械加工→工装夹具的设计和机械加工→待焊零件表面处理→底盖定位焊→底盖与内环的焊接→底盖内环焊缝质量无损检测→底盖与外环焊接→底盖外环焊缝无损检测→(PCM 的充装)→开口容器和残余熔敷物的清理→顶盖定位焊→顶盖内环焊接→顶盖外环焊接→焊后清理和加工。

3. 焊前热处理

高温合金的焊前状态对焊接热裂纹敏感性有较大影响,固溶状态高温合金的热裂纹敏感性较小,冷轧状态最大。固溶处理后合金为软态,其强度相对低些而塑性较高,焊接应力和拘束度较小,故这种状态下焊接热裂纹敏感性小。为防止焊接热裂纹产生,需对零件采取真空条件下固溶处理,固溶温度:相变点附近;固溶时间:20min;真空度:2×10^{-3}Pa;冷却速度:≤30℃/min。

4. 焊接接头设计

零件原来拟采用的接头形式如图 4.4 所示,内环接头形式属于管板接头,焊缝直径小(ϕ26mm),圆形焊缝易出现裂纹,尤其是在未穿透焊的情况下。另一方面,焊接时电子束可达性不好,电子束需有小角度偏转,给保证好的焊接质量带来困难。对第一个实验件焊后用显微镜观察发现,在焊缝区沿焊接方向存在表面微裂纹,分析为焊缝凝固裂纹,这是由于小直径的管板接头焊缝金属凝固过程中受表面张力作用产生凝固裂纹。

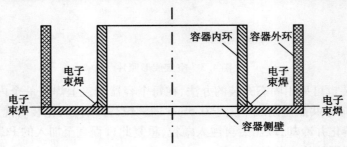

图 4.4   容器零件焊缝原接头形式

改进后的接头形式如图 4.5 所示,内环接头改成带台阶的嵌入配合接头,配合面高度差约 0.3mm,为常见的电子束焊接接头形式。

5. 开口容器的焊接

首先采用电子束三点定位进行容器内环的圆焊缝的定位焊,定位焊点长 10mm 左右,然后在工装夹持作用下,零件以垂直方向为轴旋转完成圆焊缝的焊接。焊接工艺参数:加速电压 60kV,束流 11mA,聚焦电流 595mA,焊接速度 18mm/s,工作真空度 2×10^{-4}Torr(1Torr = 133.322Pa)。完成内环焊接后,零件以水平方向为轴旋转完成外环焊缝焊接。焊接工艺参数:加速电压 60kV,束流 13mA,聚焦电流 618mA,焊接速度 18mm/s,工作真空度 2×10^{-4}Torr。

焊后对每一条焊缝先进行目测检验焊缝外观成形,然后在显微镜下观察其表面微裂纹。由于结构和尺寸的影响,采用超声波、X 射线、微焦点、涡流及荧光等方法均不能得出

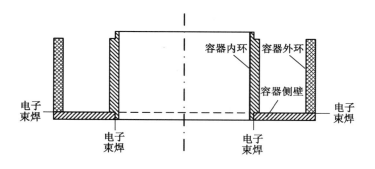

图 4.5 改进的容器零件接头形式

确切的判定。对在显微镜下发现微裂纹的个别焊缝施行钨极氩弧焊填 GH188 材料重熔修复。

6. 容器的封装

在完成 PCM 的熔敷填充后,由于 LiF – CaF$_2$ 良好的浸润性,需对熔敷后的开口容器的待焊接区域进行表面清理,主要是采用机械加工和手工打磨处理。

清洁后的开口容器与顶盖首先需要定位焊,采用展开真空电子束焊对外环进行定位。定位后同底盖焊接时的电子束工艺参数完成顶盖与内、外环的焊接。焊缝质量的初检同上。图 4.6 所示为封装完成的 PCM 容器照片。

图 4.6 封装完成的 PCM 容器

4.1.1.5 容器检漏工艺

容器的检漏可用显微镜观察、着色检查法及显微 X 射线照相三种检测手段配合进行。

焊接过程中,每焊完一道通焊缝及时用显微镜观察检验是否有微裂纹,如有重新进行电子束焊。

对封装完成的 PCM 容器进行着色法检查,发现有缺陷应打磨后施行钨极氩弧焊填 GH188 重熔修复。全部焊完后再用显微 X 射线照相检验焊缝形貌如穿透深度等。

油渗着色检查法是检查合金钢焊缝表面微小缺陷最有效的方法,它主要是使用颜料加油作渗透剂,以能吸附油质而挥发性较强的火棉胶、丙酮等作为显色剂,其灵敏度很高,肉眼看不见的晶界显微裂纹都可以检查出来,并且使用方便。表4.3所列为油渗着色配方表。

表4.3 油渗着色的配方表

渗透剂		显色剂	
名称	数量	名称	数量
煤油	800ml	苯	200ml
变压器油	150ml	火棉胶	700ml
松节油	50ml	丙酮	300ml
苏丹红	10g~15g	纯氧化锌	70g

其操作方法为,首先清理待检查表面至发出金属光泽程度,用毛刷涂上渗透剂,2min~3min后,用干净布认真仔细地将渗透剂擦干净,涂显色剂,只待片刻,显色剂即干燥。如有缺陷,即可在白色底上显出红色条纹或斑点。检查完后,用丙酮彻底清洗检查表面。

4.1.2 PCM熔化—凝固特性及物性测量实验

通过实验测试80.5LiF – 19.5CaF$_2$的熔化/凝固特性,测出开始熔化温度、终了熔化温度及熔化潜热等物性参数,从而证实PCM相变区的存在,测得的物性数据与NASA提供资料的原始数据相比较,分析实验结果并提出改进意见。

实验分为熔化实验和凝固实验两部分,由北京航空航天大学与北京工业大学共同完成。

4.1.2.1 实验设备

实验采用的实验件为4.1.1节所述的PCM容器共计18套,实验采用的设备仪器包括:

(1)多功能数据采集仪1台,配计算机数据处理软件。

(2)单相加热电炉1台,配自动温度控制器,采用铂铑—铂热电偶(二级精度)的毫伏值作为温度信号输入。

(3)已校验镍铬—镍铝、铜—康铜热电偶数支,直流电位差计1台。

(4)冰筒两套,每套分内、外两只铁质筒,其中第1套冰筒外筒重298.5g,内筒重154.3g,第2套冰筒外筒重305g,内筒重151.7g。两套冰筒尺寸相同,其中外筒高220mm,内径92mm,内筒高140mm,内径66mm。

4.1.2.2 实验原理及步骤

1. 熔化实验

计算PCM容器显热升温过程所蓄热量。先将容器加热到几个不同温度,让其冷却,测量其放热量并比较大小,如果两个温度下的放热量之差远大于同等温差下的显热值,则可视其中一个温度点处于熔融相变区内。如此确定PCM的开始熔化温度T_s和熔化结束温度T_e,并分别记录T_s和T_e温度时冰/水的热电动势计算得到的熔化开始和结束温度点的放热量H_s和H_e,则相变潜热值为

$$H_m = [(H_e - H_s) - C_m M_1 (T_e - T_s)]/M_2 \qquad (4.1)$$

如容器内PCM有泄漏,设泄漏量为ΔM,则计算如下:

$$H_m = [(H_e - H_s) - C_m M_1 (T_e - T_s)]/(M_2 - \Delta M) \qquad (4.2)$$

实验步骤如下：

（1）内筒置于外筒中，将水加在两筒间的环形区域，然后置于 -18℃的冷冻室；

（2）将容器置于电炉中加热至一定温度，用温控器保持恒温稳定 1h；

（3）将冰筒从冷冻室取出，放入口径 104mm 的冰瓶，良好绝热，稳定一段时间后，测冰温的毫伏值；

（4）将被加热的容器取出放入冰筒，密闭保温；

（5）待冰全部熔化稳定后，测量水的毫伏值；

（6）通过程序计算相应温度的发热量和平均比热容。

2. 凝固实验

加热容器使全部相变工质完全熔化并有一定的过热度，然后在空气中自然冷却或炉内保温冷却，使相变材料冷凝。当工质开始冷凝时，内部工质处于两相区，工质降温速度变慢，其对应容器外表面温度变化趋势也明显减慢，通过测量外表面温度变化，可以看出相变段的温差。

实验步骤如下：

（1）将镍铬—镍铝热电偶铜焊于容器外表面，输出端接多功能数据采集仪；

（2）在加热炉中将容器加热到约 820℃，保温一段时间使相变材料全部熔化；

（3）断开电炉电源，在炉内保温冷却或放置在炉外空气中让其自然冷却，同时按下数据采集键，测量容器外表面温度变化，结果输入计算机自行处理。

4.1.2.3 实验数据与结果分析

1. 熔化实验

实验结果显示，容器加热到 767℃后所放热量与最大显热结果值基本相同，而加热温度高于此温度时，放热量即有大幅度增加，因此熔化初温可取作 767℃。当加热温度到 792℃时，所释放热量基本不再增加，认为终了熔化温度为 792℃，即认为相变区温度在 767℃ ~ 792℃。

由于实验过程中，PCM 泄漏问题较为严重，因此部分容器在熔化实验中测得的相变潜热值相差较大，忽略其实验数据。其中 8 个容器未发生 PCM 泄露，测得的相变潜热值与参考数据相符，计算其平均潜热值为 729KJ/kg，比 NASA 公布的数据 790KJ/kg 低 7.7%。

分析 PCM 泄漏的原因主要有两方面：① 真空度低，工质熔化后体积膨胀，造成容器内部压力升高；② 焊接质量问题。因此，容器的真空度、PCM 的除氧、除水和除杂质以及焊接质量都有待改进，以提高运行稳定性和可靠性。

2. 凝固实验

图 4.7、图 4.8 所示分别为容器在炉内和炉外的冷却曲线。从数据曲线可以看出，相变温度区是明显存在的。容器外表面温度变化曲线反应了凝固过程中的分段现象，即液态冷却、相变、固态冷却三个阶段。因冷却条件不同，具体数值有一定差异。PCM 相变温度为 792℃ ~ 767℃，不随冷却条件变化，炉内冷却时，外壁面温度变化范围 765℃ ~ 745℃。炉外冷却时，换热速度增强，外表面与工质温差加大，壁温降低，从 750℃ ~ 734℃。

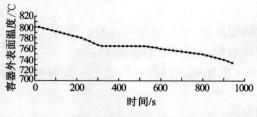

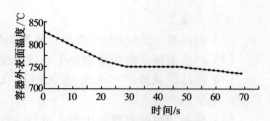

图4.7　PCM容器炉内自然冷却曲线　　　　图4.8　PCM容器炉外自然冷却曲线

4.1.3　PCM容器热循环和相容性实验

实验旨在检验重力条件下PCM容器在不同布置方式下PCM凝固后形成的空穴位置,以及在多个熔化－凝固循环后检查PCM容器是否发生破坏、泄漏或被腐蚀。最后用扫描电子显微镜(Scanning Electron Microscope, SEM)分析检查被腐蚀的容器断面。

4.1.3.1　实验装置和方法

实验对象为4.1.1节所述封装检测完成的所有PCM容器。利用多功能旋转加热炉对单个容器进行热循环试、相容性实验以及不同布置方式下容器内空穴分布观察实验。测试内容和方法要点如下:

1. PCM容器的热态质量验收

所有封装完成并经焊缝检验合格的容器都在538℃~843℃间进行10次熔化/凝固循环(加热54.7min,冷却36.3min),然后逐一检查是否合格。首先目测容器外观,看是否有凸起、白色、暗黄或绿色的痕迹,如发现上述现象,可直接判断容器已发生泄漏和腐蚀,如未发现外观异常,再称质量,要轻拿轻放,如有氧化皮跌落要收集起来一同称量,通过观察质量是否有明显变化,来判断内部的相变物质是否泄漏,最后用砂布打磨干净焊缝处,用着色法抽检部分容器的焊缝质量。因经受了冷/热交替的热应力变化,有可能产生热裂纹。从检验后的容器中抽检几个容器剖开观察PCM凝固后的形态、空穴的分布、相变材料的颜色变化及PCM与容器接触表面的形貌等。

2. 长期热循环耐久性实验

有四个容器在538℃~843℃间进行了200个热循环测试(1998年2月~6月),其中两个水平放置,两个竖直放置;每个循环周期为105min。

3. 相容性实验

完整的相容性实验内容应包括容器和PCM接触表面的光学显微镜金相分析、能谱X射线(EDAX)分析、拉伸实验及扫描电镜检查。限于实验条件,仅对实验样品的断面进行了扫描电镜检查。

4.1.3.2　实验结果分析

在10次熔化/凝固循环的质量验收中,用Incoloy 800H制造的31套PCM容器合格率较高,仅有3个容器有问题,约占10%。PCM容器剖开后发现容器内的PCM略显暗黄色,其凝固后的形态不尽相同,一种是环缝中央凹陷成"沟状",两侧面一直爬升到内、外环与端盖焊缝处;另一种为环缝中央凸起,在凸起的驼峰状薄壳下面是中空的空穴。由于重力影响,水平和竖直放置情况下的空穴都出现在容器的顶部。图4.9所示是经多个热

图 4 – 9　多个热循环后的 PCM 容器

循环后的 PCM 容器外观,由于在空气加热炉中加热,表面有一定的氧化。

　　4 个 PCM 容器全部置于空气加热炉内进行了 200 个循环的 300 多小时的长期测试,其中两个腐蚀严重,显然是 PCM 泄漏造成的,如图 4.10 所示。

图 4.10　被腐蚀 PCM 容器碎片

　　对被腐蚀的容器碎片断面用 SEM 进行了定量元素分析并拍了形貌照片。表 4.8 是容器外环材料 3Cr18Ni25Si2 的定量分析。表 4.9 是容器内环材料 H861 的元素分析结果。

　　检测数据表明,材料腐蚀相当严重,内环和外环空气侧铁和氧的比例分别达到 98.39% 和 72.14%,大部分几乎都发生了氧化,Cr、Ni 等合金成分几乎都与 PCM 发生了反应,内环和外环 PCM 侧的数据显示 Cr 和 Ni 的比例与原始材料中差不多,但氧仍占据了一定的比例,说明仍发生了腐蚀,但较空气侧表面要轻一些。究其原因主要是焊缝发生泄漏后,PCM 泄漏到容器内、外环的空气侧表面,而容器内部与 PCM 接触的表面由于密封在内,只有少量的氧气、水分等杂质,因而腐蚀相对要轻一些。

表 4.8　容器外环(3Cr18Ni25SiZ)材料的 SEM 定量分析

元　素	成　分/%	
	腐蚀严重侧(空气侧)	腐蚀较轻侧(PCM 侧)
O	38.27	21.05
Na	1.32	0.34
Al	6.65	0.03
Si	13.82	0.10
Ti	0.18	0.00
Cr	2.75	30.04
Mn	2.95	0.55
Fe	32.87	16.35
Ni	1.19	31.54

表 4.9　容器内环(H861)材料的 SEM 定量分析

元　素	成　分/%	
	腐蚀严重侧(空气侧)	腐蚀较轻侧(PCM 侧)
O	22.67	26.14
Al	0.26	0.00
Ti	0.69	0.00
Cr	0.21	20.50
Mn	0.45	0.00
Fe	75.72	28.00
Ni	0.00	25.37

4.1.3.4　腐蚀机理

一般认为氟盐的腐蚀是氟化物与容器材料元素之间发生的化学反应,反应方向和反应速度由氟盐相对的热力学稳定性所决定,具有负的最高自由能的化合物具有最好的化学稳定性,由 4.1 节中表 4.1 所列出的金属氟化物自由能数据表明,LiF 和 CaF_2 比其他任何氟盐都稳定,由于 CaF_2 具有比 LiF 更高的自由能,因此下面的分析按 PCM 为 LiF 进行。

如果 PCM 中无任何杂质(不含水分),且 PCM 容器的封装是在绝对真空或惰性气体保护下进行的,即认为 PCM 容器内为绝对真空或只有少量的惰性气体,在这样的理想条件下,金属元素 Me(Me = Fe, Ni, Co, Cr, Al)和难熔金属 Md(Md = Nb, Mo, W)与碱金属氟化物(LiF)熔融体在 1100K ~ 1400K 下的反应方程式为

$$X\text{Me(固)} + Y\text{LiF(液)} = \text{Me}_x\text{F}_y\text{(液)} + Y\text{Li(液)} \tag{4.3}$$

$$X\text{Md(固)} + Y\text{LiF(液)} = \text{Md}_x\text{F}_y\text{(液)} + Y\text{Li(液)} \tag{4.4}$$

据 NASA Lewic Research Center 的 Misra 和 Whittenberger 作的化学反应平衡计算[2]在 1000K ~ 1400K 温度下,相变材料容器内充装 1mol 的 PCM 时,经计算,Ni、Co、Fe 和 Cr 四种元素的氟化物在 LiF 熔融液中的浓度非常低,小于 1mol ppm,Al 氟化物为 41mol ppm,因此可以认为含 Ni、Co、Fe、Cr 元素的合金是耐蚀的。难熔金属 Nb、Mo、W 的氟化物浓度更低,小于 0.1mol ppm。几种金属元素的抗腐蚀性能从高到低依次为:难熔金属、Ni、Co、Fe、Cr、Al。

如果 PCM 中含杂质(氧气和水分)特别是含水分时(事实证明氟化物中的水分较难除尽),LiF 将会和水蒸气反应生成 HF 气体,即

$$LiF(液) + H_2O(气) = LiOH(液) + HF(气) \tag{4.5}$$

$$2LiF(液) + H_2O(气) = Li_2O(液) + 2HF(气) \tag{4.6}$$

一部分 HF 气体溶入 LiF 液体中：

$$HF(气) = HF(液) \tag{4.7}$$

这部分 HF 将与金属容器材料发生反应,导致严重的腐蚀问题,同时产生的氢气(H_2)连同水蒸气、HF 气体、氧气和 LiF 蒸气将在容器内产生较高的内压力,有

$$XMe + YHF = Me_xF_y + \frac{Y}{2}H_2 \tag{4.8}$$

未溶入 LiF 熔液中的 HF 在湿气中分解产生质子酸,质子酸和合金元素反应生成金属氧化物、氢化物和氟化物。

此外,由于氧气的存在,还会发生如下反应而生成金属氟化物,即

$$\frac{1}{2}O_2 + 2LiF + Me^{+n} \rightarrow Li_2O + MeF_n \tag{4.9}$$

由于水蒸气和氧气的存在导致的这两种化学反应会对容器材料产生严重的腐蚀,生成的金属氟化物能够进一步反应形成金属氧化物,容器材料不断被腐蚀,不断被氧化,又不断被腐蚀。

从上述腐蚀机理可以看出,PCM 的除气(除氧、除水)和容器焊接封装的真空度及焊缝质量对容器的使用寿命起到了至关重要的根本作用。另外容器材料的选择也是重要的一环,按金属元素的抗腐蚀能力依次为难熔金属 Nb(铌)、Mo(钼)、W(钨)最强,其次为 Ni(镍)、Co(钴)、Fe(铁)、Cr(铬)、Al(铝)。波音宇航电子公司(BA&E)的 Cotton 等人[1]的相容性实验及 NASA/GE 11kW 实验[3]均证实了这样的结果。容器材料 Nb－1Zr、Inconel 617 及 Haynes 188 均有优异的抗蚀性能。

4.2 蓄热单元管蓄热性能地面模拟实验

为了验证蓄热单元管的蓄/放热性能,研究蓄热单元管的热平衡状态以及热发电系统的运行参数对于蓄/放热性能的影响,本节利用 4.1 节设计制造的 PCM 容器设计加工了蓄热单元管实验件,完成了相关的地面模拟实验。

4.2.1 实验系统设计

4.2.1.1 实验试样

根据蓄热单元管地面模拟实验的需求进行了蓄热单元管试件的设计加工,蓄热单元管由循环工质换热管和若干个 PCM 容器组成,PCM 容器套装并焊接在循环工质换热管外,PCM 容器通过换热管与其内部的循环工质进行热交换,实现 PCM 周期性的蓄/放热。

针对 4.1 节所述的两种不同规格的 PCM 容器,进行了两种蓄热单元管方案的设计,分别称为蓄热单元管试件 1 与试件 2,其主要设计参数如表 4.10 所列。

表 4.10 蓄热单元管样件设计参数

项　　目	方案 1	方案 2
PCM 容器		
容器数量/个	31	12
容器外径×壁厚/mm	$\phi 56 \times 3$	$\phi 49 \times 1.5$
容器内径×壁厚/mm	$\phi 30 \times 3$	$\phi 26 \times 1$
容器高度/mm	28	25.4
容器材料	Incoloy 800H	Haynes 188
工质导管		
导管外径×壁厚/mm	$\phi 25 \times 2.5$	$\phi 24 \times 2$
导管材料	H861	Haynes 188
蓄热单元管		
有效长度/m	0.92	0.32
总长度/m	1.5	0.6
LiF – CaF$_2$ 质量/g	1860	601.3
潜热储热量/J	1.469×10^6	4.75×10^5

蓄热单元管试件加工时,先将工质导管作必要的机械加工,使导管外径尺寸和 PCM 容器的内径相配合,工质导管外表面抠出钎剂润湿槽,焊前对零件采用超声波去油去污处理,装配时相邻 PCM 容器间留 1mm 间距,以防止热应力太大。钎料尽可能填满工质导管与容器之间的间隙,在 1100℃ 的真空条件下钎焊,钎焊完后,在相邻 PCM 容器缠绕 SiC 陶纤绳填料,图 4.11 为蓄热单元管试件 2 的实物照片。

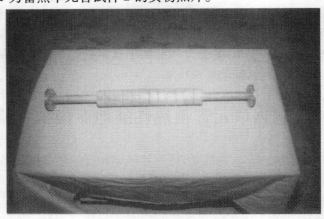

图 4.11 蓄热单元管试件 2 照片

4.2.1.2 实验系统

从研究的目的和现有条件出发,实验系统设计的具体要求如下:

(1) 实验系统应该尽可能模拟吸热储热器工作的低地轨道环境,如真空、日照期太阳热流及阴影期冷黑环境,因此需要有真空系统、太阳热流模拟器及液氮冷却系统。

(2) 应满足吸热储热器的入口条件,如入口压力、入口温度等,因此需要有中压气源、空气预热装置。

(3) 由于吸热储热器温度在整个轨道周期内为瞬态,随时间不断变化,所以需要一套连续自动数据采集及处理器。

（4）要求测量 PCM 容器各处壁温、循环工质的流量及进、出口温度。

根据以上要求，本实验系统由以下几部分组成：真空系统（包括真空实验舱）；气源及供气系统；空气预热器；太阳模拟加热炉与实验样件组成的实验单元；流量、压力、温度测量与数据采集系统及空气排放冷却系统。图 4.12 为实验台系统流程图。

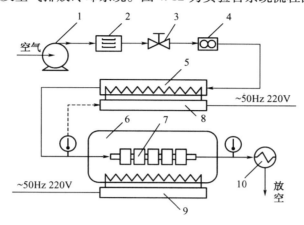

图 4.12　蓄热单元管换热实验系统流程图

1—气泵；2—干燥过滤器；3—手动调节阀；4—流量计；5—空气预热器；
6—太阳模拟加热炉；7—蓄热单元管试件；8,9—调功器；10—空气换热器。

1. 真空系统

真空系统由机械泵、真空阀、管路及真空舱几部分组成。由于设备条件限制，真空实验舱的最大真空度为 750mmHg（1mmHg = 133.322Pa），相当于海拔 30km 高度。真空实验舱长 2.5m，直径 2m。

2. 气源及供气系统

气源及供气系统由 2 台 0.7MPa、6N·m³/min 的压气机、干燥过滤器、稳压罐、管路系统、调节阀、孔板流量计组成。可满足实验段入口压力 0.35MPa ~ 0.55MPa，流量不超过 1kg/min 的要求。干燥过滤器滤除空气中的灰尘、水、油脂等杂物，以减少对管路的侵蚀。稳压罐保证系统的压力、流量平稳，保证实验精度。

3. 空气预热器

空气预热器用来加热空气使之达到吸热储热器入口温度 800K 左右的要求，采用硅碳棒电加热器，加热功率 6.5kW，并配有 1 台控温调功器，保证在不同状态下进入实验段的入口空气温度恒定。

4. 太阳热流模拟器（实验单元）

针对蓄热单元管试件 1 和试件 2 分别设计加工了两台电加热炉来模拟日照期入射太阳热流分布。对试件 1，用 1 台三段式真空电阻加热炉模拟入射太阳热流，加热器设计为顶部单面加热形式，最高使用温度 1200℃，均温区尺寸 1.4m，分三段不同的加热热流加热，恒温自动控制，炉膛采用"马弗胆"式结构，为方形单面加热，其余三面采用三层耐热合金薄板隔热屏设计，加热功率 7kW。对试件 2，采用 1 台小型多功能旋转电加热炉，最高使用温度 1075℃～1150℃,炉管内径 ϕ70mm,均温区长度 400mm,炉内真空度 1.0×10^{-6}Torr,加热功率 2.75kW,恒温自动控制。

太阳模拟器是进行实验的主要部件。太阳光照的分段热流分布参照 NASA 公布的 SSF 25kW 吸热储热器典型入射热流分布,具体见表 4.11[1]。

表 4.11　典型的太阳入射热流分布

距焦平面距离 /m	单元管长度 /m	入射热流 /(W/m²)	每 0.3m 长单元管接受平均热流 /(W/m²)
0	—	0	—
0.3	0	2	—
0.6	0.3	1480	7880(0～0.3m)
0.9	0.6	20488	17336(0.3m～0.6m)
1.2	0.9	21434	21748(0.6m～0.9m)
1.5	1.2	18912	20488(0.9m～1.2m)
1.8	1.5	15130	17000(1.2m～1.5m)
2.1	1.8	9456	12292(1.5m～1.8m)
2.4	2.1	5043	7249(1.8m～2.1m)
2.7	2.4	2206	3782(2.1m～2.4m)

5. 热空气排气冷却器

实验单元排出的空气温度较高(600℃～700℃),需进行降温后才能排入大气,同时降至常温也方便在排气口进行工质气体的流量、压力、温度测量。考虑到实验单元排气流量小、温度高,设计了 1 台小尺寸水冷换热器进行工质气体冷却。

6. 测控系统

实验中需要测量的温度参数包括工质进口、出口温度、PCM 容器的壁温、排气口气温、空气预热器出口温度以及太阳模拟加热炉炉温。其中太阳模拟加热炉炉温用 1 支铂铑—铂热电偶监测。由于工质温度高,同时考虑到安装时测量管座的密封问题,工质进、出口温度采用 2 支铠装 NiCr – NiSi 热电偶测量,以中心轴线处温度作为工质进、出口截面平均温度。在每个 PCM 容器的 0° 和 180° 位置即正上方和正下方同一位置处各布置 1 支热电偶,热电偶为 NiCr – NiSiK 型热电偶,经过标定后,采用氩弧焊焊接在壁面上,用瓷套管和四氟管绝缘,所有热电偶都接到自动数字采集箱的管座接口上。排气口采用 1 支带数显的铜—康铜热偶单独测量读取。空气预热器出口温度用 1 支铠装 NiCr – NiSi 热电偶测量并接多路数字直读式温度表直接读取。

工质气体的流量用标准量程为 10Nm³/h～100Nm³/h(空气),精度等级 1.5 的玻璃转子流量计测量。其工作压力为 0.6MPa,工作温度为 273K～393K,流量计示值与真实值的修正公式为

$$G_{\mathrm{s}} \approx 0.0648 Q_{\mathrm{N}} \cdot \sqrt{\frac{P_{\mathrm{s}}}{T_{\mathrm{s}}}} (\mathrm{kg/h}) \tag{4.9}$$

式中　Q_{N}——流量计读数(Nm³/h);

　　　T_{s}——被测气体的当地温度(K);

　　　P_{s}——被测气体的当地压力(Pa);

　　　G_{s}——被测气体实际质量流量(kg/h)。

实验段进、出口处的压力均用高精度压力表测量,量程为 1.6MPa,精度等级 1.5。

4.2.2 实验方案设计

4.2.2.1 实验初始参数

实验设计的初始参数如下：

- 工质质量流量 0.29kg/min ~ 0.55kg/min；
- 工质入口温度 727K ~ 832K；
- 模拟太阳热流值 2000W/m² ~ 38000W/m²；
- 实验段气体最大压降 2%；
- 模拟轨道周期 91(54.7)min ~ 93(66)min，其中括号内为日照期时间。

4.2.2.2 实验内容

实验方案包括热平衡稳态实验、定参数多轨道稳态运行模式实验和变参数单轨道运行实验三部分内容。通过热平衡稳态实验主要确定实验单元的漏热量，然后将不同的气体工质流量、不同的气体工质入口温度及不同的太阳热流模拟炉输入功率三种参数进行了组合，作为每个实验状态的设定参数，且该参数组合在一个或多个轨道周期内恒定，测试该状态下的单元管的蓄热性能。

1998 年 10 月对蓄热单元管试件 1，即由 31 个容器组成的长 1.5m 的蓄热单元管在单面加热炉中进行实验，但进行了一段时间后，由于其中有 3 个 PCM 容器发生泄漏，泄漏的相变材料腐蚀了单面加热炉的加热体，电炉出现故障，被迫中止实验。然后取其中 10 个完好容器加工成一段 0.5m 长的单元管在旋转加热炉中于 1998 年 12 月完成了共 10 种组合实验状态的测试。2001 年 8 月对用 12 套 Haynes 188 材质的高可靠性 PCM 容器制造的蓄热单元管样件 2 在多功能旋转加热炉内进行了 25 种不同参数组合实验状态下的轨道循环实验。本章主要讨论实验样件 2 的性能测试[4]。

实验时一个比较困难的问题是实验初始状态的切入。一种是冷启动，这与吸热器在空间的实际运行情况比较相符，从常温工质开始启动并逐步循环，但进入实验要求的正规热工况需要较长的时间，真空泵、压气机和电炉将需要连续工作几十小时，容易出现故障。考虑到实验可行性和可靠性，采取第二种热启动办法来进入正式的实验状态，具体步骤如下所述。

首先开启气源，吹扫系统管路，然后开启真空泵对实验舱抽真空，开启空气预热电炉及太阳模拟炉及其配带的自动温控仪，同时开启测控系统控制计算机，打开软件进入实验状态，采集并监视流量/压力/温度诸信号值。启动时，先提供约 0.1kg/min 的少量工质气体，将太阳模拟炉调至实验状态要求功率，直至将单元管上 PCM 容器的最高壁温加热到 1056K 时，此时将工质气体的流量调节到实验状态的设定值（0.29kg/min ~ 0.55kg/min 内某个值），与此同时调节空气预热炉功率将工质入口温度迅速加热稳定到 727K ~ 832K 间所要求的设定值，初始参数全部稳定后，将测控系统数据处理软件的自动采集时间间隔设定为 3min，此时正式进入实验状态，按轨道周期时间自动录取数据，完成一个或多个轨道的测试。

4.2.3 实验结果分析

4.2.3.1 稳态热平衡实验

稳态热平衡实验的主要目的是测定实验单元的绝热损失或称漏热量。漏热量和

125

PCM 容器的壁温相关,随壁温的升高漏热量增加。如图 4.13 所示是漏热量随 PCM 容器壁温变化曲线,其中 PCM 容器壁温为 12 个 PCM 容器上 24 支热电偶的平均值,漏热量为 PCM 容器壁温稳定后电炉所提供的功率。

本实验共做了 656℃、715℃、762℃、820℃、902℃下 5 个平均壁面温度下的热平衡测试,其中 656℃、715℃ 及 762℃ 均低于 PCM 盐的熔化点,每个温度点达到热平衡大约需 4h ~ 5h 左右。在进行 820℃ 和 902℃ 两个处于熔化过热

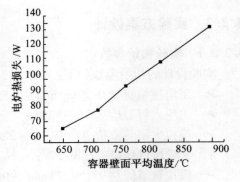

图 4.13 漏热量曲线

区温度点的平衡实验中,发现壁温在 770℃ ~ 800℃ 这一区域时,温升速度明显缓慢,冷却时在 790℃ ~ 750℃ 这一区域,温降速度明显缓慢,可粗略估计壁温处于该温度区域时 PCM 处于两相区。过热区热平衡测试所经历的时间较未熔化区更长。

4.2.3.2 定参数多轨道稳态模式运行实验

定参数多轨道稳态模式运行实验共进行了 3 种参数组合实验状态下的多轨道运行测试,每种参数组合运行 4 个轨道,由于工质入口温度控制得不太好,表中分别予以列出。为了校核实验结果的合理性,对采集到的 12 个轨道状态的 10752 个温度数据进行了归纳整理,进行了热平衡计算。

表 4.12 为 3 种实验组合的初始参数,表 4.13 为根据测试数据计算得到的 3 种状态下的能量平衡。

表 4.12 实验状态(1 ~ 12)的设定参数

	实验状态	工质流量 /(kg/min)	工质进口温度 /℃	加热功率 /W	轨道周期 /min
实验组合 1	1	0.46	523	680	66 + 27
	2	0.46	521	680	66 + 27
	3	0.46	517	680	66 + 27
	4	0.46	515	680	66 + 27
实验组合 2	5	0.40	526	680	66 + 27
	6	0.40	521	680	66 + 27
	7	0.40	521	680	66 + 27
	8	0.40	519	680	66 + 27
实验组合 3	9	0.33	523	608	66 + 27
	10	0.33	519	608	66 + 27
	11	0.33	516	608	66 + 27
	12	0.33	513	608	66 + 27

注:1 ~ 4 为组合状态 1,5 ~ 8 为组合状态 2,9 ~ 12 为状态组合 3

1. 热平衡计算方法

1) 设定初始计算参数

设日照期的输入功率为 P_i,工质进口平均温度为 T_{gi},出口平均温度为 T_{go},平均比热为 $\overline{C}_{pg}$,质量流量为 $\dot{m}_g$,日照期时间为 $\Delta\tau_{sun}$,阴影期时间为 $\Delta\tau_{shade}$,漏热量为 P_L(查图 4.13),相变材料质量为 M,相变材料的固态、液态比热分别为 C_{ps}、C_{pl},相变潜热为 H_m,相

126

变点取为单一温度 $T_m(T_m = 767℃)$，T_s、T_1 分别为相变材料的固相、液相温度。

　　2）日照期热平衡计算

输入热量：$Q_{in} = P_i \cdot \Delta\tau_{sun} \cdot 60(J)$ 　　　　　　　　　　　　　　　(4.10)

工质吸热量：$Q_{gas} = \overline{C}_{pg} \cdot \dot{m}_g \cdot \Delta\tau_{sun} \cdot (T_{go} - T_{gi})(J)$ 　　　　　(4.11)

漏热量：$Q_L = P_L \cdot \Delta\tau_{sun} \cdot 60(J)$ 　　　　　　　　　　　　　(4.12)

相变材料潜热：$Q_{Lstor} = M \cdot H_m(J)$ 　　　　　　　　　　　　(4.13)

相变材料显热：$Q_{sstor} = C_{ps} \cdot M \cdot (T_m - T_s) + C_{pl} \cdot M(T_1 - T_m)$ 　　(4.14)

则输出热量：$Q_{out} = Q_g + Q_L + Q_{Lstor} + Q_{sstor}$ 　　　　　　　(4.15)

能量平衡误差：$\eta_{sun} = \dfrac{Q_{in} - Q_{out}}{Q_{in}} \times 100\%$ 　　　　　　　　(4.16)

　　3）阴影期热平衡计算

　　阴影期相变材料的潜热储热和显热储热两部分之和为热输入 Q'_{in}，气体工质的吸热量和漏热量为实际的热输出 Q'_{out}，即

$$Q'_{in} = Q'_{Lstor} + Q'_{sstor} \tag{4.17}$$

其中 Q'_{Lstor} 和 Q'_{sstor} 的计算方法同式(4.13)及式(4.14)

$$Q'_{out} = Q'_g + Q'_L \tag{4.18}$$

工质吸热量　　　$Q'_g = \overline{C}_{pg} \cdot \dot{m}_g \cdot \Delta\tau_{shade} \cdot (T_{go} - T_{gl})(J)$ 　　(4.19)

漏热量　　　　　$Q'_L = P_L \cdot \Delta\tau_{shade} \cdot 60(J)$ 　　　　　　　　(4.20)

热平衡误差　　　$\eta'_{shade} = \dfrac{Q'_{out} - Q'_{in}}{Q'_{out}} \times 100\%$ 　　　　　(4.21)

表4.13　实验状态(1~12)的热平衡计算

	实验状态	日照期输入 /($\times 10^6$J)	日照期输出 /($\times 10^6$J)	热平衡 /%	阴影期储热 /($\times 10^6$J)	阴影期输出 /($\times 10^6$J)	热平衡
组合1	1	2.6928	2.3485	12.78	0.6175	0.6127	0.8
	2	2.6928	2.2854	15.13	0.6052	0.6347	4.65
	3	2.6928	2.2663	15.84	0.604	0.6347	4.84
	4	2.6928	2.2962	14.73	0.6023	0.6418	6.15
组合2	5	2.6928	2.4515	8.96	0.5963	0.7043	15.33
	6	2.6928	2.4029	10.76	0.6037	0.7091	14.86
	7	2.6928	2.3543	12.57	0.5946	0.6582	9.66
	8	2.6928	2.3114	14.16	0.6015	0.6475	7.1
组合3	9	2.4077	2.1606	10.26	0.5892	0.6018	3.11
	10	2.4077	2.1961	8.79	0.5892	0.6312	6.65
	11	2.4077	2.2121	8.12	0.592	0.6298	6.00
	12	2.4077	2.1741	9.7	0.5918	0.6156	3.87

　　12个轨道的热平衡计算汇总如下，从表4.13中可以看到，日照期热输入大于热输出，热平衡偏差介于8%～16%之间，阴影期热输出大于相变材料的热输入，热平衡偏差小于16%。

2. 工质及容器壁温度变化

图 4.14、图 4.15、图 4.16 分别为实验组合 1(状态 1~4),实验组合 2(状态 5~8)及实验组合 3(状态 9~12)3 种参数组合的连续 4 个轨道周期稳态运行模式下工质及容器壁温度随轨道时间的瞬态变化曲线。

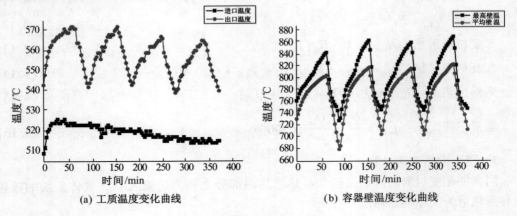

(a) 工质温度变化曲线　　　　　　　　(b) 容器壁温度变化曲线

图 4.14　状态组合 1 实验结果

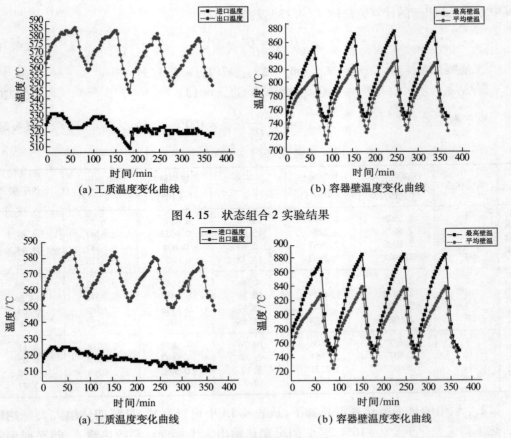

(a) 工质温度变化曲线　　　　　　　　(b) 容器壁温度变化曲线

图 4.15　状态组合 2 实验结果

(a) 工质温度变化曲线　　　　　　　　(b) 容器壁温度变化曲线

图 4.16　状态组合 3 实验结果

128

由图 4.14(a)可见,4 个轨道的工质平均进口温度为 519℃,66min 日照期内工质出口平均温度为 558℃,平均温升为 39℃,27min 阴影期内平均出口温度为 555℃,平均温升为 36℃。4 个轨道的运行呈同一规律,即日照期内温度逐渐升高,日照末时刻出口温度达最大值,此时温升也最高,阴影期温度呈下降趋势,阴影末时刻出口温度降至最小值,温升也最低。4 个轨道在日照期末的温度和温升分别为 572℃ 及 49℃、572℃ 及 51℃、567℃ 及 50℃、564℃ 及 50℃,4 个轨道在阴影末的温度和温升分别为 543℃ 及 24℃、544℃ 及 21℃、545℃ 及 24℃、541℃ 及 24℃,由于进口温度的波动导致出口温度的绝对大小有所波动,但可以看出在日照末和阴影末两个时刻的温升趋于稳定,分别为日照末稳定为 50℃,阴影末稳定为 24℃。在整个轨道周期内如果进口温度稳定的话,出口温度的波动范围将在26℃左右,这样的出口温度波动将是可以接受的。

图 4.14(b)所示为实验组合 1 的 PCM 容器平均壁温和最高壁温的变化曲线,以第 1 轨道周期为例,平均壁温在日照期内从 732℃ 增至 806℃,阴影期内又从 806℃ 降至680℃,最高壁温在日照期内从日照初的 763℃ 增至日照末的 845℃,阴影期内从 845℃ 降至阴影末的 729℃。其变化规律与气体工质出口温度的变化规律吻合,在日照期末达到轨道周期内最高值,在阴影期末又降至最低值。其中平均壁温为 PCM 容器 24 个热电偶测点在同一时刻的平均值,最高壁温为该时刻 24 个测点中的最大值。第 1 轨道周期 PCM 容器的最高温度为其在日照末时刻的最大值 845℃,而 Haynes188 材料的长期使用温度上限为 1000℃,材料的使用温度是安全的。由于第 1 轨道周期的平均壁温在日照末时刻已达 804℃,可以初步预测大部分 PCM 容器内的 PCM 已完全熔化且有一定程度的过热度,而阴影期内平均壁温从 806℃ 降至阴影末的 680℃,可见阴影末已几乎完全凝固,并且大部分 PCM 发生过冷,固相 PCM 释放显热继续加热工质气体,从 PCM 容器壁温数据推断阴影末仍有个别 PCM 容器处于相变区。

图 4.15(a)为实验组合 2 的测试结果,实验组合 2 与实验组合 1 的输入电功率相同,但工质流量较小。其在 4 个轨道周期的平均进口温度为 521.5℃,66min 日照期内的平均出口温度为 568.8℃,平均温升为 47.3℃,27min 阴影期内的平均出口温度为 565.6℃,平均温升为 44.1℃。4 个轨道的温度变化规律一致,在日照初期出口温度最低,温升最小,此后逐渐增大,在日照末出口温度达最大值,温升也最大。经过 4 个轨道的运行,逐步进入稳态运行模式。4 个轨道日照末期的工质出口温度和温升分别为 586° 和 63℃、584° 和63℃、582° 和 60℃、579° 和 59℃,4 个轨道在阴影末期的出口温度和温升分别为 564° 和39℃、560° 和 34℃、547° 和 36℃、552° 和 31℃。由于日照初期工质的进口温度在 511℃ ～525℃间波动,因此使得出口温度的绝对大小有较大的波动,但可以预测到阴影末时刻出口温升将稳定于 35℃左右,日照末时刻的温升将稳定在 60℃左右。在多轨道运行达到稳态后,可以预料出口温度的波动范围将在 25℃左右。

图 4.15(b)为实验组合 2 的相变材料容器平均壁温和最高壁温的时间变化曲线。以第 2 轨道周期为例,其平均壁温在日照初为 727℃,日照期末达整个轨道周期内最高值842℃,可判定此时相变材料全部熔化并有部分过热,既储存了潜热同时还有一部分显热可供阴影期用。阴影期内平均壁温从 842℃ 降至 731℃,在阴影期末,从 PCM 容器的平均温度(731℃)水平看,相变材料大部分已凝固(相变点为 767℃),且 PCM 还释放一部分固相显热来加热工质气体。初步估算,阴影期内相变材料释放的总能量中,显热储热约占

20%左右的份额。实际上,从 PCM 容器个体的壁温数据预测,在阴影期末(第93min)尚有小部分相变材料处于两相区。容器的最高壁温在日照期从日照初的751℃逐步升至日照末的最高点887℃,然后经过27min 的阴影期,在阴影期末又降至752℃。4 个轨道周期内 PCM 容器最高壁温在日照末时刻的值分别依次达到877℃、887℃、887℃、887℃,都处于1000℃的安全长期使用温度上限内。

图4.16(a)为实验组合 3 的测试结果。其输入功率和工质流量为 3 种组合中最小的,4 个轨道运行期间的工质平均进口温度为518℃,每个轨道呈现同一运行规律,在日照期末工质出口温度达到轨道周期内最高值,此时出口温升也最大,在阴影期末工质出口温度降至轨道周期内最低值,此时出口温升也最小。4 个轨道周期的日照末的工质出口温度和温升分别为585℃和60℃、584℃和63℃、580℃和64℃、578℃和64℃。4 个轨道周期阴影末时刻的工质出口温度和温升分别为557℃和36℃、556℃和38℃、552℃和37℃、548℃和35℃。由于工质进口温度有一定的波动,所以导致出口温度绝对大小有一定波动,但出口温升比较稳定,在日照期末约为64℃,在阴影期末约为36℃左右,在整个轨道周期内出口温度的波动范围在28℃左右。

图4.16(b)为实验组合 3 的 PCM 容器平均壁温和最高壁温在 4 个轨道周期内的时间变化曲线。以第 3 轨道周期为例,容器的平均壁温在日照期内从日照初的728℃,经过66min 的加热期在日照末达到轨道周期内最高点832℃,可以判定在日照期末PCM 完全熔化并且有一定的过热度。在阴影期内平均壁温从832℃,经27min 阴影期后又降至731℃。在阴影期末时刻 PCM 大部分凝固并释放部分固相显热来加热工质气体。最高壁温在轨道周期的日照初为752℃,日照期末达最大值878℃,在阴影期末又降至752℃。

从图4.14~图4.16可见,容器平均壁温 T_{wavg}、容器最高壁温 T_{wmax} 及工质气体的出口温度 T_{go} 呈现的时间变化规律完全相同,即在日照期内逐渐升高,至日照期末达周期内最高点,在阴影期内又逐步下降,在阴影末达周期内最低点,但是三者的温度变化幅度大小不一。以实验组合 3 第 3 轨道为例,在66min 的日照期内,工质气体出口温度 T_{go}、容器平均壁温 T_{wavg}、容器最高壁温 T_{wmax} 从日照初到日照末变化幅度分别为24K、104K、126K,工质出口温度的波动最小,而 T_{wavg} 和 T_{wmax} 的增量较大。此外在所有实验状态的轨道周期内呈现同一变化规律 $T_{wmax} > T_{wavg} > T_{go}$。

3. 容器壁温度上下分布

下面以沿工质气体流动方向单元管第 1 号、6 号、11 号 3 个 PCM 容器为例容进行器壁温测试数据的分析。图4.17~图4.25 为 3 种实验状态组合下 3 个相变材料容器正上方(空穴出现部位)和正下方温度随轨道时间的变化曲线。

图4.17~图4.19分别为实验组合 1 的单元管第 1 号、6 号、11 号容器上、下部壁温在4 个轨道周期内的瞬态变化曲线。3 个容器壁温的变化规律一致,无论是上部还是下部温度,在日照初温度最低,经66min 到日照期末达到最大值,然后经历27min 阴影期,又降至最低点。从各容器总的温度水平或从容器在周期内的平均温度水平看,1 号容器最高,11号最低。1 号容器经大约9min 左右开始熔化,至第24min 左右完全熔化,至第66min 日照期末时达865℃左右,已有约70℃的过热度,阴影期内至第87min 时壁温降至760℃,此时仍处于两相区,此后完全凝固,温度下降速度加快,阴影期末时最低降至752℃左右。6 号

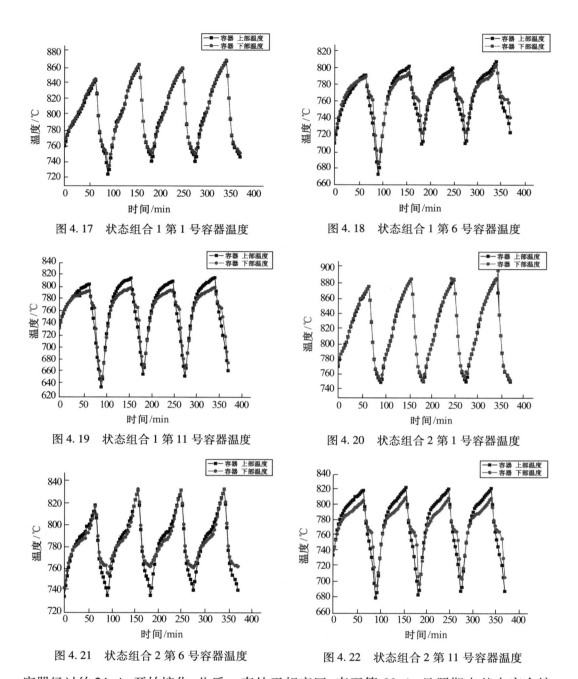

图 4.17　状态组合 1 第 1 号容器温度　　　　图 4.18　状态组合 1 第 6 号容器温度

图 4.19　状态组合 1 第 11 号容器温度　　　图 4.20　状态组合 2 第 1 号容器温度

图 4.21　状态组合 2 第 6 号容器温度　　　　图 4.22　状态组合 2 第 11 号容器温度

容器经过约 24min 开始熔化,此后一直处于相变区,直至第 66min 日照期末基本完全熔化,4 个轨道在日照末时刻的容器平均温度为 797℃,阴影期内约有 21min 处在相变区,至第 87min 时容器壁温为 762℃,此后迅速完全凝固,至阴影期末完全凝固并过冷,阴影末时刻壁温降至 730℃ 左右。11 号容器从第 24min 左右开始熔化,直至日照期末完全熔化,4 个轨道在日照末时刻容器的平均壁温为 797℃,阴影期至第 81min 时基本完全凝固,至第 93min 平均降至约 670℃ 左右。可见阴影期内相变材料不仅释放出全部潜热,而且释放了一部分固相显热来加热工质气体。

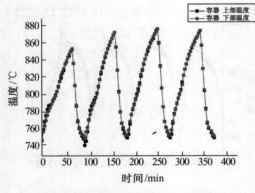

图 4.23　状态组合 3 第 1 号容器温度

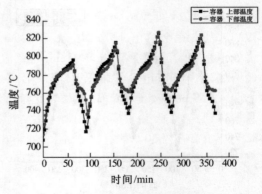

图 4.24　状态组合 3 第 6 号容器温度

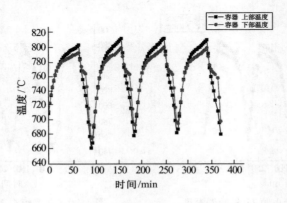

图 4.25　状态组合 3 第 11 号容器温度

图 4.20 ~ 图 4.22 为实验组合 2 在 4 个轨道周期内,单元管第 1 号、第 6 号、第 11 号容器上、下部壁温的时间变化曲线。1 号容器除第 1 轨道外,在第 2 ~ 第 4 轨道基本从第 6min 起开始熔化,至第 18min 左右完全熔化,此后开始进入过热区,到日照末第 66min 时平均温度达 887℃,有约 90℃的过热度。阴影期内第 87min 相变材料基本凝固,PCM 从液相过热区基本全部转化为固相经历了约 21min 时间,至阴影期结束时容器温度降至约 753℃。6 号容器从第 10min 左右进入相变区,至第 54min 完全熔化,到第 66min 日照末时刻平均温度达 835℃,有约 40℃过热度。进入阴影期 PCM 开始释放潜热逐步进入两相区,到阴影期末第 93min 时平均降至 763℃,此时仍处于两相区,未完全凝固。11 号容器第 18min 起开始熔化,至第 45min 全部熔化,至第 66min 日照期末容器平均壁温达 810℃,过热约 15℃。进入阴影期 PCM 开始凝固释热,经 18min 至约第 84min 基本凝固,至第 93min 阴影期末壁温降至约 707℃,PCM 完全凝固并过冷。

图 4.23 ~ 图 4.25 为实验组合 3 在 4 个周期内单元换热管第 1 号、6 号、11 号容器上、下部壁温随时间的变化曲线。

图 4.23 显示,1 号容器从第 6min 起开始熔化,在第 3、第 4 轨道基本进入稳态运行阶段后,PCM 在第 18min 即完全熔化,至第 66min 日照期末容器壁温达 876℃,过热度约 80℃。阴影期内至第 84min PCM 基本上凝固,至第 93min 阴影期末降至 753℃左右,可认为已完全凝固。

由图 4.24 可见 6 号容器在第 1 轨道,从第 21min 开始熔化,至日照期末壁温为792℃,基本完全熔化,阴影期内至第 84min 时壁温降至 765℃,基本上大部分已凝固,但仍处于相变区,至阴影期末第 93min 时壁温降至 753℃。在第 2 轨道 PCM 从第 18min 开始熔化,至第 54min 全部熔化,日照末第 66min 时容器壁温达 815℃,有约 20℃ 的过热,阴影期末第 93min 降至 762℃,可认为此时尚未完全凝固,仍处于相变区。第 3 和第 4 轨道基本达到稳态,从第 12min 起开始熔化,至第 48min 完全熔化,日照末第 66min 时,壁温达825℃左右,有约 30℃ 的过热度,阴影期第 87min 时壁温为 764℃ 尚处于相变区,至阴影期末第 93min 时,经过了 6min 时间壁温降至 763℃,因此可认为 PCM 尚未完全凝固,可见 6 号容器阴影期内一直处于相变区。

图 4.25 为 11 号容器的壁温变化,其为 3 个容器中壁温最低的一个。其在第 1 轨道时从第 18min 开始熔化,第 66min 时壁温为 794℃,可认为 PCM 基本上全部熔化,阴影期内至第 81min 壁温降至 765℃,可认为此时 PCM 尚未完全凝固,而第 84min 时容器壁温已降至 747℃,可判断此时 PCM 已完全凝固,至第 93min 时降至 675℃ 的最低温度,已释放了相当的固相显热。第 2 轨道时从第 24min 时开始熔化,至第 57min 时壁温为 795℃ 可认为基本完全熔化,第 66min 时壁温达最高点 801℃,阴影期内第 84min 壁温降至 764℃,此时尚未全凝固,随后至第 93℃ 降至最低点 694℃,PCM 已进入过冷区。第 3 和第 4 轨道基本稳定,PCM 从第 18min 开始熔化,至第 60min 时达 798℃,可认为此时全部熔化,至第66min 时容器壁温达最高点 802℃,阴影期第 84min 时壁温降至 764℃此时 PCM 尚未完全凝固,阴影期末第 93min 壁温降至最小值 698℃,PCM 进入固相过冷区。

综上所述,对实验组合 1、2、3 来说,单元管第 1、6、11 号 3 个容器的壁温在各自组合的 4 个轨道内随时间的变化规律基本一致,实验的可重复性较好。此外还发现一个共同的现象,即在日照期 PCM 开始熔化时刻起,容器上部壁温高于下部壁温,其中对 6 号、11号容器比较明显,而 1 号容器上、下壁温基本相同。在阴影期,对 1 号、6 号、11 号都表现出相同的规律,从进入相变区时刻起,容器下部壁温高于上部壁温,且容器上部壁温下降幅度较大,而下部壁温变化幅度较小,可观察出 PCM 明显的相变区。尤其,日照期在780℃ ~793℃ 间变化很缓慢,阴影期在 769℃ ~763℃ 变化较慢。分析上述现象原因,主要是由于空穴形成于容器的上部,空穴的隔热作用导致日照期上部温度高于下部温,即使PCM 完全熔化后,由于 PCM 充装时未完全充满容器,上部可能仍留有一定的空间余量,该夹层有较大热阻,所以上部壁温高而且上升变化幅度快。阴影期,由于太阳模拟炉已关闭,没有输入热流,随着相变过程开始,空穴伴随凝固过程逐步形成于上部,而下部始终与PCM 接触传热,随 PCM 的温度变化而缓慢变化。上部空穴形成处,由于金属壁与 PCM 被空穴分隔不能传热,仅靠壁面导热难以维持与 PCM 相当的温度水平,下降较快。

4. 容器壁温度轴向分布

图 4.26(a)所示是实验组合 1 相变材料容器壁温在第 3 轨道日照期第 0、第 18、第 36、第48、第 66min 时刻沿工质气体流动方向的变化曲线。图 4.26(b)为该组合 PCM 容器壁温在第 3轨道阴影期第 72min、第 78min、第 84min、第 93min 时沿工质流动方向的轴向分布。

日照期第 0min 和阴影期末第 93min(即下一轨道的第 0min)的温度变化趋势相似,沿流动方向逐步下降,且同一容器的壁温大小也差不多,相变材料在该时刻基本都处于固相区,日照期第 18min 大部分 PCM 开始熔化并进入相变区,日照期第 36min 和第 48min 1 号和 12 号容器已进入过热区,其余都处于相变区。日照期末第 66min 大部分已过热,有约 30% PCM 处于相变区。阴影期第 72min1 号、2 号容器仍处于过热区,其余都已进入相变区,第 78min 时所有 PCM 容器壁温在 770℃左右,都处于相变区,第 84min 时除 10 号、11 号及 12 号容器已过冷外,其余容器壁温都在 760℃左右仍处于相变区,阴影末大部分都进入过冷区。

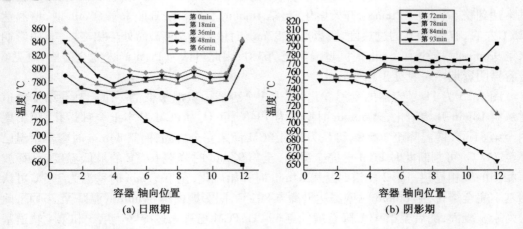

(a) 日照期　　　　　　　　　　　　　　　(b) 阴影期

图 4.26　状态组合 1 容器壁轴向变化规律

　　图 4.27(a)及 4.27(b)分别是实验组合 2 相变材料容器壁温在第 3 轨道日照期第 0min、第 18min、第 36min、第 48min、第 66min 及阴影期第 75min、第 81min、第 87min、第 93min 的轴向分布。

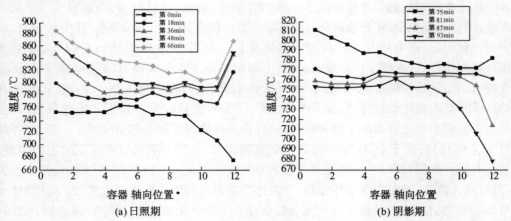

(a) 日照期　　　　　　　　　　　　　　　(b) 阴影期

图 4.27　状态组合 2 容器壁轴向变化规律

　　第 0min 及第 93min 壁温大小及变化趋势基本一致,第 18min 时 12 个 PCM 容器都进入相变区,两端的 1 号和 12 号容器 PCM 已过热,第 36min 时,约有 50% 的 PCM 已进入过热区,第 48min 时 12 个容器内 PCM 都进入过热区,到日照期末第 66min,壁温变化趋势同第 48min,只是过热度更高,轴向温度的变化趋势反应了输入热流的轴向分布趋势,阴影期第 75min 时,除 1 号、2 号壁温仍大于 800℃处于过热区外,其余容器 PCM 都进入相变区,壁温介于 773℃和 797℃之间,第 81min 时,12 个容器的壁温介于 762℃ ~ 772℃,仍处于相变区,当 PCM 处于相变区时,轴向壁温分布无一定的规律性,第 87min 时,壁温分布比较均匀,此时除 12 号容器已过冷外,其余容器壁温都处于 760℃ 左右,正处于凝固即将完成阶段,第 93min(阴影末期)时,1 号~8 号容器壁温均匀,基本都处于 753℃~754℃,9~12 号容器壁温逐渐减小,已处于过冷区,进入 PCM 释放固态显热阶段。

实验组合 3 相变材料容器壁温在轨道各时刻的轴向分布规律与实验组 1 和实验组 2 类似,不再赘述,见图 4.28。

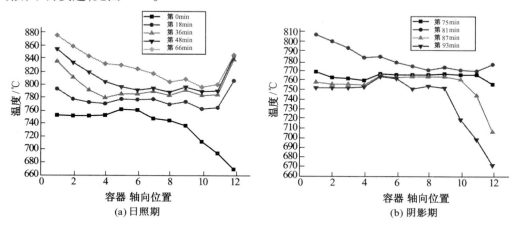

(a) 日照期   (b) 阴影期

图 4.28   状态组合 3 容器壁轴向变化规律

4.2.3.3   变参数模拟实验

本实验共做了 13 组不同的输入功率、工质进口温度及工质质量流率参数组合实验,其中模拟轨道周期分 93min 和 90min 两种,实验状态的设定参数见表 4.14。

根据采集数据进行各实验状态的热平衡计算,计算方法同 4.2.3.2 小节。对 13 个实验状态日照期和阴影期热平衡的计算汇总如表 4.15 所列,实验状态 13、14、15 及 20 在阴影期内的热平衡偏差已达 35%~40% 左右,分析原因一是由于这几个状态输入功率过大,阴影期内由于热惯性造成 PCM 容器壁温偏高,使得漏热损失较高,另一方面工质在阴影期测量得到的出口温度偏高。

表 4.14   实验状态(13~25)的设定参数

实验状态	工质流量/(kg/min)	工质进口温度/℃	加热功率/W	轨道周期/min
13	0.45	470	1100	66 + 27
14	0.45	463	1100	66 + 27
15	0.37	470	900	54 + 36
16	0.37	468	765	66 + 27
17	0.37	481	765	66 + 27
18	0.40	478	900	66 + 27
19	0.40	473	765	66 + 27
20	0.42	473	900	54 + 36
21	0.40	456	765	66 + 27
22	0.49	502	765	66 + 27
23	0.49	521	765	66 + 27
24	0.49	516	550	66 + 27
25	0.49	515	765	66 + 27

135

表 4.15　实验状态的热平衡计算

实验状态	日照期输入 /($\times 10^6$J)	日照期输出 /($\times 10^6$J)	热平衡 /%	阴影期储热 /($\times 10^6$J)	阴影期输出 /($\times 10^6$J)	热平衡
13	4.356	3.8483	11.66	0.6721	1.1344	40.75
14	4.356	4.0384	7.29	0.7	1.2142	43.7
15	2.916	2.5672	11.96	0.6859	1.0886	37
16	3.0294	2.6512	12.48	0.6189	0.8131	23.88
17	3.0294	2.6523	12.45	0.6179	0.7397	16.5
18	3.564	2.8875	18.98	0.6428	0.8827	27.18
19	3.0294	2.6072	13.94	0.6183	0.7833	21
20	2.916	2.4306	16.65	0.6767	1.0563	35.9
21	3.0294	2.667	11.96	0.6229	0.819	23.94
22	3.0294	2.7198	10.22	0.6247	0.7609	17.9
23	3.0294	2.6423	12.78	0.6105	0.7682	20.53
24	2.178	2.17	0.37	0.6137	0.5106	16.8
25	3.0294	2.4354	19.6	0.6046	0.7274	16.88

　　下面以工质气体出口温度 T_{go}(包括进、出口温升 ΔT)、PCM 容器平均壁温 T_{wavg} 及 PCM 容器最高壁温 T_{wmax} 三个热性能参数为目标,分析了不同的初始参数,如输入功率、工质气体质量流率及工质进口温度对蓄热单元管热性能的影响。

1. 输入功率的影响

　　图 4.29 为实验状态 18 和实验状态 19 的性能对比。两个实验状态所对应的工质流

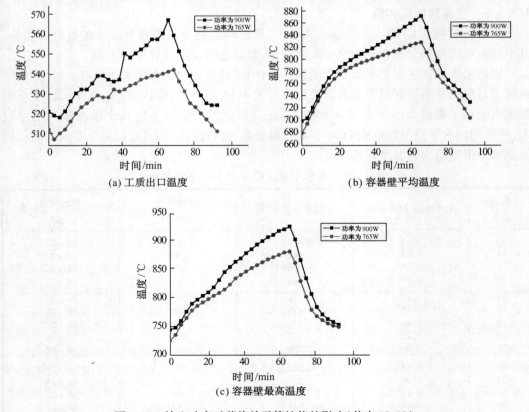

(a) 工质出口温度　　　　　　　(b) 容器壁平均温度

(c) 容器壁最高温度

图 4.29　输入功率对蓄热单元管性能的影响(状态 18,19)

量同为 0.40kg/min，工质进口温度为 475℃ 左右，不同的是前者输入功率为 900W，后者为 765W。

图 4.29（a）显示了输入功率对工质出口温度的影响。输入功率为 900W 时，其日照初工质出口温度为 522℃，温升为 40℃，日照末工质出口温度为 568℃，温升为 87℃，阴影期末工质出口温度为 525℃，温升为 45℃，66min 日照期内平均温升为 41℃，27min 阴影期内平均温升为 38℃。输入功率为 765W 时，其日照初工质出口温度为 513℃温升为 31℃，日照期末工质出口温度为 542℃，温升为 70℃，阴影期末工质出口温度为 512℃，出口温升为 40℃，66min 日照期内平均温升为 28℃，27min 阴影期内平均温升为 25℃。可见，由于功率的增加导致日照期末及阴影期末工质出口温度及工质进、出口温升都有显著的增加，日照期内和阴影期内的工质进、出口平均温升都增加了 13℃。

图 4.29（b）为输入功率对容器平均壁温 T_{wavg} 的影响。加热功率为 900W 时，T_{wavg} 在日照期第 0、第 21min、第 42min 和第 66min（日照末）分别为 700℃、790℃、820℃和 875℃（最大值），日照期内平均值为 803℃。在阴影期第 75min、第 84min 和第 93min（阴影末）分别为 799℃、759℃和 731℃，阴影期平均值为 779℃。输入功率 765W 时，T_{wavg} 在日照期第 0、第 21min、第 42min 和第 66min 分别为 680℃、778℃、806℃和 830℃（最大值），日照期平均温度为 783℃。在阴影期第 75min、第 84min 和第 93min 分别为 775℃、747℃、和 705℃，阴影期内平均值为 765℃。由于前者功率大于后者 135W 导致 T_{wavg} 在整个轨道周期内平均高出 20℃ ~23℃，日照末时刻则高出 45℃。

图 4.29（c）为输入功率对容器最高壁温 T_{wmax} 的影响，由于 T_{wmax} 在日照末时刻又达到其在一个轨道周期内的最大值，因此仅对该时刻进行比较，输入功率 900W 时，T_{wmax} 在日照末时刻为 927℃，输入功率 765W 时，T_{wmax} 在日照末时刻为 883℃，前者比后者高出 44℃。

综上所述，可见输入功率对工质出口温度大小及进、出口温升都有较大的影响，而对工质出口温度的影响又源自输入功率对容器壁温的较大影响，由于功率的增加，使得相变材料容器壁温增加，从而使 PCM 具有了更多的熔化份额或更大的过热度。同时发现，输入功率对容器壁温的影响在日照期内要比在阴影期内更大一些。

2. 工质质量流率的影响

图 4.30 为实验状态 15 和实验状态 20 性能参数的对比。两个实验状态的输入功率均为 900W，工质进口温度均为 470℃ 左右，轨道周期同为 90min，日照期 54min，阴影期 36min，两个实验状态只有工质质量流率不同，状态 15 和状态 20 的工质质量流率分别为 0.37kg/min 和 0.42kg/min。

图 4.30（a）显示了工质流率对工质出口温度的影响。当工质流率为 0.37kg/min 时，工质气体在日照初出口温度为 513℃，温升为 58℃，日照末时刻（第 54min）出口温度为 564℃，温升为 91℃，54min 日照期内的平均温升为 71℃，阴影期末时刻（第 90min），工质出口温度为 513℃，温升为 41℃，36min 阴影期内的平均温升为 60℃。当工质流率为 0.42kg/min 时，工质气体在日照初出口温度为 512℃，温升为 40℃，日照末时刻温度为 550℃，温升为 77℃，54min 日照期内平均温升 58℃，阴影期末时刻，工质出口温度为 505℃，温升为 32℃，36min 阴影期内平均温升为 52℃。可见，由于工质流率的增加将导致工质出口温度下降和进、出口温升下降。进、出口温升在日照末下降了 14℃，在阴影末

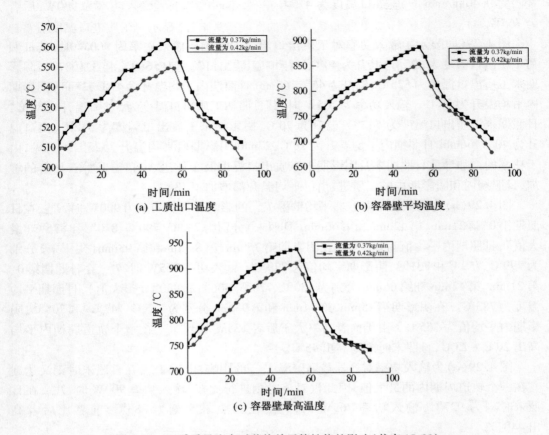

图 4.30　工质质量流率对蓄热单元管性能的影响(状态 15,20)

下降了 8℃,日照期内和阴影期内的平均温升分别下降了 13℃和 8℃。

图 4.30(b)是工质质量流率对容器平均壁温 T_{wavg} 的影响。当工质流率为 0.37kg/min 时,日照期初、第 18min、第 36min、日照末(第 54min)的 T_{wavg} 分别为 743℃、808℃、851℃、889℃,日照期内 T_{wavg} 的平均值为 826℃,阴影期内第 72min、第 90min(阴影末)的 T_{wavg} 分别为 764℃、707℃,阴影期内 T_{wavg} 的平均值为 771℃。当工质流率为 0.42kg/min,日照初、第 18min、第 36min、日照末(第 54min)的 T_{wavg} 分别为 705℃、790℃、822℃、856℃,日照期内 T_{wavg} 的平均值为 798℃,阴影期第 72min、第 90min(阴影末)分别为 756℃、680℃,阴影期内 T_{wavg} 的平均值为 752℃。可见,由于工质流率的增加,使得容器平均壁温 T_{wavg} 的平均值在日照期下降了 28℃,阴影期下降了 19℃,在日照末时刻 T_{wavg} 下降了 33℃,阴影末时刻下降了 27℃。

图 4.30(c)显示了工质质量流率对容器最高壁温 T_{wmax} 的影响。当工质流率为 0.37kg/min 时,日照末时刻 T_{wmax} 为 940℃,当工质流率为 0.42kg/min 时,日照末时刻 T_{wmax} 为 912℃,由于工质流率的增加,使得 T_{wmax} 的最大值下降了 28℃。

综上所述,随工质质量流率的下降,工质出口温度和进、出口温升、T_{wavg}、T_{wmax} 均上升,而且 T_{wavg} 增加的幅度最大,也正因为 T_{wavg} 的增加,使得工质出口温度、进出口温升都增大,同时工质流量的变化对性能参数的影响在日照期和阴影期都同样明显。

3. 工质进口温度的影响

图 4.31 为实验状态 22 和实验状态 23 的性能参数对比,显示了工质进口温度对蓄热单元管性能的影响。两个状态的输入功率均为 765W,工质质量流率均为 0.49kg/min,只有工质进口温度不同,状态 22 和状态 23 的工质进口温度分别为 502℃ 和 521℃。

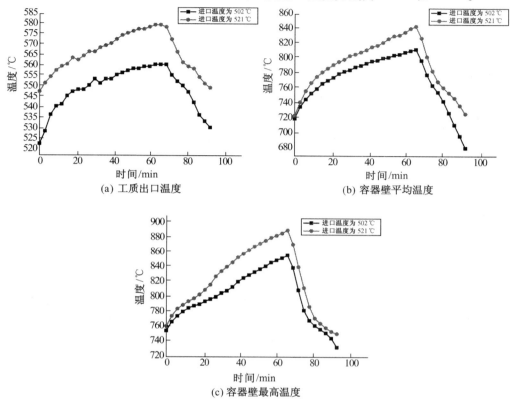

(a) 工质出口温度　　(b) 容器壁平均温度

(c) 容器壁最高温度

图 4.31　工质进口温度对蓄热单元管性能的影响(状态 22,23)

图 4.31(a) 是不同的工质进口温度对工质出口温度的影响。当工质进口温度为 502℃ 时,在日照初工质出口温度为 537℃,进、出口工质温升 35℃,日照末时刻工质出口温度为 559℃,进、出口温升为 57℃,日照期内工质的平均温升为 48℃,阴影末时刻工质出口温度为 531℃,进、出口温升为 29℃,阴影期内工质平均温升为 43℃。当工质进口温度为 521℃ 时,在日照初工质出口温度为 546℃,工质进、出口温升为 25℃,日照末时刻工质出口温度为 580℃,进、出口温升为 59℃,日照期内工质的平均温升为 46℃,阴影期末时刻工质出口温度为 551℃,工质进、出口温升为 30℃,阴影期内工质的平均温升为 42℃。可见两个实验状态在日照期和阴影期内平均温升相差无几,只是由于工质进口温度的增加,从而使出口温度的绝对大小也随之增加。

图 4.31(b) 是工质进口温度对容器平均壁温 T_{wavg} 的影响。当工质进口温度为 502℃ 时,在日照初、第 21min、第 42min 及日照末(第 66min)时刻的容器平均壁温 T_{wavg} 分别为 720℃、775℃、797℃ 及 813℃,日照期内 T_{wavg} 的平均值为 782℃,阴影期第 75min、第 84min 及阴影期末时刻的 T_{wavg} 分别为 765℃、744℃ 及 681℃,阴影期内 T_{wavg} 的平均值为 740℃。

当工质进口温度为521℃时,在日照初、第21min、第42min及日照末时刻的T_{wavg}分别为724℃、792℃、816℃及844℃,日照期内T_{wavg}的平均值为801℃。阴影期第75min、第84min及阴影期末的T_{wavg}分别为784℃、755℃及727℃,阴影期内T_{wavg}的平均值为768℃。由上可见工质进口温度的增加使壁面平均温度有同样量级的增加。

图4.31(c)是工质进口温度对容器壁最高温度T_{wmax}的影响。当工质进口温度为502℃时,在日照末时刻的T_{wmax}为857℃。当工质进口温度为521℃时,日照末时刻的T_{wmax}为891℃,后者较前者增加了34℃。

综上所述,可见工质进口温度对工质出口温度、容器平均壁温和最高壁温都有明显的影响,而对工质进、出口温升几乎没有影响。

4.3 蓄热单元管蓄热过程数值仿真

针对4.2节所述的基于相变蓄热单元管试件2搭建的地面模拟实验系统,采用焓方法建立了以控制体单元为对象的单管数学模型,在模拟空间站太阳能吸热器轨道运行参数条件下进行了数值仿真分析,将计算结果与实验结果进行了对比验证。

4.3.1 物理模型

计算的物理模型取自蓄热单元管地面模拟实验系统的实验单元,其装配尺寸参见图4.32。12个PCM容器钎焊套装于1根$\phi24mm \times 2mm$的工质导管上,该单元换热管从太阳模拟炉中心通过,电炉良好绝热可提供不超过3.8kW的功率,由电炉的通断来模拟太阳的日照期和阴影期,其中PCM容器尺寸如下:外壁外径为$\phi49mm$,壁厚1.5mm,内壁外径$\phi26mm$,壁厚1mm,两侧壁厚度1.5mm,容器轴向长度25.4mm,每个容器含PCM质量50g左右,工质导管外径为$\phi24mm$,壁厚2mm。

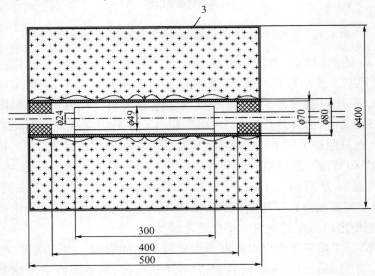

图4.32 相变蓄热系统实验单元装配尺寸

PCM 容器材料及工质导管材料均采用高温钴基合金 Haynes 188,PCM 为 80.5LiF -
19.5CaF$_2$,干空气工质的压力为 0.4MPa,其物性参数的定性温度取为 820K。

模拟的轨道参数为:日照期 66min,阴影期 27min,工质质量流量 0.29kg/min ~
0.55kg/min,工质进口温度为 792K ~ 832K,输入功率为 600W ~ 1100W(含漏热损失),整
个实验单元被置于真空实验舱内测试,因而其环境为真空,单元管只受到输入热流的辐射
加热。

4.3.2　蓄热单元管数学模型

建立蓄热单元管的数学模型时参照 3.4.1 节中 PCM 容器内传热控制方程、网格划分
和方程离散化等相关内容,并根据蓄热单元管地面模拟实验的实际情况进行工质管壁传
热模型、工质对流换热模型的建立。

4.3.2.1　基本假设与控制方程

采用弱数值解法来求解焓法能量守恒方程[5, 6],并作了如下假设:

(1)相变过程发生在某个特定的温度,而非一个温度区域,取其熔点 1040K;

(2)忽略透过固态和液态 PCM 区的辐射换热,即认为 PCM 是不透明的;

(3)忽略液态 PCM 的对流影响;

(4)工质气体在管内的流动及热力是充分发展的;

(5)忽略 PCM 容器内壁与工质导管壁间的接触热阻;

(6)工质导管周向热流均匀分布。

焓法[5]是将焓和温度一起作为待求函数,对包括固相区、液相区及相界面在内的整
个计算区域建立统一的守恒方程,利用数值方法求出热焓分布,然后再根据焓值来确定界
面位置,从每一时间段得到控制体的热焓,从而决定该时刻控制体的相态。

由于相态的变化,相变材料不同相态间的界面是移动的,焓法避免了求解温度时无法
确定控制体单元物性参数的困难。因此可将蓄热单元管各典型区域(PCM 区、金属壁区
域、工质流体区)建立一个基于比焓形式的统一的能量输运方程。根据热力学第一定律,
就所研究的控制体而言,在分析传热问题中最常用的能量守恒定律的表述形式是

$$\dot{E}_{in} + \dot{E}_g - \dot{E}_{out} = \dot{E}_{st} \tag{4.22}$$

其中,$\dot{E}_{in}$ 为穿过控制面进入体系的能量;$\dot{E}_{out}$ 为离开的能量。这两项只与在控制面处发生
的过程有关,与控制面表面积成正比。在最一般的情况下,流入、流出能量可以包括热传
导、对流和辐射三种传热方式;在有流体流过控制面时,$\dot{E}_{in}$ 和 $\dot{E}_{out}$ 还包括流体本身带入和
带出体系的能量,这些能量由动能、势能和热能组成,对大多数情况前两项可忽略,此外,
流入能量和流出能量可能还包括相互作用的机械做功。$\dot{E}_g$ 为体系内热能生成项,它与其
他形式的能(化学能、电能或核能)向热能的转换有关,是一种体积现象,即热能在体系内
生成,其生成速率与体系体积成正比,当其为正时称为内热源,当其为负时可以说体系内
有一个热沉。$\dot{E}_{st}$ 为体系储存能的增量,也是一种体积现象,瞬态时 $\dot{E}_{st} > 0$ 或 $\dot{E}_{st} < 0$,在稳
态状况下 $\dot{E}_{st} = 0$。

对于一个任意给定的表面积为 S,体积为 V 的控制体,考虑到相变材料容器内无内热

源,也无外力做功,得到概括了蓄热单元管各区域的统一的基于比焓的积分形式能量控制方程为

$$\frac{\partial}{\partial t}\int_{V_k}\rho_k h_k dV_k = -\int_{s_k}\rho_k h_k \vec{U}_k \cdot \vec{n}_k dS_k - \int_{s_k}\vec{q}'''_k \cdot \vec{n}_k dS_k \qquad (4.23)$$

与之联立的关于温度、下标为 k 的区域的焓方程为

$$h_k - h_{\text{ref}} = \int_{T_{\text{ref}}}^{T_k} C_k(T_k) dT'_k \qquad (4.24)$$

式中:$\vec{U}$ 为控制体内的速度向量;$\vec{n}$ 为控制体表面的法向量;ρ 为控制体的密度;h 为控制体比焓;T 为控制体温度。

下标 k 指示了蓄热单元管各区域,定义为

$k = 1$:容器外壁区域;

$k = 2$:PCM 区;

$k = 3$:容器内壁区域;

$k = 4$:工质管区;

$k = 5$:工质流体区。

在 PCM 的固相区和液相区,$\vec{U}_k = 0$。

方程(4.24)中的比热容在容器壁和工质导管壁区域,认为是温度的线性函数,PCM 区中,固相、液相的比热容分别取为相变点的固、液相比热容,均为常数,糊相区控制体的密度 ρ、比热容 C 及热导率 K 可根据液相成分的体积百分比 r 和质量百分比 x 按 PCM 固、液相的物性进行加权平均得到

$$\rho = \rho_s(1 - r) + \rho_1 \cdot r \qquad (4.25)$$

$$C = C_s(1 - x) + C_1 \cdot x \qquad (4.26)$$

$$K = K_s(1 - x) + K_1 \cdot x \qquad (4.27)$$

下标 s 和 l 分别代表固相和液相。

4.3.2.2　PCM 容器壁焓模型

图 4.33 所示为单管模型计算节点示意图。单元管径向共分布了 $j = 1, 2, \cdots, j_{\text{max}}$ 共 j_{max} 个节点,轴向分布了 $i = 1, 2, \cdots, M$ 共 M 个节点。径向下标 j 分别与蓄热单元管构型剖面的各区域对应,其意义是:$j = 1$、$j = j_{\text{max}} - 1$ 和 $j = j_{\text{max}}$ 分别对应 PCM 容器的外壁面、容器内壁面和工质导管壁,剩下的 PCM 区被划分为 $j_{\text{max}} - 3$ 个节点,即 $j = 2, 3, \cdots, j_{\text{max}} - 2$。

将方程(4.23)应用于容器外壁区域($k = 1$)且沿管长方向位于第 i 节点的控制体,得到如下的显式导热差分方程[7]

$$(\rho A)_1 \Delta z \left(\frac{h_{1_{i,j}}^{n+1} - h_{1_{i,j}}^n}{\Delta t} \right) = \dot{Q}_{abs_i}^n + \left(\frac{T_{2_{i,j+1}}^n - T_{1_{i,j}}^n}{R_{1_{i,j+1}}} \right) \qquad (4.28)$$

式中　i——对应于轴向的离散下标($i = 1, 2, \cdots, m$);

j——对应于径向的离散下标($j = 1, 2, \cdots, j_{\text{max}}$);

n——前一时间段的离散下标;

$n + 1$——当前时间段的离散下标。

142

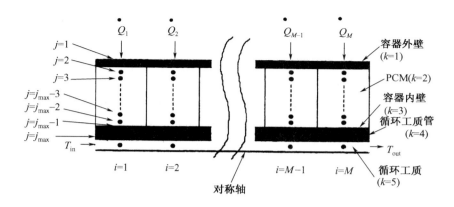

图 4.33　单管模型计算节点示意图

方程(4.28)的右边第一项为 n 时刻位于节点 i 的控制体表面吸收的净辐射热流,方程右边第二项分母中的径向热阻采用圆柱体热阻的求法,则有

$$R_{1_{i,j+1}} = \frac{\ln\left(\dfrac{r_{i,j}}{r_{i,j+1}}\right)}{2\pi\, k_1 \Delta z} + \frac{\ln\left(\dfrac{r_{i,j+1}}{r_{i,j+2}}\right)}{2\pi\, k_{\text{eff}} \Delta z} \tag{4.29}$$

式中:k_1 为 PCM 容器外壁面的热传系数;k_{eff} 为 PCM 区(包括 PCM 和容器侧壁)的当量热导率;Δz 为轴向节点的一个步长。

4.3.2.3　PCM 区熔模型

PCM 区内每个控制体可能有四种相态出现,即固相、液相、糊相和空穴,本书中 PCM 的相变过程通过 Shamsundar 和 Sparrow[5] 提出的熔法来建模模拟。在熔法提出之前,传统的方法需要分别写出每一相(固相和液相)的守恒方程,然后用描述固液相界面能量守恒的第三个方程将前两个方程耦合,耦合条件称为 Stefan 条件,这种方法被称为界面跟踪法[8]。而熔法只需对求解区域的熔进行体积跟踪,可把包含不同相态的求解区域作为整体求解。

对于 PCM 区($k=2$),关于比熔的时间显式差分方程为[9]

$$(\rho A)_2 \cdot \Delta z \cdot \left(\frac{h_{2_{i,j}}^{n+1} - h_{2_{i,j}}^{n}}{\Delta t}\right) = \left(\frac{T_{2_{i,j+1}}^{n} - T_{2_{i,j}}^{n}}{R_{2_{i,j+1}}}\right) + \left(\frac{T_{2_{i,j-1}}^{n} - T_{2_{i,j}}^{n}}{R_{2_{i,j-1}}}\right) \tag{4.30}$$

该方程适用于 $2 \leqslant j \leqslant j_{\max} - 2$,当 PCM 的液相质量份额 $0 \leqslant X_{i,j} \leqslant 1$ 时,可得到一个和方程(4.30)类似的方程

$$m_{i,j} h_{\text{sf}} \left(\frac{X_{i,j}^{n+1} - X_{i,j}^{n}}{\Delta t}\right) = \left(\frac{T_{2_{i,j+1}}^{n} - T_{2_{i,j}}^{n}}{R_{2_{i,j+1}}}\right) + \left(\frac{T_{2_{i,j-1}}^{n} - T_{2_{i,j}}^{n}}{R_{2_{i,j-1}}}\right) \tag{4.31}$$

式中:$m_{i,j}$ 为 (i,j) 控制体 PCM 质量;h_{sf} 为 PCM 熔解潜热;(i,j) 节点上液相份额的取值范围为:$0 \leqslant X_{i,j} \leqslant 1$。

方程(4.30)和方程(4.31)中的热阻为

$$R_{2_{i,j+1}} = \frac{\ln\left(\dfrac{r_{i,j}}{r_{i,j+1}}\right)}{2\pi\, k_{\text{eff}_{i,j}} \Delta z} + \frac{\ln\left(\dfrac{r_{i,j+1}}{r_{i,j+2}}\right)}{2\pi\, k_{\text{eff}_{i,j+1}} \Delta z} \tag{4.31a}$$

$$R_{2_{i,j-1}} = \frac{\ln\left(\frac{r_{i,j-2}}{r_{i,j-1}}\right)}{2\pi \ k_{\text{eff}_{i,j-1}}\Delta z} + \frac{\ln\left(\frac{r_{i,j-1}}{r_{i,j}}\right)}{2\pi \ k_{\text{eff}_{i,j}}\Delta z} \tag{4.31b}$$

式(6.24)所列的状态方程实际上只适用于过冷状态的 PCM,因此需要一个状态方程将计算得到的焓与 PCM 的三个相态(过冷、混合相、过热)的温度联系起来,如图 4.34 所示,由于假设相变发生在固定的温度,则各相态的方程表达式为

$$\begin{cases} h - h_{\text{ref}} = c_{\text{s}}(T - T_{\text{ref}}), \ T < T_{\text{m}} \\ h - h_{\text{ref}} = c_{\text{s}}(T_{\text{m}} - T_{\text{ref}}) + X h_{\text{sf}}, \ T = T_{\text{m}} \\ h - h_{\text{ref}} = c_{\text{s}}(T_{\text{m}} - T_{\text{ref}}) + h_{\text{sf}} + c_{\text{l}}(T - T_{\text{m}}), \ T > T_{\text{m}} \end{cases} \tag{4.32}$$

式中:X 为 PCM 的液相质量份额。

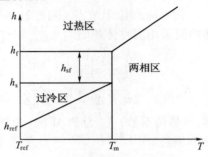

图 4.34　PCM 状态方程相图

4.3.2.4　工质管管壁焓模型

由于容器内壁与工质管在物理上是相互接触的(铜合金钎焊,已假定忽略焊接热阻),对于容器内壁($k=3$)和工质管($k=4$)的比焓形式的离散方程表达式为

$$(\rho A)_3 \Delta z \left(\frac{h_{3_{i,j}}^{n+1} - h_{3_{i,j}}^n}{\Delta t}\right) = \left(\frac{T_{4_{i,j+1}}^n - T_{3_{i,j}}^n}{R_{3_{i,j+1}}}\right) + \left(\frac{T_{2_{i,j-1}}^n - T_{3_{i,j}}^n}{R_{3_{i,j-1}}}\right) \tag{4.33}$$

$$(\rho A)_4 \Delta z \left(\frac{h_{4_{i,j}}^{n+1} - h_{4_{i,j}}^n}{\Delta t}\right) = \dot{Q}_{f_i}^n + \left(\frac{T_{3_{i,j-1}}^n - T_{4_{i,j}}^n}{R_{4_{i,j-1}}}\right) + \left(\frac{T_{4_{i+1,j}}^n - T_{4_{i,j}}^n}{R_{4_{i+1,j}}}\right) + \left(\frac{T_{4_{i-1,j}}^n - T_{4_{i,j}}^n}{R_{4_{i-1,j}}}\right)$$

$$\tag{4.34}$$

由于方程(4.33)和方程(4.34)右边第一项中的热阻与在 4.3.2.2 节和 4.2.3.3 节中所列热阻形式非常相似,所以不再列出。但是方程(4.34)右边后两项中的热阻则有不同的形式,因为它们是轴向尺寸的函数,该热阻为

$$R_{4_{i+1,j}} = R_{4_{i-1,j}} = \frac{\Delta z}{(kA)_4} \tag{4.35}$$

方程(4.35)表明了工质管模型的准二维本质。

4.3.2.5　工质对流模型

对工质流体区域($k=5$),采用一维准稳态模型来描述比焓沿轴向的传输。方程(4.23)的一维准稳态微分形式为

$$\dot{m}C_p \frac{\mathrm{d}T_f}{\mathrm{d}z} = h^* p(T_s - T_f) \qquad (4.36)$$

方程(4.36)的近似解为(在等温壁面条件下)

$$\theta(z) = \frac{T_s - T_f}{T_s - T_{in}} = \mathrm{e}^{-\left(\frac{ph^* z}{\dot{m}C_p}\right)} \qquad (4.37)$$

其离散方程为

$$\theta_i^{n+1} = \frac{T_{s_i}^{n+1} - T_{f_i}^{n+1}}{T_{s_i}^{n+1} - T_{in_i}^{n+1}} = \exp\left(-\frac{Ph^* z}{\dot{m}C_p}\right) \qquad (4.38)$$

式(4.36)中的 p 为工质导管的湿周长,$\dot{m}$ 为工质的质量流量,h^* 为工质导管内流体的对流换热导数,可由管内紊流强迫对流换热公式[10] $Nu = 0.023Re^{0.8}Pr^{0.4}$ 求得。最后,用于方程(4.34)的径向对流焓可表示为

$$\dot{Q}_{f_i}^n = \dot{m}C_p(T_{f_{i-1}}^n - T_{f_i}^n) \qquad (4.39)$$

4.3.2.6 空穴传热模型

在相变过程中,由于 PCM 液态和固态的密度不同,空穴必然形成。Kerslake 和 Ibrahim 指出[11],空穴的存在将产生绝热效果,它阻挡了热量传入 PCM,因而减缓了相变过程。通过对单个容器的分析,他们还指出当容器的 15% 为固定空穴时,将使外壁温度升高 20K。

计算中假设空穴在重力影响下始终处于靠近容器外壁处,同时假定空穴内充满 PCM 蒸气,蒸气压力很低,1040K 时只有 0.933Pa[12],其质量可以忽略不计,传输性质可由气体运动理论近似得到,另外假设空穴沿轴向分布一致,轴向的温度梯度可被忽略,忽略空穴界面间的辐射换热,因此,空穴内蒸气温度分布按径向稳态传热方程确定,方程为如下形式

$$\frac{1}{r}\frac{\mathrm{d}}{\mathrm{d}r}\left[rk_{\mathrm{eff}}(T)\frac{\mathrm{d}T}{\mathrm{d}r}\right] = 0 \qquad (4.40)$$

其中 $k_{\mathrm{eff}}(T)$ 只与温度有关,它是容器壁和层状构型空穴的折合热导率,数学表示为

$$k_{\mathrm{eff}}(T) = \left(\frac{2W_t}{W_{cc}}\right)k_{cc} + \left(\frac{W}{W_{cc}}\right)k_{\mathrm{void}}(T) \qquad (4.41)$$

式中:k_{cc} 为容器壁热导率;k_{void} 为 PCM 蒸气的热传导系数;空穴内蒸气的热传导系数根据稀薄气体运动理论[13],可用如下公式计算

$$k_{\mathrm{void}} = aT^m \qquad (4.42)$$

其中 $a = 1.457 \times 10^{-3}$ 为一常数,它是气体分子直径和质量的函数,$m = 1/2$,当温度 T 的单位为开氏温度时,k_{void} 的单位为 W/m · K。

式(4.41)中,W_t 为容器壁厚度,W 为容器内空穴和 PCM 所占区域的厚度,W_{cc} 为整个容器之厚度($W_{cc} = 2W_t + W$)。

将方程(4.41)代入式(4.40),整理后可得如下的空穴区温度分布

$$b_1 T + \frac{b_2}{m+1} T^{m+1} = A \ln r + B \qquad\qquad (4.43)$$

式中

$$b_1 = \left(\frac{2W_t}{W_{cc}}\right) k_{cc}, \quad b_2 = \left(\frac{W}{W_{cc}}\right) a \qquad\qquad (4.44)$$

$$A = \frac{b_1 [T(r_o) - T(r_v)] + \dfrac{b_2}{m+1} [T^{m+1}(r_o) - T^{m+1}(r_v)]}{\ln\left(\dfrac{r_o}{r_v}\right)} \qquad\qquad (4.45)$$

$$B = b_1 T(r_o) - \left\{ \frac{b_1 [T(r_o) - T(r_v)] + \dfrac{b_2}{m+1} [T^{m+1}(r_o) - T^{m+1}(r_v)]}{\ln\left(\dfrac{r_o}{r_v}\right)} \right\} \ln(r_o)$$

$$\qquad\qquad (4.46)$$

另外,方程(4.46)中的(r_o/r_v)与空穴分数X_v有关,即

$$\frac{r_o}{r_v} = \left(1 - X_v \left[1 - \left(\frac{r_{ii}}{r_o}\right)^2 \right] \right)^{-\frac{1}{2}} \qquad\qquad (4.47)$$

方程(4.44)~方程(4.46)中,r_o为容器内壁面内半径,一旦空穴分数X_v及(r_o/r_{ii})被确定,则可用时间步进的方法得到超越方程(4.45)的解。

需要指出,实际上空穴不是固定的,当PCM熔解时,空穴将会收缩,而PCM凝固时,空穴则会长大。这种收缩和长大分别对应着r_v的增大和缩小,由于这种动态过程太过复杂,所以计算中暂时不予考虑。

4.3.2.7 热辐射模型

对于所研究的蓄热单元管地面实验装置,由于采用的太阳热流模拟炉加热体是电加热器,以等热流密度方式加热单管实验样件,另外整个实验单元置于真空实验舱内,与环境间的热交换方式只有辐射换热一种,因此,热辐射模型比较简单。通过实验单元太阳热流模拟炉体的漏热量通过实验已测得。

4.3.3 离散方程求解

蓄热单元管沿轴向被划分为12个节点,每个PCM容器作为一个节点,沿径向也被划分为12个节点,其中PCM容器外壁作为一个节点,固定空穴作为一个节点,PCM区域被划分为8个节点,PCM容器内壁作为一个节点,工质管壁作为一个节点。单元管的吸/放热过程共模拟了6个日照—阴影循环,轨道周期93min,共中日照期66min,阴影期27min,共计558min。本计算采用显式分法,选择适当的时间步长使求解过程收敛和数值稳定,计算中取时间步长为0.001s。

计算所取的初始状态为PCM容器和容器内相变材料均处于低于PCM熔点的某参考温度值均匀温度下,即PCM容器内的PCM全部处于固态。由于假定初始状态为整个

PCM 容器处于均匀的温度场,当完成第一轨道周期模拟计算后,PCM 容器内温度分布不均匀,当连续进行有限个轨道周期计算后,PCM 容器内各部分的温度以轨道周期为变化周期发生有规律的变化,可以认为这时初始温度分布对 PCM 容器内 PCM 的蓄/放热过程已无影响,即 PCM 的蓄/放热过程只与给定的边界条件有关,也就是已达到正规热状况阶段,计算的程序框图见图 4.35。

4.3.4 计算结果分析

针对 4.2 节中的 3 个多轨道稳态实验状态组合 1、2、3 分别进行了数值模拟,其中实验组合 1 的输入功率 680W,工质质量流率 0.46kg/min,工质进口温度为 519℃(792K)左右;实验组合 2 的输入功率为 680W,工质质量流率 0.4kg/min,工质进口温度 522℃(795K)左右;实验组合 3 的输入功率 608W,工质质量流率为 0.33kg/min,工质进口温度为 518℃(791K)左右。3 个实验状态组合的仿真计算结果分别如图 4.36~图 4.38 所示。

4.3.4.1 第 1 试验状态组合

图 4.36 为实验组合 1 在 4 个轨道内容器最高壁温、容器平均壁温及工质气体出口温度的计算结果与实验结果的对比。

图 4.36(a)所示为实验状态组合 1 在 4 个轨道周期内 PCM 容器外壁面最高温度的计算结果与实验结果的比较。由计算得到的数据表明,轨道周期内 PCM 容器最高壁温的最大值 866℃(日照末),日照期内从日照初的 765℃升至日照末的 866℃,阴影期内又从866℃降至阴影末的 765℃。从总体趋势上看计算结果略高于实验测得的最高壁温,1 个轨道周期日照末时容器最高壁温的实验值分别为 845℃、865℃、861℃及 871℃。实验从第 3 轨道基本上进入正规热状况,其在日照期约从 756℃~861℃,阴影期又从 861℃~746℃。计算值与实验值的差值最大未超过 30℃,吻合较好。无论是计算值还是实验值,轨道周期内的最高壁温均未超过 Haynes 188 长期使用的温度上限 1000℃。

图 4.36(b)所示为实验组合 1 在 4 个轨道周期内容器平均壁温的计算结果与实验结果的比较。从计算得到的数据看,计算得到的壁面平均温度在日照初为 712℃,日照末达819℃,阴影末期又降至 713℃。实验结果在第 3、第 4 轨道基本进入正规热工况,第 3 轨道平均壁温在日照初为 705℃,日照末为 817℃,阴影末为 704℃。计算结果总体上略高于实验结果,在日照初、日照末、阴影末三个时刻吻合很好。但在日照期第 9 至第 21min 计算值比实验值高约 27℃~33℃,此后二者差值逐渐缩小,至日照末时计算值比实验值只高 1℃。27min 阴影期内的吻合较好,计算值与实验值的最大差值小于 10℃,阴影末时计算值比实验值高 7℃。

图 4.36(c)所示为实验组合 1 工质气体出口温度的计算结果与实验结果的比较。计算结果表明,工质出口温度在日照初为 560℃,在日照末升至最大值 575℃,阴影末时刻又降至 560℃。出口温度在整个轨道周期内较为平稳,日照末比日照初仅高出 15℃。进、出口温升在阴影末为 37℃,在日照末为 52℃。与实验结果对比来看,计算值比实验值总体上略高,在日照末时刻二者几乎相同,在阴影末或日照初差别最大,计算值比实验值约高13℃左右,总的来说吻合比较好。

4.3.4.2 第 2 实验状态组合

图 4.37 为实验组合 2 在 4 个轨道内容器最高壁温、容器平均壁温及工质气体出口温

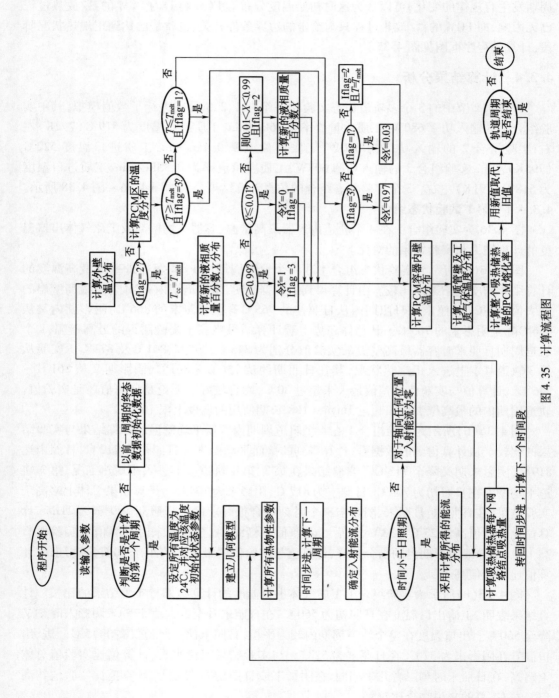

图 4.35　计算流程图

148

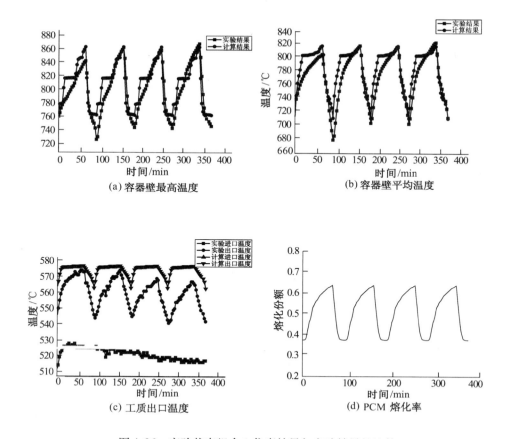

(a) 容器壁最高温度

(b) 容器壁平均温度

(c) 工质出口温度

(d) PCM 熔化率

图 4.36　实验状态组合 1 仿真结果与实验结果的比较

度的计算结果与实验结果的对比。

图 4.37(a)为容器最高壁温的对比,计算结果在日照初为 777℃,日照末为 847℃,阴影末为 762℃。实验结果在第 2、3、4 三个轨道的日照初为 752℃,日照末为 887℃,阴影末为 725℃。可见二者在日照末差别最大,实验值比计算值高出 40℃,但仍小于 1000℃。阴影末差别最小为 10℃。

图 4.37(b)为容器平均壁温的对比,计算结果在日照初为 744℃,日照末为 812℃,阴影末为 726℃。实验结果在第 2、3、4 轨道基本进入正规热工况,在第 3、4 轨道日照初为 733℃,日照末为 842℃,阴影末为 733℃。二者间最大差值在日照末,实验值比计算值高 30℃,最小差值在日照初,计算值比实验值高 11℃。

图 4.37(c)为工质出口温度的比较,计算得到工质出口温度在日照初为 575℃,日照末为 584℃,阴影末为 573℃。实验结果以第 4 轨道为例,在日照初为 552℃,日照末为 579℃,阴影末为 549℃。计算结果总体上略高于实验结果,在日照末时吻合最好,阴影末时差别较大。

4.3.4.3　第 3 试验状态组合

图 4.38 为实验组合 3 在 4 个轨道内容器最高壁温、容器平均壁温及工质气体出口温度的计算结果与实验结果的对比。

图 4.38(a)为容器最高壁温的比较,计算得到的最高壁温在日照初为 775℃,日照末

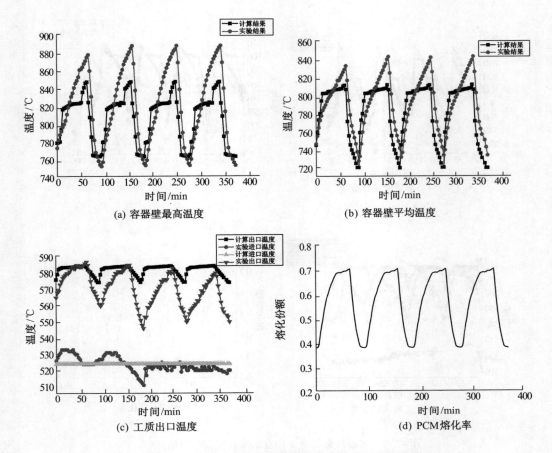

图 4.37　实验状态组合 2 仿真结果与实验结果的比较

为 832℃,阴影末为 762℃。取实验进入正规热工况的第 4 轨道为例,在日照初为 752℃,日照末为 876℃,阴影末为 752℃。二者在日照末的差别最大,实验值比计算值高 44℃,二者在阴影末吻合最好,计算值比实验值高 10℃。

图 4.38(b)为容器平均壁温的对比,计算得到的容器平均壁温在日照初为 748℃,日照末为 802℃,阴影末为 723℃。第 4 轨道的实验结果为日照初为 731℃,日照末为831℃,阴影末为 730℃。二者在日照末差别最大,实验值比计算值高 29℃,在阴影末差别最小,实验值比计算值高 7℃。

图 4.38(c)为工质气体出口温度的对比,计算得到的工质出口温度在日照初为579℃,日照末为 589℃,阴影末为 579℃,这 3 个时刻的进出口温升分别为 56℃、66℃及56℃。第 4 轨道的实验结果为日照初 552℃,日照末 578℃,阴影末为 548℃,这 3 个时刻对应的进出口温升分别为 37℃、64℃及 35℃,可见计算结果比实验结果略高,日照末吻合最好,仅有 2℃的偏差,阴影末偏差最大,计算值比实验值高 21℃。

从图 4.36 ~ 图 4.38 中 3 个实验状态组合的总的结果对比来看,计算结果和实验结果吻合良好,最大相对偏差小于 5%(按绝对温度计算),工质出口温度的计算值偏高,而容器壁面最高温度的实验值高于计算值。

另外图 4.36(d)、图 4.37(d)、图 4.38(d)分别为实验组合 1、2、3 在 4 个轨道周期内

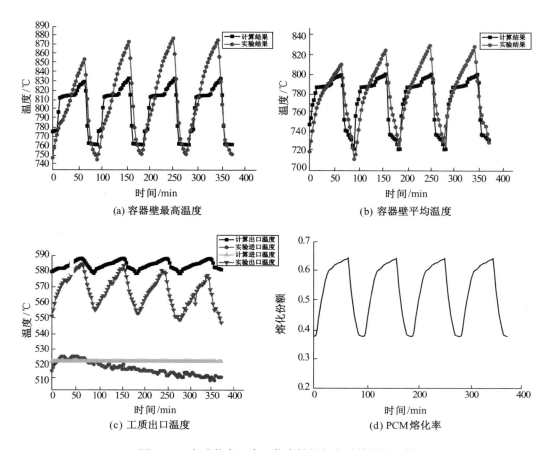

(a) 容器壁最高温度   (b) 容器壁平均温度

(c) 工质出口温度   (d) PCM 熔化率

图 4.38   实验状态组合 3 仿真结果与实验结果的比较

PCM 熔化率的计算结果,可见 PCM 的熔化份额在阴影末最小,而在日照末最大,基本上介于 0.3~0.7 之间,也即在整个轨道周期内 PCM 始终处于两相状态。而在实验过程中,PCM 在日照末和阴影末分别达到了过热和过冷,即 PCM 在日照末和阴影末分别为全部熔化和全部凝固的状态,这一差别正是造成工质出口温度、PCM 容器壁器的计算结果和实验结果间有一定偏差的原因。

参 考 文 献

[1]   Cotton J D, Sedgwick L M. Comatibility of selected supperalloys withmolten LiF-CaF2 Salt, 24th IECEC Paper 899235, 1989.

[2]   Misra A K, Whittenberger J D. Fluoride and container materials for Tharmal Energy Storage Applications in the temperature Range 973 to 1400K AIAA -87 -9226, 1987.

[3]   Namkoong D. Measured Performance of a 1089K Heat Storage Device for sun-shade Orbital Missions, NASA - TN - D -6665, 1972.

[4]   侯欣,袁修干,空间太阳能热动力发电系统技术吸热/储热器关键技术研究,"863 高技术报告",北京航空航天大学人机环境研究所,1999. 3.

[5]   Shamsundar N, Sparrow E M. Analysis of multidimensional conduction phase change via the enthalpy model, Trans.

ASME, J. Heat Transfer, 1975, (8): 333 – 340.

[6] Soloman A D, Wirson D G. A stefan-type problem with void formation and its explicit solution, ORNL – 6277.

[7] Patankar S V. Numerical Heat Transfer and Fluid Flow, Hemisphere, Washington, DC. , 1980.

[8] Anatas Lazaridis. A numerical Solution of the Multidimensional Solidification (or meting) problem, Int. J. Heat Transfer, 1970, 13(9): 1459 – 1477.

[9] Jaluria Y, Torrance K E. Computational Heat Transfer, Hemisphere, Washington, DC. 1986.

[10] 杨世铭. 传热学. 北京:高等教育出版社,2000.

[11] Keslake T W, Ibrahim M B. Two-dimensional model of Space station freedom thermal energy storage canister, Trans. ASME, J. of Solar Energy Engimeering, 1992, 114(5): 114 – 121.

[12] Kerslake T W. Multidimensional modeling of a thermal energy Storage Canisters, master Thesis, N91 – 19177.

[13] Wichner R P, Solomon A D, Drake J B, Williams P T. Thermal analysis of heat storage canisters for a solar dynamic Space power system, ORNL – TM – 10665.

第五章　填充泡沫金属改善相变蓄热过程的研究

固液相变蓄热是利用相变材料在熔化或凝固过程吸收或放出相变潜热的特性进行热量储存和释放的方法,具有蓄热密度大、蓄热过程温度恒定、体积变化小、易于控制和管理等优点,已成为当前高温蓄热和低温蓄冷领域广泛应用的重要技术,有效控制和强化相变传热过程是其应用中的关键问题。国内外研究人员在相变蓄热装置的强化传热方面开展了大量工作,常见方法包括使用带肋片的容器、在 PCM 中添加高导热性结构等,研究表明上述方法都不同程度提高了相变蓄能装置中的传热效果[1-16]。

大量研究和实验结果表明,相变过程中 PCM 内部的空穴分布也是影响相变蓄热装置传热性能和可靠性的重要因素[17-23]。尤其是高温相变蓄热,固液相变时 PCM 的密度变化通常较大,空穴分布产生的影响也更加显著,SSDPS 中的蓄热容器就由于 PCM 的体积变化和空穴分布而发生"热斑"和"热松脱"现象,不仅降低蓄热容器的传热性能和蓄热效率,而且产生周期性的局部热应力,严重影响了蓄热容器的结构可靠性,甚至直接导致容器的破坏[24,25]。为了保证吸热器安全可靠地长期工作,必须采取措施解决空穴分布造成的影响。美国 Allied-Signal 公司 25 kW 吸热器方案中采取了独立封装的环形小容器,不仅通过容器侧壁强化传热,而且最大限度地缩小了单个蓄热容器失效对整个吸热器的影响,从而成为 NASA 吸热器设计中普遍采用的蓄热容器方案[26-28]。BA&E 公司在蓄热容器内充填 $\phi 20 \mu m$ 镍丝烧结成的镍毡,其孔隙率为 80%,使有效热导率增加三倍,镍毡也起到了控制空穴位置的作用[29]。此外在相变材料中加入泡沫状材料如氮化硼、碳化硅、热解石墨等其他措施也能起到改善换热和空穴分布的作用。

近些年来,泡沫金属材料开始被用于相变蓄热装置内部的强化传热,将泡沫金属填充入相变蓄热装置后,PCM 渗透入泡沫金属的孔隙结构中形成复合结构,以下称其为泡沫金属基复合相变材料(Composite Phase Change Material CPCM)。大量理论和实验研究证明了填充泡沫金属对相变蓄热装置传热性能的显著改善[30-49]。针对蓄热容器内相变蓄热过程的仿真计算中发现的传热性能不佳和空穴集中分布的问题,提出在蓄热容器内填充泡沫金属来改善传热性能和空穴分布的方案。但是由于泡沫金属多孔结构内的传热过程本身就很复杂,还没有成熟的理论基础可以引用,其孔隙中加入 PCM 后的复合相变传热过程的理论研究难度又大大增加,目前对泡沫金属基 CPCM 内的传热问题的研究还比较初浅。另外,由于空穴分布对相变蓄热过程的影响尚未得到深入研究,所以填充泡沫金属对相变蓄热装置内空穴分布的影响也未得到关注,已有的研究内容仅仅局限于泡沫金属的强化传热方面。

本章在理论分析的基础上,从强化传热和空穴分布两方面出发,研究泡沫金属基 CPCM 的有效导热性能,分析填充泡沫金属对相变蓄热容器热性能的影响,具体内容如下:

（1）针对泡沫金属基 CPCM 的微观结构特征提出一种新的复合材料相分布模型—立体骨架式相分布，并以此为基础从强化传热和空穴分布两方面出发建立传热模型，推导泡沫金属基 CPCM 有效热导率的计算式；

（2）利用推导得到的计算式进行泡沫金属基 CPCM 有效热导率的实例计算，并与其他方法的计算结果以及测试结果进行比较分析；

（3）针对两类典型泡沫金属基 CPCM 分析泡沫金属孔隙率、空穴率等主要结构参数对 CPCM 导热性能的影响；

（4）利用第三章的仿真计算方法和本章提出的泡沫金属基 CPCM 有效热导率的计算方法对填充泡沫镍的蓄热容器建立模型，通过仿真计算分析填充泡沫镍的强化换热效果；

（5）进行了填充泡沫镍和未填充泡沫镍两组铝合金/石蜡蓄热容器的方案设计和试制，进行了两组蓄热容器的地面蓄/放热实验和数据分析，研究了填充泡沫镍对蓄热容器蓄热性能和温度场分布的显著改善；

（6）对蓄/放热实验后的两组蓄热容器进行 CT 扫描，得到各蓄热容器内 5 个水平断面上空穴分布的 CT 图像，分析了填充泡沫镍对于相变蓄热容器内的空穴分布的显著改善效果。

5.1 泡沫金属简介

5.1.1 泡沫金属的发展历史

随着社会的进步和科学技术的不断发展，人们对材料的要求不断提高，尤其在高科技领域，对超轻型结构及多功能材料提出了新的要求。泡沫金属是一种具有均匀多孔结构的新型功能材料，虽然从其发明至今仅有 60 年的历史，但是由于其具有孔隙率高、密度小、比表面积大等特征，使得其在导电性、吸声、减震、能量吸收、导热及电磁屏蔽等方面都具有较好的性能，从而在能源、通信、化工、冶金、机械、建筑、交通以及航空航天等领域中有着广泛应用前景[50-53]。

1948 年，美国人 Sosnik 最早提出了利用汞在铝中气化而制取泡沫铝的想法；后来 Ellist 发展了这一想法，并在 1956 年成功地制造出了泡沫铝。泡沫金属特殊的结构、性能和广泛的用途，吸引了来自日本、美国、苏联及西欧各国众多研究者及政府的日益关注。从 20 世纪中叶开始，世界各国竞相投入了对泡沫金属的性能和制备以及应用等领域的研究。

从泡沫金属的出现到 20 世纪七八十年代，对泡沫金属的研究主要集中在泡沫铝的制备方法和制备工艺方面，陆续出现了铸造法、金属沉积法、粉末冶金法、喷镀沉积法等方法，其中尤以铸造法最为经济，发展较快。美国、加拿大、德国、日本以及其他一些欧洲国家的公司和研究机构都在泡沫铝的制备、研究和实际应用中取得了很大进展。另外气泡核心机理的提出及应用使泡沫金属的制备得到了很大的突破，使泡沫铝的生产实现了从发泡到成型全过程的连续生产。

20 世纪 80 年代之后，泡沫金属的制备和应用得到了更加迅猛的发展，出现了泡沫镍、泡沫铜、泡沫铁、泡沫银等各种金属的泡沫材料,而且随着制备方法和工艺的不断改进,泡沫金属的制备成本不断降低,性能更加稳定。泡沫镍和泡沫铝是世界泡沫金属材料技术开发的两大热点。泡沫镍的制备技术目前已很成熟,国内外均有不少厂家进行大批量连续化生产,主要作为电池的极板材料应用于镍氢电池领域。泡沫铝制备技术则在航空航天、交通运输等行业的发展以及这些产业对综合性能优异的材料的巨大需求下得以迅速地发展,主要有合金气体发泡、合金发泡剂混合搅拌、金属及发泡剂混熔固结、熔融金属高压渗透等,广泛地应用在噪声防护、电磁屏蔽、建筑装饰、吸能缓冲、医用植体、分离工程、生物工程以及国防高科技等领域,自"9·11"事件以来,世界各国对这种具有轻质、防火、吸震等性能,适用于高层建筑及交通运输工具的结构材料给予了高度重视,从而引发了该材料的研发热潮,预计该材料将成为世界摩天大楼设计师们首选的主要建筑材料之一,市场前景极为广阔。

与此同时,研究人员还在不断开发新的具有特殊性能的泡沫金属材料,如美国 Los Alamos 国家实验室新近研制成功了钴和铜的纳米孔隙多孔金属泡沫材料。这种多孔泡沫金属是由含有高氮高能量配合体(High-Nitrogen Energetic Ligands)的新型过渡金属复合物通过自蔓延燃烧合成而形成的。所指的过渡金属包括铁、钴、铜和银,它们具有不同的化学性质和结晶结构。这种泡沫金属的结构特性(表面积、孔隙尺寸、密度),随着成分的不同而不同,并与前驱体的化学性质以及燃烧合成时的过压力成函数关系。所获得的泡沫金属具有很低的密度(低至 $0.011g/cm^3$)和极高的表面积(约为 $270m^2/g$)。

5.1.2　泡沫金属的分类

随着泡沫金属材料制备技术的迅猛发展,出现了各种各样的泡沫金属材料。概括起来,主要有以下分类方式:① 按孔径和孔隙率的大小分类:一般将孔径小于0.3mm,孔隙率在45%~90%的,称为多孔金属;将孔径在0.5mm~6mm,孔隙率大于90%的,称为泡沫金属,而两者又可统称为多孔泡沫金属。但是目前多数研究者都将两者视为等同的概念,本书为叙述方便也将多孔金属和泡沫金属统一称为泡沫金属。② 按孔隙的形状特征分类:具有连通孔隙结构的称为通孔泡沫金属,具有相互独立的孔隙结构的称为闭孔泡沫金属。③ 按基体材料的种类进行分类:常见的泡沫金属有泡沫铝、泡沫镍、泡沫铜、泡沫铁等。

5.1.3　泡沫金属的制备方法

泡沫金属的制备方法很多,泡沫金属材料的孔隙结构随制备方法或生产工艺的不同而不同,由同一种金属、不同的生产工艺制备的泡沫金属实际上属于不同的材料,有着不同的性能和用途,因此有必要了解泡沫金属的各种制备方法。如前面所述,泡沫金属按内部孔隙结构的不同可以分为通孔泡沫金属和闭孔泡沫金属。闭孔泡沫金属的制备方法主要有熔融金属发泡法、粉末冶金法、电涂覆法等;通孔泡沫金属的制备方法主要有熔模铸造法、复模渗流铸造法、金属沉积法(包括电沉积发法和气相沉积法)、金属粉末或纤维烧结法等。下面对其中的主要制备方法进行介绍。

1. 熔融金属发泡法

熔融金属发泡法指直接在熔融金属中产生气泡制备泡沫金属的方法。由于该方法成本低,适合大规模生产,而且可以利用回收的废料再次发泡,是制备闭孔泡沫金属非常有优势的方法,但是只适用于低熔点金属(如铝、锡等)的泡沫金属制备。采用熔融金属发泡法制备泡沫金属时,可以通过直接注入空气或者加入易分解的发泡剂来产生气泡。为了克服不均匀现象,可以进行高速搅拌以使气泡弥散于整个熔体,同时也可以加入其他高熔点固体增加黏度,以避免气泡逸出。

2. 粉末冶金法

粉末冶金法是应用范围较广的泡沫金属常用制备方法,很多金属(如铝、锡、铁、金、锌、铅等)及其合金都能用这种方法进行发泡。首先将金属粉末与适量的发泡剂混合均匀,然后通过挤压、热压或轧制将混合粉末加工成致密的预制品,再将预制品加热至混合粉末熔点附近,使发泡剂分解产生气体,冷却后得到闭孔泡沫金属。与熔融金属发泡法相比,粉末冶金法更易于操作和控制,通过合理选择发泡时间和发泡温度还能得到不同密度值的泡沫金属,但是生产成本较高,而且难以制备大体积的构件。

3. 熔模铸造法

熔模铸造法是先将已经发泡的塑料填充入一定几何形状的容器内,在其周围倒入液态耐火材料,在耐火材料硬化后,升温加热使发泡塑料气化,此时模具就具有原发泡塑料的形状,将液态金属浇注到模具内,在冷却后把耐火材料与金属分开,就可得到与原发泡塑料的形状一致的金属泡沫。

4. 复模渗流铸造法

复模渗流铸造法是一种制造低密度高孔隙率泡沫金属的方法。首先要制备预制块,通过烧结使其均匀分布在模具内,预制块材料应具有足够耐火性,且对熔融金属保持高度化学稳定性;采用加压的方式将熔融金属渗入模具中的预制块中,渗流完成后使熔体凝固;最后根据预制块材料不同,通过溶解、燃烧或振动等方法将预制块去除,得到高孔隙率的泡沫金属。

5. 金属沉积法

金属沉积法就是采用化学的或物理的方法把金属物沉积在易分解的有机物上,得到泡沫金属,有电沉积和气相沉积两种。

电沉积是用电化学的方法实现制备,它主要由四个步骤组成:① 以泡沫有机物为基体,由于它不导电,故须在酸性条件下用强氧化剂对有机物进行腐蚀,使其表面变得易于被水润湿并产生微痕,这一步骤常称为粗化;② 粗化后用 $PdCl_2$ 溶液中的 Pd^{2+} 对表面进行催化,称为活化;③ 放入镀液进行化学镀得到均匀地附着于与有机物表面导电的金属层,镀液中含有金属离子和还原剂;④ 经过化学镀处理的有机物最后进行电镀得到所需要种类的金属和厚度。必要时可把有机物在高温下进行处理使其分解。

气相沉积法又分为化学分解和物理沉积两种。以泡沫镍的制备为例,把CO-Ni(CO)$_4$混合气体导入反应器内,使其通过经过表面特殊处理的高分子泡沫体,在一定波长的红外线照射下,可使 Ni(CO)$_4$ 分解为金属 Ni 和 CO,Ni 沉积在泡沫体表面上形成所要制备的泡沫镍。真空气相沉积则是用物理的方法实现泡沫金属的制备,它同样是采用泡沫有机物作为基体,在真空设备中利用电子束或直流电弧使金属镍挥发,然后沉积到泡沫有机物上面形成泡沫镍。

5.1.4　泡沫金属的用途

泡沫金属具有一系列良好的性能,已广泛应用于航空航天、核能、石化、冶金、机械、医药、环保等行业的过滤、消声、布气、催化、热交换等工艺设备中。泡沫金属的性能及应用与孔隙结构有很大的关系,闭孔泡沫金属(通常是闭孔泡沫铝)具有轻质、高比刚度、低热导率和显著的能量吸收特性,主要用作轻质结构材料、吸能材料和热障材料;通孔泡沫金属具有孔隙率高、比表面积大等优异特性,广泛应用于过滤器、催化载体、热交换器、液流衰减控制设备、生物医学移植材料、内冷却形状记忆器件、空气电池以及保护渗透膜、盖等方面。下面仅从几个主要方面就其用途作简单的说明。

1. 电极材料

高孔隙率的泡沫金属(如泡沫镍等)在用作二次电池电极材料时表现出了较高的性能,比表面积大、过电压低、气液分离性高,使得电池的比功率、比容量有了较大的提高,同时可以满足快速充电的要求。

2. 催化载体

催化剂在化学反应尤其是有机合成反应中起着极其重要的作用,泡沫金属因其比表面积大成为催化载体的理想材料。由于泡沫镍有较大的空隙率和比表面积;使其可以作为催化剂或催化剂载体,在催化反应中表现出若干优于多孔陶瓷催化剂载体的性能。

3. 机械缓冲材料

泡沫金属特有的多孔结构,使得它在振动或碰撞时能够吸收能量,因而用作机械缓冲材料;同时其优异的减振性能使得它也可能用作火箭和喷气式发动机的保护材料。

4. 消声材料

在需要消声的场合使用泡沫金属,可以在声音通过它时发生散射、干涉等现象,使得声能部分被吸收,大大降低噪声对人体造成的损害。

5. 过滤材料

把泡沫金属加工成一定的形状,就可以用作过滤介质,从废水、溶液、石油等流体中过滤取出悬浮物或固体等杂质。泡沫金属特别适用于高温过滤材料。

6. 热交换器

通孔泡沫金属,尤其是以铜和铝合金为基体的泡沫金属,因具有较大的比表面积、良好的导热性能和较低的流动阻力而成为制造热交换器的良好材料。

5.2　泡沫金属基 CPCM 有效热导率的计算与分析

泡沫金属基 CPCM 是由泡沫金属和 PCM 复合而成的特殊材料,泡沫金属具有独特的多孔结构和优异性能,PCM 被分散成小颗粒储藏在泡沫金属孔隙中,金属骨架起到强化传热作用,能显著提高 PCM 的热导率;而 PCM 中的空穴也因为毛细作用分散在孔隙中,避免了因空穴集中而产生的局部热阻和热应力。由于泡沫金属基 CPCM 复杂的多孔结构,传统研究方法很难准确计算其热导率。

李明伟用随机生成的空间结构模拟各向异性的颗粒弥散型复合材料[54]，张海峰采用热阻网络法迭代求解复合材料的热导率[55]，曾竟成将复合材料的复合状态分为平行板式、连续增强式和颗粒填充式 3 种相分布模型，如图 5.1 所示，并分别给出了 3 种相分布状态下复合材料有效热导率的计算式[56]。祁先进采用了曾竟成的颗粒填充式相分布模型以及相应有效热导率计算式计算泡沫金属基 CPCM 的导热性能[43]。Pitchumani[57] 和 Adrian 人将分形理论引入多孔介质有效热导率的研究中，陈永平[59]、张新铭[60]、俞自涛[61] 等人又分别将分形模型应用于土壤、石墨泡沫和木纹横纹等多孔结构的有效热导率计算中，为多孔介质有效热物性的理论预测开辟了一条新路。

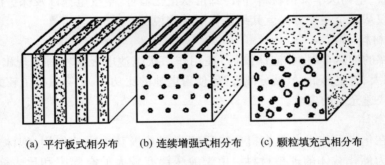

(a) 平行板式相分布   (b) 连续增强式相分布   (c) 颗粒填充式相分布

图 5.1　复合材料的 3 种基本相分布模型

然而参考文献[55]中各向异性的随机结构模型和参考文献[56]的颗粒填充式模型都与泡沫金属基 CPCM 的微观结构差异较大；参考文献[55]的离散迭代求解需要大量的结点信息存储空间，并产生很大计算量；而利用分形模型计算时，确定多孔介质的局部分形维数不仅过程复杂，且计算量大；尤其重要的是上述几种方法都无法解决泡沫金属基 CPCM 中 PCM 在相变时的体积变化和空穴分布对有效热导率计算的影响。

本书针对泡沫金属基 CPCM 微观结构特征提出一种新的复合材料相分布模型——立体骨架式相分布，在此基础上建立了泡沫金属基 CPCM 的传热模型，并且在传热模型中增加空穴子模型使得传热过程的描述更接近于实际，然后利用等效热阻法推导得到了有效热导率的计算式。

5.2.1　立体骨架式相分布模型

图 5.2 的扫描电镜照片显示了典型的通孔泡沫金属材料的微观结构，可以看到相互连通的孔隙部分占到了泡沫金属材料的绝大部分空间，其间的金属基体材料结构有如细长直杆搭建的立体骨架结构。虽然不同孔隙单元的形状和尺寸并不完全相同，但是从较大范围来泡沫金属内部的微观结构具有相似特性。

泡沫金属材料微观结构的均匀性和各向同性带来其导热过程的各向同性。针对这些特性对其结构进行简化，本书提出了泡沫金属基 CPCM 的立体骨架式相分布模型，如图 5.3 所示：研究选取的孔隙单元为立方体，中间为填充的相变材料，四周为由正方形直棱柱组成的金属骨架。

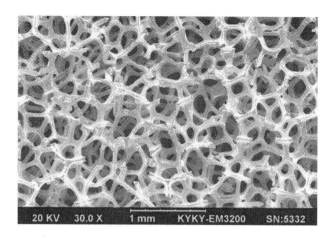

图 5.2 泡沫金属材料的扫描电镜照片

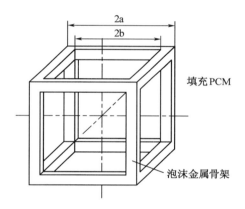

图 5.3 泡沫金属基 CPCM 孔隙单元模型

5.2.2 泡沫金属基 CPCM 传热模型

出于填充工艺的限制,PCM 不可能完全充满泡沫金属的孔隙,因此 CPCM 内必然会存在一定的空穴,另外相变过程中 PCM 的密度变化还会引起空穴体积的变化。空穴的分布和体积变化给泡沫金属基 CPCM 的传热性能研究增加了难度,此前的研究工作一般都忽视空穴的存在,通过假设 PCM 充满孔隙并忽略其体积变化来简化 CPCM 的传热问题,但是也影响了计算精度。本书在泡沫金属基 CPCM 立体骨架式相分布模型的基础上,根据 PCM 相变时的体积变化特点以及空穴在泡沫金属孔隙中的分布规律,在传热模型中增加空穴子模型来考虑空穴的分布和体积变化的影响。

液态 PCM 在表面附着力的作用下,黏附在金属骨架附近,空穴应位于孔隙单元的中心位置;而在冷凝过程中,金属骨架良好的导热作用使得其周围的液态 PCM 最先凝固,并逐渐向中心扩展,直至全部凝固。虽然相变时空穴体积会发生变化,但是空穴始终位于孔隙单元中心。本书在假设空穴形状为规则立方体的基础上建立泡沫金属基 CPCM 的传热模型,考虑到传热模型在 3 个坐标方向的对称性以及 CPCM 导热的各向同性,计算有效热导率时可仅取孔隙单元的 1/8 建立模型,如表 5.1 所列。

表 5.1 包含空穴子模型的泡沫金属基 CPCM 传热模型

	泡沫金属骨架	液态 PCM	固态 PCM
俯视图	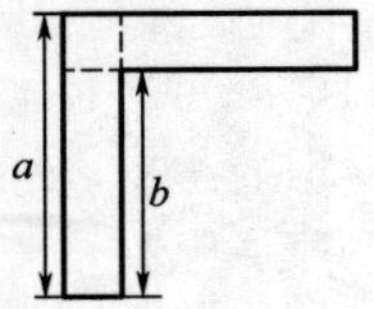	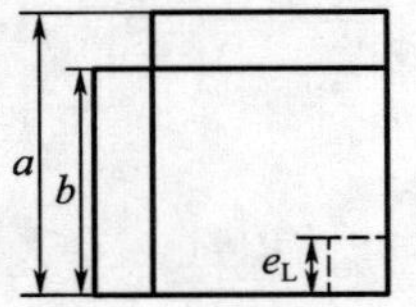	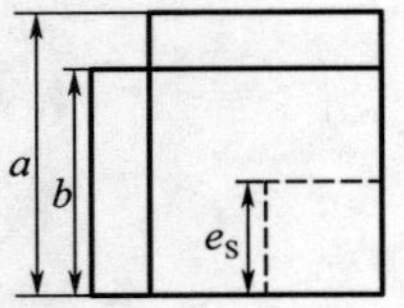
立体图	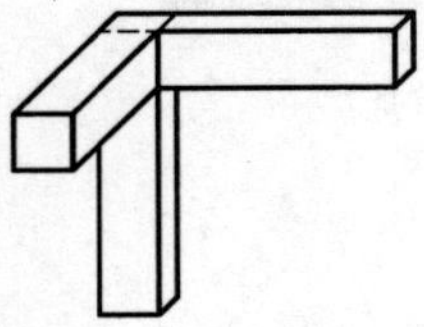	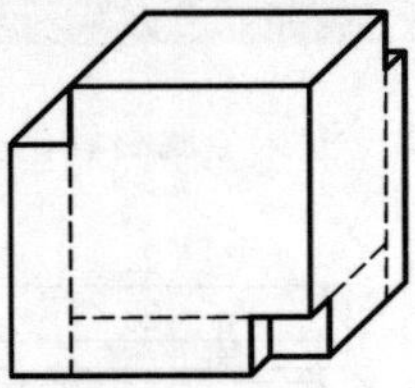	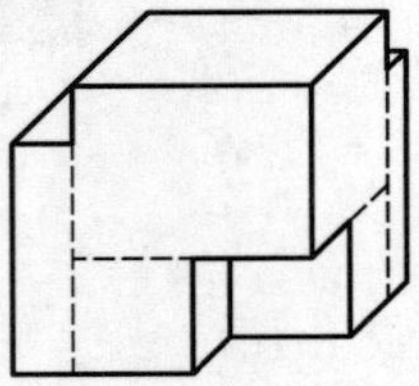

设孔隙单元和金属骨架内沿的边长分别为 $2a$ 和 $2b$,相变材料熔化状态和凝固状态时的空穴边长分别为 $2e_L$ 和 $2e_S$,并令:$b/a = \xi$;$e_L/a = \zeta_L$;$e_S/a = \zeta_S$,则泡沫金属的孔隙率 ε,PCM 熔化状态时的空穴体积比 ν_L 以及 PCM 体积变化率 δ 的表达式分别为

$$\varepsilon = 3\xi^2 - 2\xi^3 \tag{5.1}$$

$$\nu_L = \frac{\zeta_L^3}{3\xi^2 - 2\xi^3} \tag{5.2}$$

$$\delta = \frac{\zeta_S^3 - \zeta_L^3}{3\xi^2 - 2\xi^3 - \zeta_L^3} \tag{5.3}$$

5.2.3 有效热导率的计算式

热流传递时遵从最小热阻力法则:热阻力大的通道流过的热流小,热阻力小的通道流过的热流大,达到稳态时所有并联通道的热阻力都相等,热阻力的大小等于通道的热流 Q 与热阻 R 的乘积,而求解等效热导率的问题可归结为寻求单元体的等效热阻或最小热阻的问题。图 5.4 是包含空穴的孔隙单元传热模型的热阻示意图。

由于空穴内接近真空,热导率极低;而空穴壁面间的温差很小,使得辐射换热也可忽略不计,因此假设空穴的热阻 R_v 为无穷大。

孔隙单元的有效热阻 R_E 满足:

$$\frac{1}{R_E} = \frac{1}{R_{M1}} + \frac{2}{R_{M2} + R_{PCM2}} + \frac{1}{R_{PCM1} + R_{PCM3}} \tag{5.4}$$

式(5.4)中的各项热阻 R_E,R_{M1},R_{M2},R_{PCM1},R_{PCM2},R_{PCM3} 可以按照热阻的定义计算:

160

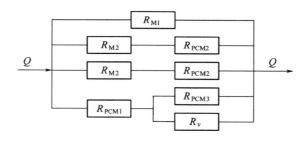

图 5.4 传热模型的热阻示意图

$$\begin{cases} R_{\rm E} = \dfrac{a}{a^2 k_{\rm E}} = \dfrac{1}{ak_{\rm E}} \\[3mm] R_{\rm M1} = \dfrac{a}{(a-b)^2 k_{\rm M}} \\[3mm] R_{\rm M2} = \dfrac{a-b}{(a-b)bk_{\rm M}} = \dfrac{1}{bk_{\rm M}} \\[3mm] R_{\rm PCM1} = \dfrac{a-e_i}{b^2 k_{\rm PCM}} \\[3mm] R_{\rm PCM2} = \dfrac{b}{(a-b)bk_{\rm PCM}} = \dfrac{1}{(a-b)k_{\rm PCM}} \\[3mm] R_{\rm PCM3} = \dfrac{e_i}{(b^2 - e_i^2)k_{\rm PCM}} \end{cases} \tag{5.5}$$

式中：$k_{\rm M}$ 和 $k_{\rm PCM}$ 分别是泡沫金属基材和 PCM 的热导率；e_i 中的下标 $i = {\rm L}$ 或 S，分别代表 PCM 为熔化状态和凝固状态。

将式(5.5)中的各热阻项计算式代入式(5.4)，并推导简化得到泡沫金属基 CPCM 的有效热导率 $k_{{\rm E},i}$ 的计算式为：

$$k_{{\rm E},i} = k_{{\rm PCM},i}\left((1-\xi)^2 x_i + \frac{2\xi(1-\xi)x_i}{1-\xi+x_i} + \frac{\xi^2(\xi^2 - \zeta_i^2)}{\xi^2 - \zeta_i^2 + \zeta_i^3} \right) \tag{5.6}$$

式中：x 为泡沫金属基材和 PCM 的热导率比 $k_{\rm M}/k_{\rm PCM}$；下标 i 的含义同前。

泡沫金属在 CPCM 中起到强化传热作用，故 x 必然远大于 1，而泡沫金属材料的孔隙率通常在 70% 以上，甚至接近于 1，所以 $1-\xi$ 必然远小于 1，因此式(5.6)可简化为

$$k_{{\rm E},i} = k_{{\rm PCM},i}\left((1-\xi)^2 x_i + 2\xi(1-\xi) + \frac{\xi^2(\xi^2 - \zeta_i^2)}{\xi^2 - \zeta_i^2 + \zeta_i^3} \right) \tag{5.7}$$

5.2.4 实例计算与校验

由于 CPCM 是近年来刚刚兴起的新型功能材料，其导热性能的计算更是缺乏深入研究，因此关于其有效热导率的参考资料极少。为了验证本章给出的泡沫金属基 CPCM 传热模型和有效热导率计算式的准确性，制备了由孔隙率 95% 的泡沫镍和 60#石蜡复合而

成的 CPCM 试样，采用瞬变平面热源技术测试了试样的有效热导率。将测试结果与分别采用本书和参考文献[56]的方法得到的计算结果进行了比较。

作为算例的泡沫镍/石蜡 CPCM 的具体参数：泡沫镍的孔隙率 95%，镍的热导率 90.7W/(m·K)，石蜡的固、液态热导率分别为 0.558W/(m·K) 和 0.335W/(m·K)，石蜡的体积收缩率为 10%，空穴(熔化状态)占 CPCM 的体积比(以下简称空穴率)为 10%。

1. 采用本章的传热模型和有效热导率计算式

根据已知条件和式(5.1)~式(5.3)可以得到：

$$\begin{cases} \varepsilon = 3\xi^2 - 2\xi^3 = 0.95 \\ \nu_L = \dfrac{s_L^3}{3\xi^2 - 2\xi^3} = 0.1 \\ \delta = \dfrac{s_S^3 - s_L^3}{3\xi^2 - 2\xi^3 - s_L^3} = 0.1 \end{cases} \tag{5.8}$$

求解式(5.8)得：

$$\begin{cases} \xi \approx 0.865 \\ s_L \approx 0.456 \\ s_S \approx 0.565 \end{cases} \tag{5.9}$$

另外由已知条件可直接算得：$x_L = 270.746$，$x_S = 162.545$。

将上述参数代入式(5.7)中可以算得熔化和凝固状态下的泡沫镍/石蜡 CPCM 有效热导率分别为 1.653W/(m·K) 和 2.077W/(m·K)。

2. 采用参考文献[56]的方法和有效热导率计算式

参考文献[56]假设颗粒填充式相分布的复合材料中的填充颗粒大小一致，均匀分布在基体中；颗粒材料呈立方体形，被立方体壳状的基体材料所包围，在此基础上对相分布模型进行了简化，得到单元模型，如图5.5所示。将单元模型进一步分解成4部分是为了更加方便地利用"热电等效回路原理"来计算该摸型单元的热导率。

最终得到的复合材料有效热导率的计算式为

$$k_E = k_M \left(\frac{k_{PCM} \cdot a^2 + k_M(1 - a^2)}{k_{PCM} \cdot (a^2 - a^3) + k_M(1 - a^2 + a^3)} \right) \tag{5.10}$$

马克斯韦尔在此基础上得出了形式更加整齐的关系式：

$$k_E = k_M \left(\frac{k_{PCM} + 2k_M - 2\varepsilon(k_M - k_{PCM})}{k_{PCM} + 2k_M + \varepsilon(k_M - k_{PCM})} \right) \tag{5.11}$$

由于参考文献[56]没有专门针对填充颗粒为 PCM 的情况进行研究，所以没有考虑填充颗粒相态变化对有效热导率计算式的影响，式(5.11)只适用于凝固状态 CPCM 的有效热导率计算。利用式(5.11)计算得到凝固状态的泡沫镍/石蜡 CPCM 的有效热导率为 3.623W/(m·K)。

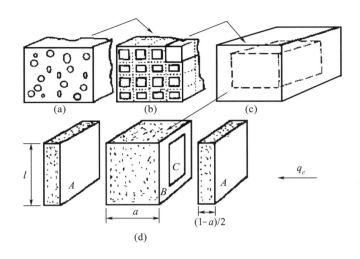

图 5.5 颗粒填充复合材料的简化模型单元及其分解

3. 采用瞬态平面热源技术进行测试

固体材料热导率的测试方法很多,按照热流状态一般可分为稳态法和非稳态法(又称瞬态法或动态法)两类[62]。稳态法测试将待测试样置于稳态温度场中,达成平衡后测定通过试件的热流率、热流方向上的温度梯度以及试样的几何尺寸等,根据傅里叶热传导定律直接计算热导率。稳态法测试的特点是:设备相对简单,测试准确,数据处理方便;但需建立稳态温度场,测试时间较长。非稳态法测试时待测试样置于非稳态温度场中,通常使试件一端的温度产生突然的或周期性的变化,而在试件另一端测试温度随时间的变化率,再根据由特定的不稳定导热方程式求解计算出热导率,或计算出导温系数、再根据热导率与导温系数的关系求出前者。非稳态法的测试速度快,一般只需几分钟即可完成;但是需要的设备复杂,而且测试误差大于稳态法测试。

瞬态平面热源技术是一种非稳态热物理性能测试技术,由于其测试装置结构简单,对被测试样的尺寸要求不高,能覆盖较宽的测量范围,具有可以实现现场测试的突出特点,在工程实际中取得了广泛的应用[62-66]。本章采用瞬态平面热源技术对实例中泡沫镍/石蜡的有效热导率进行了测试,由于测试方法限制,无法进行 CPCM 熔化状态下的测试,仅测得凝固状态泡沫镍/石蜡的有效热导率为 1.855W/(m·K)。

4. 对比分析

在表 5.2 中对分别采用两种模型和方法得到的泡沫镍/石蜡 CPCM 有效热导率的计算结果和采用瞬态平面热源技术的测试结果进行了对比。以凝固状态为例,采用参考文献[55]方法的计算结果与测试结果的误差达到了 95.3 %,采用本章模型和方法得到的计算结果与测试结果的误差为 12.0 %。通过对比发现,本章计算泡沫金属基 CPCM 有效热导率的模型和方法由于考虑了 PCM 的相变、空穴的存在以及相变时空穴体积的变化,不仅能够区分泡沫金属基 CPCM 的熔化和凝固状态进行分别计算,而且相对于常规计算方法显著提高了计算精度。

表 5.2　有效热导率的计算结果与测试结果的比较

测试结果	参考文献[55]方法的计算结果		本章方法的计算结果	
凝固状态	熔化状态	凝固状态	熔化状态	凝固状态
1.855W/(m·K)	—	3.623W/(m·K)	1.653W/(m·K)	2.077W/(m·K)

5.2.5　结构参数对导热性能的影响

本章提出的泡沫金属基 CPCM 传热模型和有效热导率计算式不仅可以比较准确地估算泡沫金属基 CPCM 的有效热导率,还可以用来分析泡沫金属材料的孔隙率、空穴率等结构参数的变化对不同类型泡沫金属基 CPCM 的导热性能造成的影响。下面以两类典型的泡沫金属基 CPCM 为例分析结构参数的变化对导热性能造成的影响。

1. 泡沫铜/石蜡 CPCM

石蜡是最为常用的中低温相变蓄热材料之一,具有诸如:相变潜热较高、几乎没有过冷、熔化时蒸汽压低、化学稳定性好、自成核、易获得且价格便宜等优点,然而其最大的缺点就是热导率低。为了更好改善石蜡的导热性能,导热性能优异的泡沫铜是石蜡类 CPCM 理想的填充材料。

某典型泡沫铜/石蜡 CPCM 分别采用了 60#石蜡和孔隙率为95%的泡沫铜作为 PCM 和泡沫金属基材,石蜡的固、液态热导率分别为 0.558W/(m·K) 和 0.335W/(m·K),体积收缩率为10%,铜的热导率为386.4W/(m·K),泡沫铜的孔隙率为95%,熔融状态下 CPCM 的空穴率为10%。利用式(5.7)可以算得该泡沫铜/石蜡 CPCM 在熔化状态和凝固状态的有效热导率分别为 7.334W/(m·K) 和 7.467W/(m·K)。

对于具体的 CPCM 而言,PCM 和泡沫金属材料都是确定的,所以材料物性参数 k_{PCM},k_M 和 δ 也已确定,影响 CPCM 导热性能的主要因素仅剩下泡沫金属孔隙率 ε 和 CPCM 的空穴率 ν_L。为了研究泡沫铜/石蜡 CPCM 中 ε 和 ν_L 的变化对 k_E 的影响,以上述典型泡沫铜/石蜡 CPCM 的参数为基本型,根据本章给出的 k_E 计算式绘制了分别以 ε 和 ν_L 作为独立自变量时有效热导率 k_E 的变化曲线,分别如图 5.6 和图 5.7 所示。

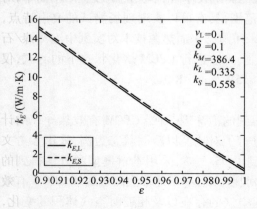

图 5.6　典型泡沫铜/石蜡 CPCM 的 $k_E - \varepsilon$ 曲线

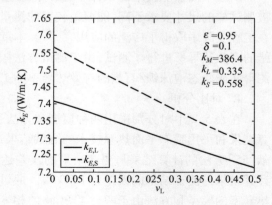

图 5.7　典型泡沫铜/石蜡 CPCM 的 $k_E - \nu_L$ 曲线

由于石蜡的热导率很低,仅为金属铜热导率的千分之一左右,因此泡沫铜骨架在CPCM 的导热过程中起到至关重要的作用。孔隙率 ε 因为与铜骨架在 CPCM 中的体积比直接相关,因而成为影响泡沫铜/石蜡 CPCM 导热性能的关键因素。如图 5.6 中的 $k_E - \varepsilon$ 曲线显示,当 ε 从 1 降低到 0.9 时,CPCM 的 $k_{E,L}$ 和 $k_{E,S}$ 分别从 0.297W/(m·K) 和 0.435W/(m·K) 增加到了 15.099W/(m·K) 和 15.230W/(m·K),分别上涨了 49.8 倍和 34.0 倍;相比之下 ν_L 对 CPCM 导热性能的影响就很有限,图 5.7 的 $k_E - \nu_L$ 曲线显示,当 ν_L 从 0 增加到 0.5 时,CPCM 的 $k_{E,L}$ 和 $k_{E,S}$ 分别从 7.41W/(m·K) 和 7.56W/(m·K) 下降到 7.21W/(m·K) 和 7.28W/(m·K),变化幅度均小于 4%。

根据上述结论,对于泡沫铜/石蜡 CPCM 而言,提高导热性能的最有效方法是选择孔隙率稍小的泡沫铜;当然随着孔隙率减小,石蜡的体积分量和 CPCM 的单位质量蓄热能力也会减小,所以泡沫铜孔隙率的选择还需要综合考虑。另外由于泡沫铜/石蜡 CPCM 的 $k_{E,L}$ 和 $k_{E,S}$ 的值比较接近,在计算中可视情况忽略两者的差异,以简化计算。

2. 泡沫镍/氟化物 CPCM

氟化物是一类典型的高温相变蓄热材料,它们具有很高的相变温度和极大的熔化潜热,而且将多种氟化物制成共晶混合物,可以通过组分的变化来灵活调节其相变温度及相变潜热;但是高温熔融状态的氟化物具有极强的腐蚀作用,对于填充材料的相容性有很高的要求;而且氟化物在相变时的体积收缩率较高,空穴对传热性能和容器可靠性造成很大的影响。金属镍对氟化物具有很好的相容性,选择毛细孔径较小的泡沫镍可以很好的分散空穴分布,显著改善空穴对传热性能和可靠性的影响。

某典型泡沫镍/氟化锂 CPCM 采用 LiF 作为 PCM,采用孔隙率为 95% 作为泡沫金属基材料,其中氟化锂的固、液态热导率分别为 6.2W/(m·K) 和 1.7W/(m·K),体积收缩率为 22.7%,镍的热导率为 90.7W/(m·K),熔融状态下氟化锂的空穴体积比为 8%。利用式(5.7)可以算得该泡沫镍/氟化锂 CPCM 在熔化状态和凝固状态的有效热导率分别为 3.172W/(m·K) 和 5.618W/(m·K)。

利用前面研究泡沫铜/石蜡 CPCM 的相同方法,以上述典型泡沫镍/氟化锂 CPCM 为基本型,根据本章给出的 k_E 计算式绘制了分别以 ε 和 ν_L 作为独立自变量时有效热导率 k_E 的变化曲线,分别如图 5.8 和图 5.9 所示。

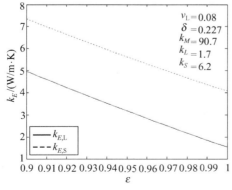

图 5.8　典型泡沫镍/氟化锂
CPCM 的 $k_E - \varepsilon$ 曲线

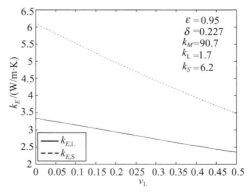

图 5.9　典型泡沫镍/氟化锂
CPCM 的 $k_E - \nu_L$ 曲线

与泡沫铜/石蜡 CPCM 的情况不同的是,泡沫镍/氟化锂 CPCM 中泡沫镍骨架与 LiF 的导热性能仅相差十几到数十倍,但是固、液态 LiF 的热导率也相差了数倍,而且体积收缩率较大。这些原因的综合影响下,ε、ν_L 以及 LiF 的熔化或凝固状态都对 CPCM 的导热性能产生较大影响。图 5.8 中的 $k_E - \varepsilon$ 曲线显示,当 ε 从 1 降低到 0.9 时,CPCM 的 $k_{E,L}$ 和 $k_{E,S}$ 分别从 1.55W/(m·K) 和 4.10W/(m·K) 增加到了 4.97W/(m·K) 和 7.35 W/(m·K),分别上涨了 221% 和 79%;图 5.9 的 $k_E - \nu_L$ 曲线显示,当 ν_L 从 0 增加到 0.5 时,CPCM 的 $k_{E,L}$ 和 $k_{E,S}$ 分别从 3.33W/(m·K) 和 6.09W/(m·K) 下降到 2.35 W/(m·K) 和 3.48W/(m·K),分别下降了 29% 和 43%;而在不同的 ε 和 ν_L 的参数组合情况下,CPCM 的 $k_{E,L}$ 和 $k_{E,S}$ 始终相差较大。

根据以上结论,在泡沫镍/氟化锂 CPCM 的设计制造和应用过程中,需综合分析泡沫镍孔隙率、空穴率以及氟化锂相态对于 CPCM 导热性能的影响,使得设计结果更好地与实际情况吻合。

3. 主要结构参数影响泡沫金属基 CPCM 导热性能的基本规律

通过对上述两类典型泡沫金属基 CPCM 导热性能的研究,归纳出主要结构参数对泡沫金属基 CPCM 导热性能的影响的基本规律如下:

(1) 泡沫金属基 CPCM 的有效热导率随着泡沫金属孔隙率 ε 和空穴率 ν_L 的增加而减小;泡沫金属基材和 PCM 的热导率比值越大,ε 对 CPCM 导热性能的影响因子越大,而 ν_L 对 CPCM 导热性能的影响因子越小。

(2) 固、液态 PCM 的热导率相差越大,PCM 的相态对 CPCM 导热性能的影响因子越大,即熔化状态和凝固状态 CPCM 的有效热导率 $k_{E,L}$ 和 $k_{E,S}$ 相差越大。

所以在泡沫金属基 CPCM 的导热性能研究及实际工程应用中,如果能够首先分析泡沫金属基材和固、液态 PCM 的热导率的相对关系,确定对泡沫金属基 CPCM 导热性能的影响因子较大的主要结构参数,再进行深入的研究分析或方案设计,就能够起到事半功倍的效果。

5.3 蓄热容器填充泡沫镍的强化传热仿真计算

为了进一步研究填充泡沫金属对热管吸热器中相变蓄热容器的传热性能的影响,建立了在原蓄热容器中填充泡沫镍后的传热模型,对蓄热容器填充泡沫镍的强化传热效果进行了仿真计算,仿真计算结果对填充泡沫镍的新型蓄热容器的结构和整体方案的设计具有积极的指导意义。

5.3.1 新型蓄热容器的物理模型

填充泡沫镍的蓄热容器的结构方案与第三章仿真计算对应的方案相同。由于采用 LiF 作为 PCM,熔融状态下具有极强的腐蚀作用,对于填充材料的相容性有很高的要求;而且 LiF 相变时的体积收缩率达到 22.7%,产生的空穴会对蓄热容器的传热性能和结构可靠性造成严重影响。泡沫镍不仅与 LiF 具有良好的相容性,而且能够提供较细毛细孔径的泡沫镍,能有效分散空穴分布,改善蓄热容器的传热性能和可靠性。因此选用了孔隙率 95%,标称孔密度 110ppi(对应毛细孔径约为 0.5mm)的泡沫镍作为填充材料。

填充泡沫镍后的蓄热容器(以下简称新型蓄热容器)的物理模型在第二章仿真计算模型的基础上建立,并且根据填充泡沫镍后带来的变化进行改进。按照本章的泡沫金属基CPCM的传热模型,空穴将在毛细力的作用下分散于泡沫镍的多孔结构中,所以新型蓄热容器的传热模型中不再有独立的PCM区域和空穴区域,而是合并为一个包含均匀分布空穴的CPCM区域。

建立传热模型时基于以下假设条件:① 由于热管优异的传热性能,假设蓄热段的热管内壁沿轴向和圆周方向都具有等温性;② 蓄热容器的外壁和侧壁均为绝热;③ 忽略容器内壁与热管壁间的接触热阻;④ 由于泡沫镍的多孔结构阻碍了液态PCM的流动,因此忽略液态PCM的对流影响;⑤ 由于泡沫镍多孔结构产生的毛细作用,假设熔化状态和凝固状态时空穴都均匀地分布在泡沫镍的孔隙中。

根据理论分析和假设条件,利用GAMBIT根据建立新型蓄热容器的二维轴对称几何模型,分别对容器壁、热管壁和CPCM区域划分网格,并对各接触面进行了耦合处理。为了提高求解速度,网格划分中采用了结构化网格,根据仿真结果调整网格大小。图5.10所示为蓄热容器的二维轴对称几何模型和网格划分情况。

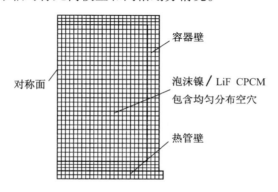

图5.10　新型蓄热容器的几何模型和网格划分

容器壁和热管壁材料为铌基合金Nb-1Zr,容器内部为泡沫镍/LiF CPCM,LiF液态时的空穴率为8%。泡沫镍/LiF CPCM的有效热导率按照式(5.7)计算;有效密度和有效相变潜热与PCM的相态无关,可直接以熔化态CPCM的参数分别按照式(5.12)和式(5.13)计算;有效比热容按照各组分的质量分数加权计算,参见式(5.14)。具体计算过程不再详述,以上材料的物性参数列于表5.3。

$$\rho_E = \rho_{\text{PCM},L} \cdot \varepsilon (1 - \nu_L) + \rho_M (1 - \varepsilon) \tag{5.12}$$

$$\lambda_E = \frac{\lambda_{\text{PCM}} \rho_{\text{PCM},L} \cdot \varepsilon (1 - \nu_L)}{\rho_E} \tag{5.13}$$

$$C_{E,i} = \frac{C_{\text{PCM},i} \rho_{\text{PCM},i} \cdot \varepsilon (1 - \nu_i)}{\rho_E} + \frac{C_M \rho_M (1 - \varepsilon)}{\rho_E} \tag{5.14}$$

以上公式中:ρ_E 为泡沫镍/LiF CPCM的有效密度;ρ_{PCM} 为LiF的密度;ρ_M 为金属镍的密度;λ_E 为泡沫镍/LiF CPCM的有效相变潜热;λ_{PCM} 为LiF的相变潜热;ν 为空穴率;C_E 为泡沫镍/LiF CPCM的有效比热容;C_{PCM} 为LiF的比热容;C_M 为金属镍的比热容;下标 $i = $ L或

S,含义同前文。

表 5.3 材料的物性参数

物性参数	Nb－1Zr	凝固态 CPCM	熔化态 CPCM
密度/(kg/m³)	8590	2002.7	2002.7
比热容/J/(kg·K)	270	1903.9	1982.5
热导率/W/(m·K)	41.9	5.62	3.17
熔点/K	>2500	1121	1121
相变潜热/(J/kg)	—	816961	816961

5.3.2 数学模型

根据填充泡沫镍后的特点,对新型蓄热容器内相变蓄热过程的数学模型也进行了必要的改进。

对 CPCM 区域(包括熔化状态、凝固状态和糊态)、容器壁和热管壁建立统一的焓法能量控制方程,形式与第二章模型中的焓法能量控制方程相同,即

$$\frac{\partial(\rho h)}{\partial t} = k\left(\frac{\partial^2 T}{\partial z^2} + \frac{\partial^2 T}{\partial r^2} + \frac{1}{r} \cdot \frac{\partial T}{\partial r}\right) \tag{5.15}$$

同样定义相变过程发生在固相温度 T_S 和液相温度 T_L 之间的温度区间,当 $T < T_S$ 时,CPCM 为凝固状态;当 $T > T_L$ 时,CPCM 为熔化状态;当 $T_S \leqslant T \leqslant T_L$ 时,CPCM 中的 LiF 为糊态,即固液两相共存。糊态 PCM 的液相分数 β 按下式计算:

$$\beta = \frac{T - T_S}{T_L - T_S} \tag{5.16}$$

新型蓄热容器对应的比焓 h 与温度 T 的函数关系如下:

$$T = \begin{cases} h/c_{E,S}, & h < h_{E,S} \\ T_S + \dfrac{h - h_{E,S}}{T_L - T_S}, & h_{E,S} \leqslant h \leqslant h_{E,L} \\ T_L + \dfrac{h - h_{E,L}}{c_{E,L}}, & h > h_{E,L} \\ h/c_W \end{cases} \tag{5.17}$$

式中:$h_{E,S}$,$h_{E,L}$ 分别为 CPCM 在 T_S,T_L 时的比焓;CPCM 的相变潜热 $\lambda = h_{E,L} - h_{E,S}$。

5.3.3 边界条件与初始条件

新型蓄热容器内填充泡沫镍对容器的边界条件和初始条件没有影响,所以采用与第二章仿真计算中相同的边界条件和初始条件,分别见式(5.18)和式(5.20):

$$\begin{cases} T(r_\text{o},z,t) = T(t) \\[2mm] \dfrac{\partial}{\partial r}T(r_\text{i},z,t) = 0 \\[2mm] \dfrac{\partial}{\partial z}T(r,h/2,t) = 0 \end{cases} \qquad (5.18)$$

式(5.18)中的 $T(t)$ 为容器内壁的温度边界条件,具体如式(5.19)所列;h 为容器的轴向高度;下标 o 和 i 分别代表容器外壁和容器内壁(含热管)。

$$T(t) = \begin{cases} 1103 + 7.19 \times 10^{-2}t - 4.762 \times 10^{-5}t^2 & 5580n < t \leqslant 5580n + 720 \\ 1129 + 1.434 \times 10^{-3}t + 8.889 \times 10^{-7}t^2 & 5580n + 720 < t \leqslant 5580n + 3540 \\ 4118 - 1.525t + 1.936 \times 10^{-4}t^2 & 5580n + 3540 < t \leqslant 5580n + 3960 \\ 1183 - 2.505 \times 10^{-2}t + 1.906 \times 10^{-6}t^2 & 5580n + 3960 < t \leqslant 5580(n+1) \end{cases}$$

$$(5.19)$$

式中:t 为轨道时间;$n = 0,1,2,3,\cdots$,为轨道周期数。

模型的初始状态为全部 PCM 处于凝固状态的等温场,即

$$T(r,z,0) < T_\text{S} \qquad (5.20)$$

按照上述内容在 FLUENT 软件中设置计算模型的边界条件和初始条件。

5.3.4 计算结果与对比分析

利用 FLUENT 软件对新型蓄热容器内的相变传热过程进行了 10 个轨道周期的仿真计算,得到了新型蓄热容器内的温度场和 PCM 熔化率的分布与变化过程。

仿真结果显示,与第二章原蓄热容器的仿真结果相比,新型蓄热容器内相变蓄热过程达到稳定状态的速度明显加快,在 2 个轨道周期之后就已基本稳定。将达到稳定状态后的单个轨道周期内新型蓄热容器和原蓄热容器的内、外壁平均温度以及 PCM 熔化率的变化曲线进行了对比,如图 5.11 和图 5.12 所示。

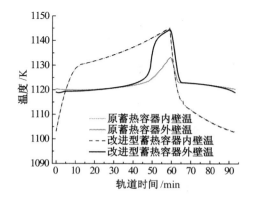

图 5.11 达到稳定状态的轨道周期内新型蓄热容器的内壁和外壁温度变化曲线

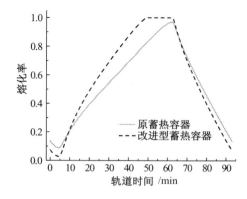

图 5.12 达到稳定状态的轨道周期内新型蓄热容器的 PCM 熔化率变化曲线

计算结果显示,在达到稳定状态后的轨道周期内,新型蓄热容器的内壁和外壁温度分别在 1103.2K ~ 1145.2K 和 1118.8K ~ 1144.5K 之间波动,蓄热容器内 PCM 熔化率在 0.028 ~ 1 之间变化。容器内壁和外壁温的波动幅度分别为 42.0K 和 25.7K,PCM 的有效利用率为 0.972。与原蓄热容器相比,容器内壁温的变化情况基本相似,容器外壁温和 PCM 的有效利用率波动范围显著增大。

将新型蓄热容器内的温度场和 PCM 熔化率分布在达到稳定状态后单个轨道周期内的仿真结果也按照 5s/帧的频率制成了动画文件,为了与第二章中原蓄热容器的仿真结果进行对比,也截取第 0min,4.5min,20min,40min,59min,62.3min 和 76min 7 个典型时刻的图像,显示了相变过程中温度场和 PCM 熔化率分布的细节以及它们随时间的变化过程,如图 5.13 ~ 图 5.19 所示。

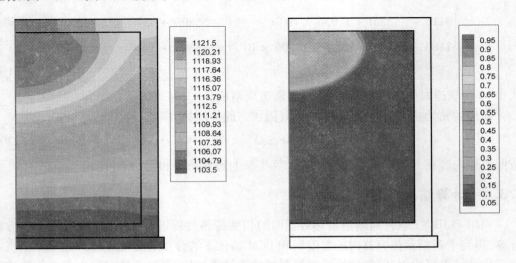

图 5.13　轨道周期 0min(阴影期末)新型蓄热容器内的温度场和 PCM 熔化率分布图

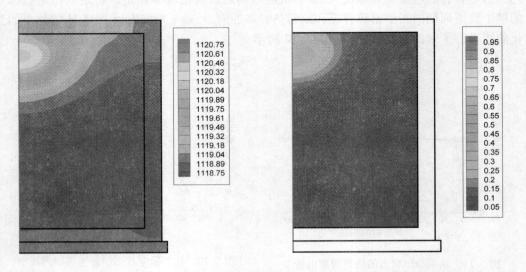

图 5.14　轨道周期 4.5min(熔化率最小)新型蓄热容器内的温度场和 PCM 熔化率分布图

170

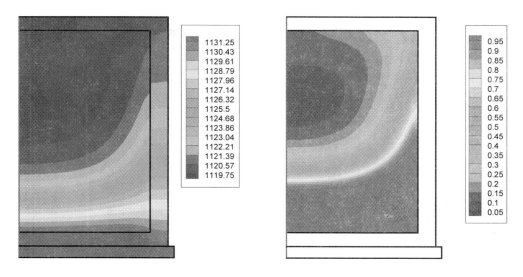

图 5.15　轨道周期 20min(日照期)新型蓄热容器内的温度场和 PCM 熔化率分布图

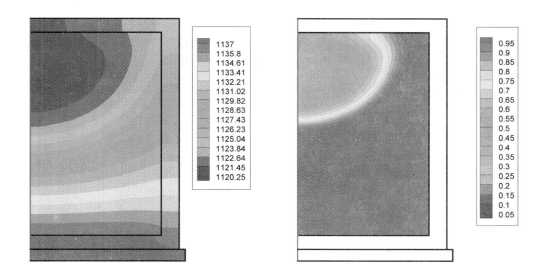

图 5.16　轨道周期 40min(日照期)新型蓄热容器内的温度场和 PCM 熔化率分布图

　　参考上述仿真计算结果,分析了填充泡沫镍对新型蓄热容器内相变传热过程的影响,得到结论如下:

　　(1) 按照本章 5.2 节中对泡沫金属基 CPCM 导热性能的研究,在新型蓄热容器中填充泡沫镍显著改善了 PCM 区的导热性能。图 5.11 和图 5.12 显示,新型蓄热容器内 PCM 的有效利用率达到 0.972,明显大于原蓄热容器的 0.883;在日照期末的一段时间内新型蓄热容器内的 PCM 熔化率达到了 1(即 PCM 完全熔化),PCM 完全熔化后仅以显热形式继续吸收热量,所以蓄热容器外壁温度快速上升;而原蓄热容器内的 PCM 始终没有达到

171

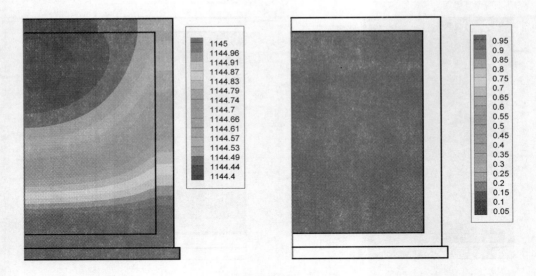

图 5.17　轨道周期 59min(日照期末)新型蓄热容器内的温度场和 PCM 熔化率分布图

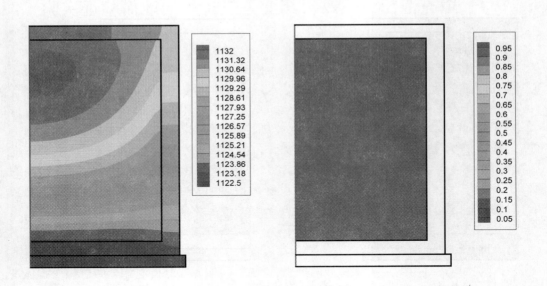

图 5.18　轨道周期 62.3min 新型蓄热容器内的温度场和 PCM 熔化率分布图

完全熔化,所以蓄热容器外壁温度的温度波动较小。

　　(2) 图 5.13 ~ 图 5.19 中的温度场分布和 PCM 熔化率分布显示,由于填充泡沫镍不仅改善了导热性能,而且使得空穴在泡沫镍的孔隙中均匀分布,避免了集中的空穴分布产生局部热阻对传热和熔化过程的影响。新型蓄热容器内的温度分布比原蓄热容器内更加均匀,温度梯度更小,PCM 的熔化速度更快,熔化过程也更加分散。

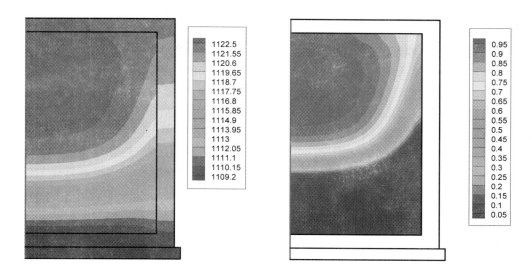

图 5.19　轨道周期 76min（阴影期）新型蓄热容器内的温度场和 PCM 熔化率分布图

5.4　填充泡沫金属改善相变蓄热过程的地面验证实验

　　为了验证本章前面关于填充泡沫金属改善相变蓄热过程的理论研究和仿真分析结果，拟通过开展填充泡沫镍的蓄热容器的地面相变蓄/放热实验来验证填充泡沫金属对相变蓄热过程的改善效果。原先计划分别对 Nb-1Zr/LiF 蓄热容器（容器材料为铌基合金 Nb-1Zr，PCM 为 LiF）和铝合金/石蜡蓄热容器（容器材料为铝合金，PCM 为 60#石蜡）进行填充泡沫镍的试验件设计制造，并进行蓄/放热实验。但是在前期的方案论证、加工制造工艺调研和实验方法设计中发现：Nb-1Zr 材料的价格昂贵，工艺加工难度大；LiF 的相变温度高，在空气环境下极易腐蚀容器，对实验台的加温、隔热和真空条件都提出了很高的要求。由于经费和实验条件的限制，暂时没有进行 Nb-1Zr/LiF 蓄热容器的制造和实验，仅以填充泡沫镍的铝合金/石蜡蓄热容器的蓄/放热实验为例验证了泡沫金属对相变蓄热过程的改善效果，具体研究思路和方法如下：

　　1）进行填充泡沫镍的铝合金/石蜡蓄热容器的实验件结构方案和加工制造工艺方案的设计，并按照设计方案完成实验件的加工，为了直观地对比分析泡沫金属对相变蓄热过程的改善，另外加工了未填充泡沫镍的蓄热容器作为参照实验件；

　　2）进行铝合金/石蜡蓄热容器的蓄/放热实验方案设计，购置试验设备并安装试验台；

　　3）将两组蓄热容器实验件一同进行多次蓄/放热实验，利用温度采集系统和工控软件实时监视并保存蓄热容器壁温度测试数据；

　　4）对多次蓄/放热实验后的两组蓄热容器实验件进行计算机 X 射线断层照相（Computed Tomography，CT），得到各蓄热容器内的空穴分布图像；

　　5）对两组蓄热容器实验件的蓄/放热实验温度测试结果和空穴分布的 CT 图像进行对比，分析填充泡沫镍对相变蓄热过程的改善。

5.4.1 新型蓄热容器的设计制造

5.4.1.1 新型蓄热容器的方案设计

由于经费和实验条件的限制,暂时不进行 Nb-1Zr/LiF 蓄热容器的设计制造以及蓄/放热实验,仅以填充泡沫镍的铝合金/石蜡蓄热容器的蓄/放热实验为例验证了泡沫金属对相变蓄热过程的改善效果。蓄热容器采用了与热管式吸热器中的蓄热容器相似的环形结构,由铝合金加工蓄热容器壁,容器内封装 60# 石蜡作为 PCM。

铝合金/石蜡蓄热容器的结构设计方案如图 5.20 所示,容器结构在环形结构上根据实验需求进行了改进,整个容器由内、外壁和上下端盖焊接组成,容器内壁和外壁为同心套管形式,容器内壁的长度大于容器外壁,并且在端口设计接口,可以首尾相接形成传热工质的通道。蓄热容器内部的轴向尺寸为 45mm,内外壁间的径向距离为 23mm。

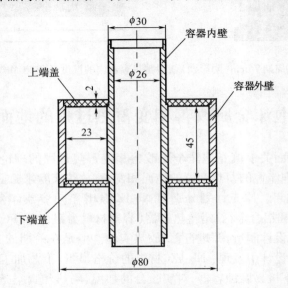

图 5.20 蓄热容器的结构示意图

为了通过实验对比验证填充泡沫镍对相变蓄热过程的影响,分别设计了两组共计 4 个蓄热容器实验件,1 号和 2 号容器为填充泡沫镍的实验件,3 号和 4 号容器为未填充泡沫镍的实验件。4 个蓄热容器实验件具有相同的容器结构,只是在石蜡充装量和是否填充泡沫镍方面不同,具体情况列于表 5.4。其中 1 号和 3 号容器,2 号和 4 号容器分别充装相同质量的石蜡,两组容器将在相变过程中产生不同体积的空穴。

表 5.4 铝合金/石蜡蓄热容器的参数列表

蓄热容器序号	填充泡沫镍	容器壁质量/g (含泡沫镍)	石蜡质量/g	总质量/g
1	是	242.5	105.5	348.0
2	是	241.5	85.0	326.5
3	否	208.1	105.5	313.6
4	否	208.2	85.0	293.2

选用连续化带状泡沫镍作为蓄热容器中的填充材料,具体规格为:孔隙率95%,标称孔密度110 ppi(对应的毛细孔径约为0.5mm),厚度1.6mm,将带状泡沫镍裁剪并卷制成适当大小的芯体后,用于填充蓄热容器。大孔隙率使得单位容积内填充更多的 PCM,以减小填充泡沫镍对蓄热量的影响;小的毛细孔径能够产生更大的毛细力,更好地分散相变过程中的空穴分布。

与超厚泡沫镍加工的整体式芯体相比,虽然带状泡沫镍卷制芯体的片层之间存在接触热阻,使得强化效果略有缩减,但是其优点却更加显著:① 由于连续化带状泡沫镍作为电极材料的大规模使用,其产品已实现批量生产,所以价格远低于超厚泡沫镍,而且易于采购;② 连续化带状泡沫镍经过裁剪后直接卷制成芯体,加工难度小于整体式泡沫镍芯体,而且能够制得芯体的形状和尺寸范围也大于整体式泡沫镍芯体;③ 由于液态石蜡黏度较大,而泡沫镍的孔径较小,填充整体式泡沫镍芯体时,石蜡的灌注难度很大,即使采用辅助的真空灌注设备,泡沫镍芯体中仍然会残留大量气泡,但是卷制泡沫镍芯体的片层之间给液态石蜡的进入和空气的排出留下了通道,只需常规的灌注方法即可很好地完成石蜡的灌注,大大减小了石蜡灌注的工艺难度。

5.4.1.2 新型蓄热容器的加工制造

按照设计方案进行蓄热容器的加工制造,具体步骤如下:

(1) 按照零件图进行蓄热容器内壁、外壁和上下端盖的机械加工,清洗零件表面的污渍和油渍后,采用氩弧焊将容器内壁、外壁和下端盖焊接成开口容器。

(2) 将连续化带状泡沫镍材料裁剪成合适尺寸的条状,其宽度应等于容器的轴向高度,长度应使得卷制的芯体正好充满容器的内部空间;利用合适大小的芯棒将泡沫镍条卷制成环状芯体材料,并在其始末端点焊定型;经过清洗干燥之后将环状泡沫镍芯体装入1号和2号蓄热容器的开口容器中。

(3) 将石蜡装在烧杯中放入烘箱使其加热熔化,然后将熔融的石蜡注入填充的泡沫镍芯体的开口蓄热容器中,四个容器分别按照表5.4灌注相应质量的石蜡。

(4) 用制备的容器上端盖将已填充泡沫镍芯体并且灌注石蜡的开口容器封装成为密封的蓄热容器,密封过程中继续对蓄热容器的加热,使其壁面以及里面的石蜡保持在85℃(蓄/放热实验中的最高温度),保证冷却后蓄热容器内具有一定的真空度,以避免实验过程中容器内的石蜡及残留气体受热膨胀而对蓄热容器的结构可靠性造成影响。

上述步骤(4)中,中高温蓄热容器一般采用焊接封装以保证结构强度,低温蓄热装置可视情况选择粘接等其他形式。对于铝合金/石蜡蓄热容器,由于石蜡的燃点较低,铝合金焊接时产生的高温会引燃石蜡,封装容器上端盖时不能采用焊接方法。另外石蜡的工作温度低,相变时的体积变化较小,对蓄热容器的结构强度要求不高,所以采用了高温胶粘接的方式封装容器上端盖。

图5.21所示为未填充泡沫镍、未灌注石蜡的开口蓄热容器的照片,图5.22所示为封装完成的4个铝合金/石蜡蓄热容器的照片。

图 5.21　未充装泡沫镍和未灌注石蜡的开口蓄热容器

图 5.22　封装完成的铝合金/石蜡蓄热容器

5.4.2　地面蓄放热实验

5.4.2.1　实验系统及仪器设备

铝合金/石蜡蓄热容器的蓄/放热实验在北京航空航天大学人机与环境工程实验室进行,实验系统主要由供水供气系统、加温系统、实验件系统及温度采集系统组成,图 5.23 所示为相变蓄/放热实验系统示意图。

实验中用即热型热水器和高温气体将水加热至实验要求温度,作为对蓄热容器进行传热的介质。供水供气系统中,水直接由自来水管路提供;高压气体则由自由活塞式空气压缩机产生,并且经由供气管路连接至实验台。

水的加温系统由即热型电热水器、电炉、调功柜(带温度反馈系统)、气—液热交换器及相应管路组成。由于市面上即热型电热水器的加温范围基本在 70℃以下,不能满足实验要求,所以实验中利用高温气体通过热交换器进行辅助加热。来自供水系统的冷水首

176

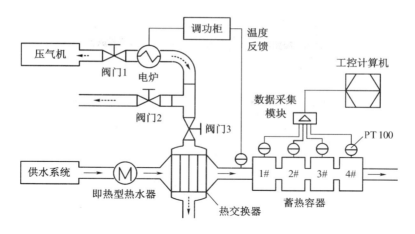

图 5.23 相变蓄/放热实验系统示意图

先由即热型电热水器加温至 65℃ 左右,然后流经气—液热交换器,由高温高压气体加热至实验所需温度。其中用以辅助加热的热气由空气压缩机产生的高压气体经由电炉加热得到,温度反馈系统的铠装热电偶将热水温度反馈至调功柜的控制系统,并调节电炉的加热功率,使热水温度保持恒定,通过调功柜可以简单地设置目标温度,将热水加热至不同的温度。加温系统的电炉、热交换器及相应供气管路如图 5.24 所示。

图 5.24 加温系统的电炉、热交换器及相应供气管路

4 个蓄热容器的内壁按照 1 号、3 号、2 号、4 号的顺序首尾相接,并用高温胶密封、卡箍固定,形成传热介质的流通管路,其前端与热交换器热水出口相连,如图 5.25所示。

数据采集系统由铂电阻温度传感器(PT100)、数据采集模块(研华 ADAM - 4000)、研华工控计算机和工控软件(组态王 6.53)组成。在每个蓄热容器的表面各布置顶部、中部和底部 3 个 PT100 传感器来测量容器表面的温度变化,各容器间的管壁上也各布置 1 个PT100 传感器来监测热水沿程的温度下降是否符合实验要求。全部 PT100 温度传感器通过补偿导线连接研华 ADAM - 4000 数据采集模块,在研华工控计算机上利用组态王软件建立相变蓄/放热实验的温度采集程序,对全部测温点的温度数据进行实时监控和采集保

图 5.25　首尾连接的蓄热容器实验件

存。实验采用的 ADAM-4000 数据采集模块、研华工控计算机、温度采集程序的运行界面分别如图 5.26、图 5.27 和图 5.28 所示。

图 5.26　研华 ADAM-4000 数据采集模块

图 5.27　研华工控计算机

178

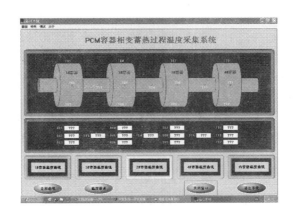

图 5.28　相变蓄/放热实验温度采集程序的主运行界面

实验中使用的主要仪器设备如表 5.5 所列。

表 5.5　实验中使用的主要仪器设备表

序号	名　称	型　号	数量	备　注
1	空气压缩机	2D12 - 200/7 - 200	1	200m³/min
2	加热电炉	—	1	10 kW
3	调功柜	耀华 KTF4 - 125/380	1	—
4	气—液热交换器	—	1	—
5	即热型电热水器	奥斯朗 DSF2 - 75	1	6.5 kW
6	铂电阻温度传感器	PT100	15	0℃~200℃
7	数据采集模块	研华 ADAM - 4000	7	—
8	工控计算机	研华 RPC - 610	1	—

5.4.2.2　实验内容

相变蓄/放热实验在常温常压下进行,分为蓄热和放热两个过程。蓄热过程中,作为传热介质的水由即热型电热水器和高温高压热气共同作用加热至实验要求温度后,流经并加热蓄热容器内壁,使容器内的石蜡熔化;等蓄热容器内的石蜡完全融化并且温度稳定后转为放热过程,关闭即热型电热水器和空气加温设备,改由常温的自来水通过蓄热容器内壁并带走热量,使容器内石蜡凝固。实验的具体步骤如下:

(1) 对实验台的气、液管路和气—液热交换器进行密封性测试;

(2) 关闭阀门 3,打开阀门 1 和阀门 2,在电炉中通入高压气体后打开电炉,利用调功柜调节电炉加热功率;

(3) 等高压气体的出口温度稳定后,打开数据采集系统开始温度的监控和采集,同时打开即热型电热水器和阀门 3,关闭阀门 2,使热水流经蓄热容器内壁并开始蓄热过程,调功柜的控制系统会根据反馈温度对电炉加热功率进行微调,使得热交换器出口的热水温度达到实验要求值;

(4) 通过数据采集系统监控蓄热容器的温度变化,直到石蜡完全融化而且蓄热容器的温度趋于稳定;

（5）关闭即热型电热水器和电炉的同时，打开阀门2，关闭阀门3（等电炉温度降到接近室温时再关闭阀门2和阀门1），实验进入放热过程，冷水直接流经通过蓄热容器内壁，带走热量使容器中的石蜡凝固；

（6）通过数据采集系统监控蓄热容器的温度变化，直到石蜡完全凝固而且蓄热容器的温度趋于稳定时，放热过程结束，关闭供水开关，保存温度数据。

根据以上步骤进行了3种工况下的蓄/放热实验，其中蓄热过程中的热水温度分别为70℃、75℃和80℃，而放热过程中的冷水为自来水供水温度，约为22℃。

5.4.2.3 实验结果分析

相变蓄/放热实验中组态王软件以1s的频率采集了4个蓄热容器表面12个温度测点 $T_{x,y}$ 和水管壁（容器内壁）上3个温度测点 $T_{w,y}$ 的数据，其中下标 $x = 1,2,3,4$，代表容器号；下标 w 代表水管壁；下标 $y = 1,2,3$，代表测点号。

1. 工况一实验结果

工况一的实验条件为：蓄热过程热水温度70℃，放热过程冷水温度约为23℃。

根据工况一的实验数据绘制各测温点的温度变化曲线如图 5.29 ~ 图 5.32 所示，其中图 5.29 为水管壁上3个温度测点 $T_{w,y}$ 在实验过程中的温度变化，图 5.30 为 1 号和 3 号

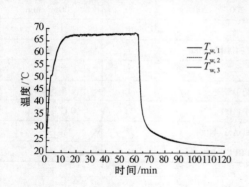

图 5.29 水管壁各测温点的
温度变化曲线（工况一）

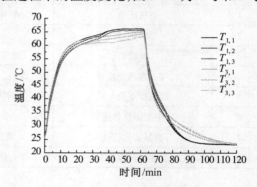

图 5.30 1 号、3 号蓄热容器
各测温点的温度变化曲线（工况一）

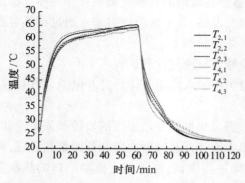

图 5.31 2 号、4 号蓄热容器各测温点的
温度变化曲线（工况一）

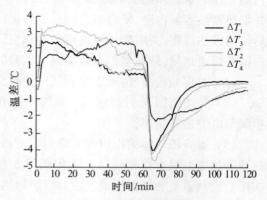

图 5.32 4 个蓄热容器壁面最大温差的
变化曲线（工况一）

蓄热容器上的温度变化曲线,图 5.31 为 2 号和 4 号蓄热容器的温度变化曲线,图 5.32 为实验过程中 1 至 4 号蓄热容器最大温差的变化曲线。

图 5.29 显示水管壁上 3 个温度测点的温度值在整个蓄/放热实验过程中始终比较接近,计算得到 $T_{w,1}$ 和 $T_{w,2}$,$T_{w,2}$ 和 $T_{w,3}$ 的平均温差仅为 0.17℃和 0.20℃,因此可以认为 4 个蓄热容器的内壁温度在工况一的实验过程中近似相等,即蓄/放热实验的热边界条件相同,以此为前提条件分析填充泡沫镍对蓄热容器热性能的影响。

图 5.30 ~ 图 5.32 中的实验结果对比显示,填充了泡沫镍的 1 号和 2 号蓄热容器的温度变化明显比 3 号和 4 号蓄热容器更快,能更早达到蓄热和放热过程的平衡温度,而且整个实验过程中 1 号和 2 号蓄热容器的温差明显小于 3 号和 4 号蓄热容器。说明填充泡沫镍提高了蓄热容器内的导热性能,不仅缩短了相变时间,而且使得蓄热容器内的温度场分布更加均匀。

2. 工况二实验结果

工况二的实验条件为:蓄热过程热水温度 75℃,放热过程冷水温度约为 23℃。

根据工况二的实验数据绘制各测温点的温度变化曲线如图 5.33 ~ 图 5.36 所示,其中图 5.33 为水管壁上 3 个温度测点 $T_{w,y}$ 在实验过程中的温度变化,图 5.34 为 1 号和 3 号蓄热容器上的温度变化曲线,图 5.35 为 2 号和 4 号蓄热容器的温度变化曲线,图 5.36 为实验过程中 1 号至 4 号蓄热容器最大温差的变化曲线。

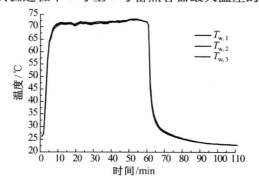

图 5.33　水管壁各测温点的
温度变化曲线(工况二)

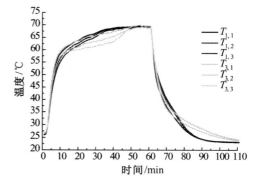

图 5.34　1 号、3 号蓄热容器各测温点的
温度变化曲线(工况二)

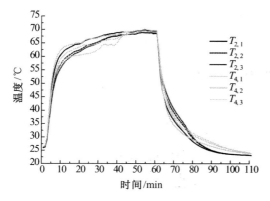

图 5.35　2 号、4 号蓄热容器各测温点的
温度变化曲线(工况二)

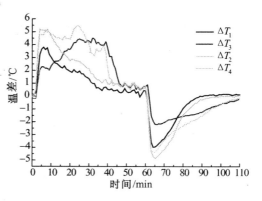

图 5.36　4 个蓄热容器壁面最大温差的
变化曲线(工况二)

与工况一相似,图5.33显示水管壁上3个温度测点的温度值在实验过程中始终比较接近,计算得到$T_{w,1}$和$T_{w,2}$,$T_{w,2}$和$T_{w,3}$的平均温差均为0.24℃,因此可以认为4个蓄热容器的内壁温度在工况二的实验过程中近似相等,即蓄/放热实验的热边界条件相同,以此为前提条件分析填充泡沫镍对蓄热容器热性能的影响。

图5.34~图5.36中实验结果对比得到的结论与工况一相同,只是蓄热过程中热边界温度高于工况一,使得蓄热时间有所缩短。

3. 工况三实验结果

工况三的实验条件为:蓄热过程热水温度80℃,放热过程冷水温度约为23℃。

根据工况三的实验数据绘制各测温点的温度变化曲线如图5.37~图5.40所示,其中图5.37为水管壁上3个温度测点$T_{w,y}$在实验过程中的温度变化,图5.38为1号和3号蓄热容器上的温度变化曲线,图5.39为2号和4号蓄热容器的温度变化曲线,图5.40为实验过程中1号至4号蓄热容器最大温差的变化曲线。

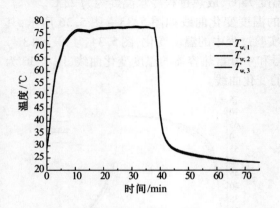

图5.37 水管壁各测温点的
温度变化曲线(工况三)

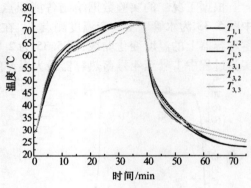

图5.38 1号、3号蓄热容器
各测温点的温度变化曲线(工况三)

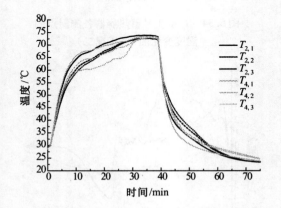

图5.39 2号、4号蓄热容器各测温点的
温度变化曲线(工况三)

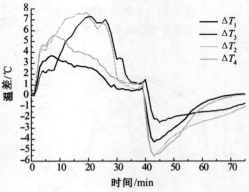

图5.40 4个蓄热容器壁面最大温差的
变化曲线(工况三)

与工况一、工况二相似,图5.37显示水管壁上3个温度测点的温度值在实验过程中始终比较接近,计算得到$T_{w,1}$和$T_{w,2}$,$T_{w,2}$和$T_{w,3}$的平均温差分别为0.29℃和0.20℃,因此可以认为4个蓄热容器的内壁温度在工况三的实验过程中近似相等,即蓄/放热实验的热边界条件相同,以此为前提条件分析填充泡沫镍对蓄热容器热性能的影响。

图5.38~图5.40中实验结果对比得到的结论与工况一相同,只是蓄热过程中热边界温度高于工况一、工况二,所以蓄热时间也是最短的。

4. 实验结果综合分析

通过对3种工况下相变放热实验结果的综合分析,得到以下结论:

(1)3种不同工况下,1号和2号蓄热容器的温度变化均比3号和4号蓄热容器更快,能更早达到蓄热和放热过程的平衡温度,说明填充泡沫镍提高了蓄热容器内的导热性能,缩短了相变过程的时间。

(2)3种不同工况下,1号和2号蓄热容器的温差均比3号和4号蓄热容器小,说明填充泡沫镍使得蓄热容器内的温度场分布更加均匀。

(3)3种不同工况下,3号和4号蓄热容器在蓄热过程中的温度升高趋势均在石蜡相变温度点附近放缓,尤其是容器底部温度出现明显的平台期,说明相变过程中的固液相变界面比较集中,相变过程随相变界面比较缓慢地推进;而1号和2号蓄热容器在蓄热过程中的温度升高趋势均比较连续,没有在石蜡相变温度点附近出现平台,说明填充泡沫镍使得蓄热容器内的相变界面更加分散,相变过程更加迅速。

(4)由于3种不同工况下的蓄热过程中的热水温度不同,各蓄热容器内石蜡的熔化时间均随着蓄热温度的增加而缩短,但在每个工况下填充泡沫镍的1号和2号蓄热容器对应的熔化时间均明显小于未填充泡沫镍的3号和4号蓄热容器,如图5.41所示。

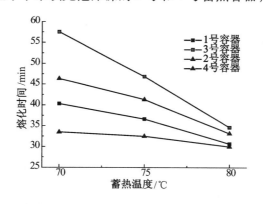

图5.41 3种不同工况下各蓄热容器内石蜡的熔化时间

5.4.3 相变蓄热容器内空穴分布的分析研究

5.4.3.1 CT技术简介

CT技术的全称为计算机X射线断层照相技术,又称计算机断层扫描技术,是根据不同材料对X射线的吸收与透过率的不同,应用灵敏度极高的仪器对物体内部进行测量,然后利用电子计算机对测量数据进行信号转换和处理,并重构被测物体的断面或立体图像的技术,目前已广泛运用于医疗诊断和工业无损检测等领域[67-69]。

工业 CT 设备通常包括 4 个硬件系统：放射源、放射探测系统、机械操作台、计算机（带显示器），如图 5.42 所示。放射探测系统由探测器组成,例如闪烁晶体和光电二极管等。数据采集系统负责测量穿透物体的放射数据并将其转化成数字文件格式,便于计算机系统对其进行分析和整理。机械操作台会精确地将扫描物体推移至距 X 射线和探测器系统的最佳位置。此外,CT 设备还装配计算机系统,用于扫描控制和数据采集时间控制,并且根据原始的扫描数据进行物体图像重建。

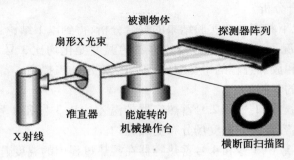

被测物体
扇形X光束
探测器阵列
准直器
能旋转的
机械操作台
X射线
横断面扫描图

图 5.42　典型的工业 CT 成像原理图

随着 CT 技术的发展,出现了平移/旋转扫描、旋转/旋转扫描、旋转/固定扫描、螺旋扫描等多种方式,按照得到的 CT 图像又可分为平面断层扫描和立体扫描。下面以最基本的旋转/固定平面断层扫描为例介绍 CT 成像的基本原理:从 X 射线发出的 X 射线经准直器过滤为平面扇形光束,被测物体随旋转机械操作台转动,X 射线对其一定厚度的层面进行扫描,由探测器接收各个角度透过该层面的 X 射线,转变为可见光后,由光电转换变为电信号,再经模拟/数字转换器转为数字,输入计算机处理,重构出 CT 图像。图像形成的处理有如对选定层面分成若干个体积相同的长方体,称为体素。扫描所得信息经计算而获得每个体素的 X 射线衰减系数或吸收系数,再排列成数字矩阵。经数字/模拟转换器把数字矩阵中的每个数字转为由黑到白不等灰度的小方块(即像素),并按矩阵排列,即构成 CT 图像。

5.4.3.2　蓄热容器内空穴分布的 CT 成像

蓄/放热实验完成后对 1 至 4 号蓄热容器进行 CT 扫描,得到容器内的空穴分布图像。所采用的设备为 450 kV 工业 CT 机,检测精度指标为:空间分辨力 3.3 lp/mm、密度分辨力优于 0.3%,具体方案为对每个蓄热容器的 5 个水平断面扫描成像,分别为距离容器底部 39.5mm,49.5mm,59.5mm(容器对称面),69.5mm 和 79.5mm 5 个高度,如图 5.43 所示。

对 1 号至 4 号蓄热容器的 5 个水平断面进行 CT 扫描后,通过计算机重构得到各扫描断面上的空穴分布图像,分别如图5.44 ~ 图 5.47 所示。

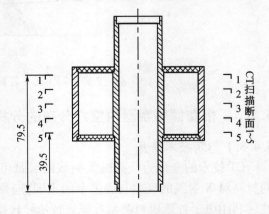

图 5.43　蓄热容器的 CT 扫描断面位置

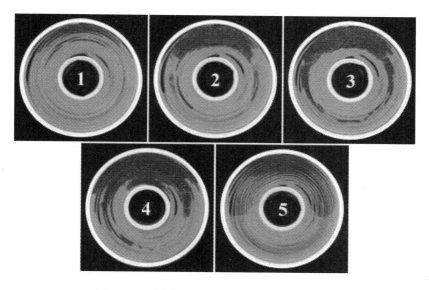

图 5.44　1 号蓄热容器内的空穴分布 CT 图像

图 5.45　2 号蓄热容器内的空穴分布 CT 图像

5.4.3.3　结果分析与讨论

对 4 个蓄热容器内空穴分布 CT 图像的对比分析得到各蓄热容器内空穴分布形式的以下特征：

（1）由于重力作用，各蓄热容器内的空穴分布总体上都比较靠近实验安装时对应的重力相反方向，即图 5.44 ~ 图 5.47 的上方。

（2）由于蓄热容器内、外壁和上、下侧壁（端盖）的共同导热作用，各蓄热容器内的空穴分布总体上均呈现上、下侧壁附近比竖直方向中间位置处少，内、外壁附近比径向中间位置处少的规律。

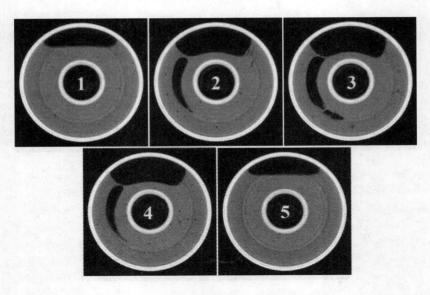

图 5.46   3 号蓄热容器内的空穴分布 CT 图像

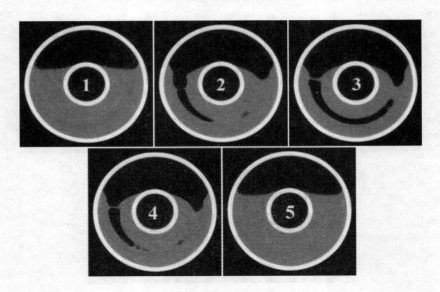

图 5.47   4 号蓄热容器内的空穴分布 CT 图像

（3）由于泡沫镍的毛细孔隙对液态 PCM 的抽吸作用，1 号和 2 号蓄热容器内的空穴分布明显比 3 号和 4 号蓄热容器分散得多。

填充泡沫镍和未填充泡沫镍的两组蓄热容器内空穴分布图像的对比证明了填充泡沫镍对于相变蓄热容器内的空穴分布具有显著的改善效果。该结论与根据蓄/放热实验结果分析得到的关于填充泡沫镍提高蓄热容器导热性能的结论在逻辑上是相辅相成的，填充泡沫镍除了能直接提高 PCM 内部的热导率，其对于空穴分布的分散作用也是引起蓄热容器内传热效率和温度均匀性改善的重要原因。

需要说明的是，由于地面环境下重力是影响空穴分布的主导因素，因此填充泡沫镍对空穴分布的改善作用也受到了较大的抑制,由此可以推测在空间微重力条件下填充泡沫镍能够更加显著地改善蓄热容器内的空穴分布,蓄热容器的传热性能也能够得到更大的提升。

参 考 文 献

[1] Humphries W R. Performance of Finned Thermal Capacitor. TN D – 7690,1974.

[2] Faghri A,Zhang Y W. Heat Transfer Enhancement in Latent Heat Thermal Energy Storage System by Using the Internally Finned Tube. International Journal of Heat and Mass Transfer,1996,39(15):3165 – 3173.

[3] Smith R N,Koch J D. Numerical Solution for Freezing Adjacent to a Finned Surface [A]. Proceeding of the 7th International Heat Transfer Conference [C]. Germany,Muchen,1982:69 – 74.

[4] Lacroix M. Study of the Heat Transfer Behavior of a Latent Heat Thermal Energy Unit with a Finned Tube [J]. International Journal of Heat Transfer,1993,36(2):2083 – 2092.

[5] Velraj R,Seeniraj R V. Heat Transfer Studies during Solidification of PCM inside an Internally Finned Tube. Journal of Heat Transfer,1999,121(2):493 – 497.

[6] Velraj R,Seeniraj R V,Hafner B. Heat Transfer Enhancement in a Latent Heat Storage System. Solar Energy,1999,65(3):171 – 180.

[7] Gray R L,Pidcoke L H. Tests of Heat Transfer Enhancement for Thermal Energy Storage Canister [A]. Proceeding of the 23rd Intersociety Energy Conversion Engineering Conference [C]. New York:American Society of Mechanical Engineers,1988.

[8] Seeniraj R V,Velraj R,Narasimhan N L. Thermal Analysis of a Finned-Tube LHTS Module for a Solar Dynamic Power System. Heat and Mass Transfer,2002,38:409 – 417.

[9] Son C H,Morehouse J H. Thermal Conductivity Enhancement of Solid-Solid Phase Change Materials for Thermal Storage. Journal of Thermophysics and heat transfer,1991,5(5):122 – 124.

[10] Khan M A,Rohatgi P K. Numerical Solution to a Moving Boundary Problem in a Composite Medium. Numerical Heat Transfer,1994,25(3):209 – 221.

[11] Tong X,Khan J A,Amin M R. Enhancement of Heat Transfer by Inserting a Metrix into a Phase Change Material. Numerical Heat Transfer,1996,30(2):125 – 141.

[12] Bugaje I M. Enhancing the Thermal Response of Latent Heat Storage Systems [J]. International journal of Energy Research,1997,21(7):759 – 766.

[13] 张寅平,胡汉平,孔祥冬,等. 相变贮能——理论和应用. 合肥:中国科学技术大学出版社,1996.

[14] Seeniraj R V,Velraj R,Narasimhan N L. Heat Transfer Enhancement Study of a LHTS Unit Containing Dispersed High Conductivity Particles. Journal of Solar Energy Engineering,2002,124:243 – 249.

[15] Jun F,Makoto K,Yoshikazu K. Thermal Conductivity of Energy Storage Media Using Carbon Fibers. Energy Conversion and Management,2000,41(6):1543 – 1556.

[16] Perez M E,Gaier J R. Sensible Heat Receiver for Solar Dynamic Space Power System [A]. Proceeding of the 26th Intersociety Energy Conversion Engineering Conference [C]. New York:American Society of Mechanical Engineers,1991:297 – 300.

[17] Carsie A H,Glakpe E K,Cannon J N. Modeling Cyclic Phase Change and Energy Storage in Solar Heat Receivers. Journal of Thermophysics and Heat Transfer,1998,12(3):406 – 413.

[18] David N. Flight experiment of thermal energy storage [A]. Proceeding of the 24th Intersociety Energy Conversion Engineering Conference [C]. New York:American Society of Mechanical Engineers,1989.

[19] David N,David J,Andrew S. Effect of Microgravity on Material Undergoing Melting and Freezing-The TES Experiment [A]. NASA TM – 106845,AIAA – 95 – 0614,1995.

[20] Carol T. Experimental Results From the Thermal Energy Storage − 2 (TES − 2) Flight Experiment [A]. NASA TM − 2000 − 206624, AIAA − 98 − 1018, 2000.

[21] Douglas D, Davie N J, Raymond L S. Modeling Void Growth and Movement with Phase Change in Thermal Energy Storage Canisters [A]. AIAA − 93 − 2832, 1993.

[22] Carsie A H, Glakpe E K, Cannon J N. Thermal State-of-Charge in Solar Heat Receivers [A]. AIAA − 98 − 1017, 1998.

[23] Carsie A H, Glakpe E K, Cannon J N, et al. Parametric Analysis of Cyclic Phase Change and Energy Storage in Solar Heat Receivers [A]. NASA TM − 107506, Proceeding of the 32nd Intersociety Energy Conversion Engineering Conference [C]. New York: American Society of Mechanical Engineers, 1997.

[24] 邢玉明, 袁修干, 王长和. 空间站高温固液相变蓄热容器的试验研究[J]. 航空动力学报, 2001, 16(1): 76 − 80.

[25] Fujiwara M, Sano T, Suzuki K, et al. Thermal Analysis and Fundamental Tests on Heat Pipe Receiver for Solar Dynamic Space Power System. Journal of Solar Energy Engineering, 1990, 112(4): 177 − 182.

[26] Strumpf H J, Krystkowiak C, Killackey I. Design of the Heat Receiver for the Solar Dynamic Ground Test Demonstrator Space Power System [A]. Proceeding of the 28th Intersociety Energy Conversion Engineering Conference [C]. New York: American Society of Mechanical Engineers, 1993.

[27] Strumpf H J, Westelaken B, Shah D, et al. Fabrication and Testing of the Solar Dynamic Ground Test Demonstrator Heat Receiver [A], AIAA − 94 − 4189 − CP, 1994.

[28] Strumpf H J, Krystkowiak C, Kiucher B. Design of the Heat Receiver for the US/Russia Solar Dynamic Power Joint Flight Demongtration [A]. Proceeding of the 30th Intersociety Energy Conversion Engineering Conference [C]. New York: American Society of Mechanical Engineers, 1995.

[29] Sedgwick L M, Nordwan N L, Kaufmann K J. A Brayton Cycle Solar Dynamic Heat Receiver for Space [A]. Proceeding of the 24th Intersociety Energy Conversion Engineering Conference [C]. New York: American Society of Mechanical Engineers, 1989.

[30] Nihad D, Jorge M, Gonzilez N, et al. An Approach for Simulating Metal Foam Cooling of High-Power Electronics [A]. IEEE, 7803 − 8458 − X, 2004.

[31] Sullines D, Daryabeige K. Effective Thermal Conductivity of High Porosity Open Cell Nickel Foam [A]. Proceeding of the 33rd AlAA Thermophysics Conference [C]: Anaheim, California, 2001.

[32] Jin L W, Leong K C. Heat Transfer Performance of Metal Foam Heat Sinks Subjected to Oscillating Flow. IEEE Transactions on Components and Packaging Technologies, 2006, 29: 856 − 863.

[33] Zhao C Y, Kim T, Lu T J, et al. Modeling on Thermal Transport in Cellular Metal Foams [A]. AIAA 2002 − 3014, Proceeding of the 8th AIAA/ASME Joint Thermophysics and Heat Transfer Conference [C]: St. Louis, Missouri, 2002.

[34] Lu T J, Stone H A, Ashby M F. Heat Transfer in Open-Celled Metal Foams [J]. Acta Mater, 1998, 46: 3619 − 3635.

[35] Kim S Y, Paek J W, Kang B H. Flow and Heat Transfer Correlations for Porous Fin in a Plate-Fin Heat Exchanger. Journal of Heat Transfer, 2000, 122: 572 − 578.

[36] Paek J W, Kang B H, Kim S Y, et al. Effective Thermal Conductivity and Permeability of Aluminium Foam Materials. International Journal of Thermophys, 2000, 21: 453 − 464.

[37] Calmidi V V. Transport Phenomena in High Porosity Fibrous Metal Foams [D]. Colorado: University of Colorado, 1998.

[38] Bhattacharya A, Calmidi V V, Mahajan R L. Thermophysical Properties of High Porosity Matel Foams. International Journal of Heat and Mass Transfer, 2002, 45: 1017 − 1031.

[39] Boomsma K, Poulikakos D. The Effective Thermal Conductivity of a Three-Dimensionally Structured Fluid-Saturated Matel Foam. International Journal of Heat and Mass Transfer, 2001, 44: 827 − 836.

[40] Jagjiwanram R S. Effective Conductivity of Highly Porous Two-Phase systems. Applied Thermal Engineering, 2004, 24: 2727 − 2735.

[41] Bouguerra A A, Ait Mokhtar, Amirio A, et al. Measurement of Thermal Conductivity, Thermal Diffusivity and Heat Capacity of Highly Porous Building Materials Using Transient Plane Source Technique. International Communications in Heat and Mass Transfer, 2001, 28(8): 1065 – 1078.

[42] Wang S L, Wang H, Qi X J, et al. Molten Salts/Porous-Nickel-Matrix Composite as Phase Change Material for Effective Use of High Temperature Waste Heat. 中南大学学报(自然科学版), 2005, 44(sup. 2): 7 – 10.

[43] 祁先进. 金属基相变复合蓄热材料的实验研究[D]. 昆明: 昆明理工大学, 2005.

[44] 王仕博. 复合相变蓄热材料充填蓄热室热过程数值模拟[D]. 昆明: 昆明理工大学, 2006.

[45] 陈振乾, 施明恒. 泡沫金属内流体冻结相变传热过程的研究. 化工学报, 2006, 57(sup.): 178 – 181.

[46] 张涛, 余建祖. 泡沫铜作为填充材料的相变储热实验. 北京航空航天大学学报, 2007, 33(9): 1121 – 1124.

[47] 张涛, 余建祖. 相变装置中填充泡沫金属的传热强化分析. 制冷学报, 2007, 28(6): 13 – 17.

[48] 卢天健, 何德坪, 陈常青, 等. 超轻多孔金属材料的多功能特性和应用. 力学进展, 2006, 36(4): 517 – 535.

[49] 程文龙, 韦文静. 高孔隙率泡沫金属相变材料储能、传热特性. 太阳能学报, 2007, 28(7): 739 – 744.

[50] 许庆彦, 陈玉勇, 李庆春. 多孔泡沫金属的研究现状. 铸造设备研究, 1997, 1: 18 – 24.

[51] 陈雯, 刘中华, 朱诚意, 等. 泡沫金属材料的特性、用途及制备方法. 有色矿冶, 1999, 1: 33 – 36.

[52] 陈学广, 赵维民, 马彦东, 等. 泡沫金属的发展现状、研究与应用. 粉末冶金技术, 2002, 20(6): 356 – 359.

[53] 毕于顺, 韩雯雯, 左孝青, 等. 多孔泡沫金属的制备方法和应用前景. 有色金属加工, 2007, 36(2): 31 – 33.

[54] 李明伟, 朱景川, 尹钟大. 颗粒弥散复合材料等效热导率的估算. 功能材料, 2001, 34(4): 397 – 398.

[55] 张海峰, 葛新石, 叶宏. 预测复合材料热导率的热阻网络法. 功能材料, 2005, 36(5): 757 – 759.

[56] 曾竟成, 罗青, 唐羽章. 复合材料理化性能. 长沙: 国防科技大学出版社, 1998.

[57] Pitchumani R, Yao S C. Correlation of Thermal Conductivities of Unidirectional Fibrous Composites Using Local Fractal Techniques. Journal of Heat Transfer, 1991, 113: 788 – 796.

[58] Adrian S S, Tao Y X, Liu G, et al. Effective Thermal Conductivity for Anisotropic Granular Porous Media Using Fractal Concepts [A]. Proceeding of National Heat Transfer Conference [C], 1997: 121 – 128.

[59] 陈永平, 施明恒. 基于分形理论的多孔介质热导率研究. 工程热物理学报. 1999, 20(5): 608 – 612.

[60] 张新铭, 彭鹏, 王金灿. 基于分形理论的石墨泡沫新材料热导率. 重庆大学学报, 2004, 27(9): 109 – 111.

[61] 俞自涛, 胡亚才, 田甜, 等. 木材横纹有效热导率的分形模型. 浙江大学学报, 2007, 41(2): 351 – 355.

[62] 闵凯, 刘斌, 温广. 热导率测量方法与应用分析. 保鲜与加工, 2005, 5(6): 35 – 38.

[63] 崔萍, 方肇洪. 改进的常功率平面热源法. 山东建筑工程学院学报, 2001, 16(2): 48 – 51.

[64] 何小瓦. 航天材料热物理性能测试技术的发展现状. 宇航计测技术, 2004, 24(4): 20 – 23.

[65] 何小瓦, 黄丽萍. 瞬态平面热源法热物理性能测量准确度和适用范围的标定——常温下标准 Pyroceram 9606 材料热物理性能测量. 宇航计测技术, 2006, 26(4): 31 – 41.

[66] 何小瓦, 黄丽萍. 瞬态平面热源法热物理性能测量准确度和适用范围的标定——常温下标准材料 Vespel SP1 的热物理性能对比测试. 宇航计测技术, 2007, 27(4): 25 – 29.

[67] 王召巴, 金永. 高能 X 射线工业 CT 技术的研究进展. 测试技术学报, 2002, 26(2): 79 – 82.

[68] 孙灵霞, 叶云长. 工业 CT 技术特点及应用实例. 核电子学与探测技术, 2006, 26(4): 486 – 488.

[69] 王远. 高能工业 CT 数据采集系统及图像重构研究[D]. 绵阳: 中国工程物理研究院, 2007.

附录1 方形空腔内空气的自然对流

为检验第四章内容关于考虑自然对流的计算程序的可靠性,利用其中计算自然对流的核心程序对典型二维方形空腔内空气自然对流问题进行了验证计算。

计算物理模型如图F.1所示,为一方形空腔,左右两壁面等温,上下两壁面绝热。计算中采用 52×52 的网格系统,取 $Pr = 0.71$,$T_H = 303\mathrm{K}$(热壁面处 $x = 0$),$T_C = 283\mathrm{K}$(冷壁面处 $x = L$),空气定性温度取为 T_H 和 T_C 的算术平均温度 293K。分别对 $Ra = 10^3, 10^4, 10^5, 10^6$ 四种情况下的自然对流进行了计算。

图F.2为本附录计算得到的方腔内等温线图,温度范围从283K到303K,每隔2K绘制一条等温线。图F.3为 Markatos 和 Pericleous[F1] 的计算结果。

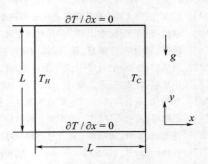

图 F.1 计算模型示意图

比较可知,本书计算结果与 Markatos 和 Pericleous 的计算结果基本一致。图F.4为本附录计算得到的方腔内空气速度矢量分布图。

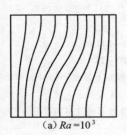 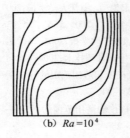 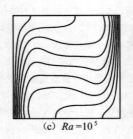 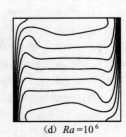

(a) $Ra = 10^3$　　　　(b) $Ra = 10^4$　　　　(c) $Ra = 10^5$　　　　(d) $Ra = 10^6$

图 F.2　本附录计算得到的等温线图

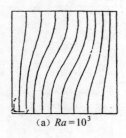 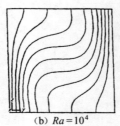 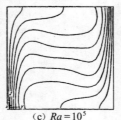 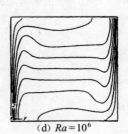

(a) $Ra = 10^3$　　　　(b) $Ra = 10^4$　　　　(c) $Ra = 10^5$　　　　(d) $Ra = 10^6$

图 F.3　参考文献[F1]计算得到的等温线图

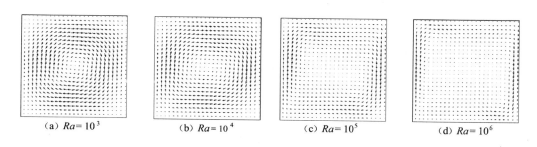

(a) $Ra=10^3$ (b) $Ra=10^4$ (c) $Ra=10^5$ (d) $Ra=10^6$

图 F.4　本附录计算得到的速度矢量分布图

表 F.1 列出了 $Ra=10^3,10^4,10^5,10^6$ 情况下 3 种不同数据来源的重要参数计算结果的对比,其中数据 1 来源于 G. de Vahl Davis[F1] 的计算结果,被公认为是比较精确的结果,数据 2 来源于 Markatos 和 Pericleous 提供的计算结果,数据 3 为本附录的计算结果。

从数据比较可看出,本书计算结果与参考文献提供的两结果基本一致,低 Ra 数下的计算结果比 Markatos 和 Pericleous 的结果更接近于 G. de Vahl Davis 的结果。

表 F.1　不同数据来源的计算结果比较

Ra	数据来源 *	u_{max}	$\bar{y}$	v_{max}	$\bar{x}$	$\overline{Nu}$	Nu_{max}	$\bar{y}$	Nu_{min}	$\bar{y}$
10^3	1	3.649	0.813	3.697	0.178	1.118	1.505	0.092	0.692	1.0
	2	3.544	0.832	3.593	0.168	1.108	1.496	0.0825	0.720	0.9925
	3	3.609	0.81	3.642	0.17	1.117	1.504	0.090	0.693	1.0
10^4	1	16.178	0.857	19.617	0.119	2.243	3.528	0.143	0.586	1.0
	2	16.18	0.832	19.44	0.113	2.201	3.482	0.1425	0.643	0.9925
	3	16.110	0.83	19.291	0.11	2.246	3.547	0.13	0.589	1.0
10^5	1	34.73	0.855	68.59	0.066	4.519	7.717	0.081	0.729	1.0
	2	35.73	0.857	69.08	0.067	4.430	7.626	0.0825	0.824	0.9925
	3	35.410	0.85	67.787	0.07	4.571	8.011	0.07	0.740	1.0
10^6	1	64.63	0.850	217.36	0.0379	8.799	17.925	0.0378	0.989	1.0
	2	68.81	0.872	221.8	0.0375	8.754	17.872	0.0375	1.232	0.9925
	3	64.67	0.856	212.08	0.0438	8.869	18.573	0.0313	1.004	1.0

注: * 1 为 G. de Vahl Davis 的计算结果;2 为 Markatos 和 Pericleous 的计算结果;3 为本书计算结果

191

附录 2　金属镓的熔化过程

为检验第四章编制的考虑自然对流的相变过程计算程序的可靠性,对金属镓的熔化问题进行了数值模拟计算,并与试验结果进行了比较。计算物理模型为一个矩形腔,左、右壁面维持等壁温条件,上、下、前、后四个壁面保持绝热。

Beckermann 和 Viskanta[F2]完成的金属镓(Ga,纯度 99.99%)在竖直矩形腔内的熔化实验,由于考虑了固态区过冷度的影响,与 Gau 和 Viskanta 所做的金属镓熔化与凝固实验[F3]相比,实验的精度提高,结果的可靠性更高。

Beckermann 和 Viskanta[F2]共完成了 5 种金属镓的熔化实验。本书选用其中的第一种实验状态,即 $\Delta T_1 = T_H - T_m = 10.2℃$,$\Delta T_s = T_m - T_C = 4.8℃$,利用本书计算程序进行了数值模拟。金属镓(Ga)的物性数据从文献[F4]中查得,列于表 F.2 中,其中液态镓的热导率由 3 个晶轴方向热导率取算术平均值得到。

表 F.2　金属镓(Ga)的物性参数

参　数	数　值	参　数	数　值
熔点/℃	29.78	液态比热容/(J/(kg·K))(12.5~200℃)	397.6
熔化潜热/(J/kg)	80160	固态热导率/(W/(m·K))(29.8℃)	33.49
固态密度/(kg/m³)(29.65℃)	5903.7	液态热导率/(W/(m·K))(77℃)	33.6767
液态密度/(kg/m³)(29.8℃)	6094.7	体积膨胀系数/(1/K)(100℃)	1.2×10^{-4}
固态比热容/(J/(kg·K))(0~24℃)	372.3	运动黏度/(m²/s)	2.87×10^{-7}

计算区域为 47.6mm×4.76mm,划分成 42×42 的网格系统。采用本书第四章考虑自然对流的相变换热计算程序进行计算,将得到的计算结果与 Beckermann 和 Viskanta 的实验结果及其数值计算结果作了比较,参见图 F.5。

图 F.5 中细线代表本书程序的计算结果,粗线代表 Beckermann 和 Viskanta 的计算结果,用圆、三角和矩形表示的散点代表实验测试值。图中 $\eta = y/L$,$\xi = x/L$,$\theta_1 = (T - T_m)/(T_H - T_m)$,$\theta_1 = (T - T_m)/(T_m - T_C)$,其中 L 为方腔截面边长,T_H,T_C,T_m 分别为高温端、低温端温度和金属镓熔点温度,下标 s、l 分别代表固态和液态

图 F.5 的结果对比显示,本书计算结果与实验数据吻合较好。在 $\eta = 0.867$ 处,第 3 分钟时(图 F.5(a))计算结果与实验数据相比偏高,除了计算中采用的物性数据存在误差外,充当高温壁面的铜板本身具有一定热容量,实验开始阶段达到设定温度需要一定时间,从而与计算的初始状态设定即高温端无滞后地立即达到设定温度存在一定的偏差,导致 $\eta = 0.867$ 处计算结果偏高。随着时间的推进,高温端温度滞后的影响逐渐消失,从图 F.5(b)、图 F.5(c)可以看出,第 10 分钟和第 50 分钟时的计算结果与实验结

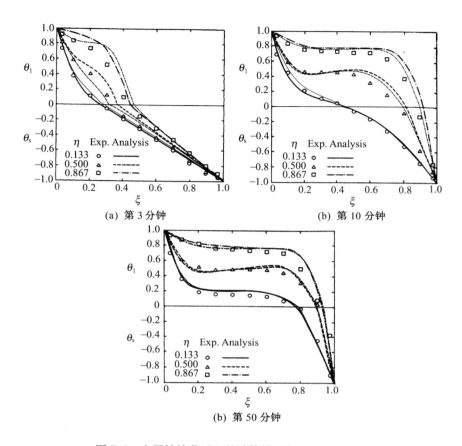

图 F.5　金属镓熔化过程的计算结果与实验结果对比

果吻合很好。

图 F.6 为利用本书程序计算与 Beckermann 和 Viskanta 的分区计算得到的第 3 分钟、10 分钟和第 50 分钟时竖直腔内等温线图,其中左侧为 Beckermann 和 Viskanta 的计算结果,右侧为本书程序计算结果。比较左右两图可以看出,除第 3 分钟时相差较大外,第 10 分钟和第 50 分钟时的结果非常接近。

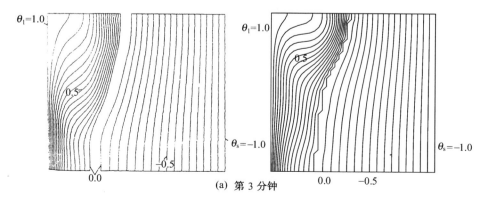

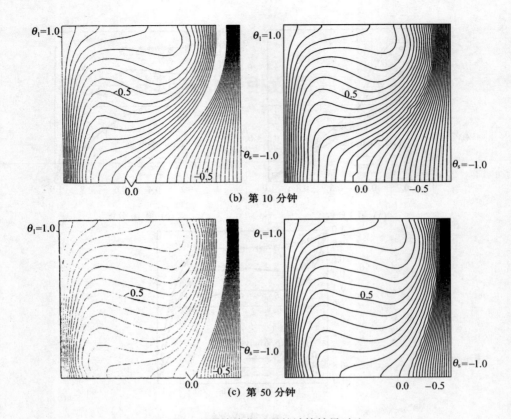

(b) 第 10 分钟

(c) 第 50 分钟

图 F.6 金属镓熔化过程的计算结果对比

附录3 氟盐类高温固液相变材料选择一览表[F5-F7]

材 料 名 称	相变温度/K	熔解热/(kJ/kg)	密度/(kg/m³)
MgF_2	1536	930	2430
$KMgF_3$	1345	710	2140
$KCaF_3$	1343	460	2196
$KF-61CaF_2$	1328	450	2267
$NaMgF_3$	1295	670	2229
$KF-69MgF_2$	1279	770	2247
NaF	1268	790	1949
$NaF-60MgF_2$	1269	710	2085
$CaF_2-50MgF_2$	1250	540	2481
$NaF-40MgF_2-20CaF_2$	1187	590	2254
KF	1129	486	1913
LiF	1121	1080	1815
$75NaF-25MgF_2$	1105	649	2860
$NaF-32CaF_2$	1083	600	2333
$NaF-20MgF_2-16KF$	1077	650	2015
$NaCl$	1074	484	2180
$KF-15MgF_2$	1063	520	1980
$KF-15CaF_2$	1053	440	2000
$CaCl_2$	1046	256	2280
KCl	1043	372	1990
$LiF-19.5CaF_2$	1042	790	2100
$LiF-20CeF_3$	1029	500	3160
$NaF-22CaF_2-13MgF$	1027	540	2166
$67LiF-33MgF_2$	1019	947	2630
$65NaF-23CaF_2-13MgF_2$	1018	574	2760
$LiF-30MgF_2$	1001	520	2058

附录4 高温合金容器材料选择一览表[F8-F12]

合金	成分/%												
	Fe	Cr	Ni	Co	Mn	Si	Mo	Nb	Ta	W	Al	C	其他
钴基													
Haynes 188	1.7	28.2	24.1	38.2	0.7	1.6	…	…	…	5.2	…	0.4	0.05La
H25	3.4	24.1	10.7	52.5	1.7	2.2	…	…	…	1.1	…	0.4	…
镍基													
Hastlloy-B	5.9	0.4	70.5	0.8	0.8	0.9	19.5	…	…	…	1.0	0.3	…
False N	0.5	19.8	67.7	…	0.6	0.9	9.6	…	…	…	0.7	0.7	…
Hastlloy-N	5.1	8.3	72.9	…	0.6	1.1	11.1	…	…	…	0.5	0.3	0.24V
Hastlloy-S	0.9	19.6	66.1	…	0.6	1.1	10.0	…	…	…	0.7	1.0	…
Hastlloy-X	22.1	25.9	41.5	1.9	0.6	1.2	5.2	…	0.2	…	0.9	0.5	…
Inconel 600	9.7	18.9	69.9	…	0.6	0.2	…	…	…	…	…	0.5	0.24Ti
Inconel 617	1.5	22	52.7	12.5	0.5	0.5	9.0	…	…	…	1.2	0.07	…
Inconel 702	0.5	19.4	73	…	0.1	0.2	…	…	…	…	5.9	0.5	0.5Ti
Inconel 718	19.5	22.9	48.9	…	0.05	1.6	1.6	2.6	…	…	1.3	0.5	1.2Ti
Nimonic 75	0.5	24.4	72	…	0.4	1.6	…	…	…	…	0.6	0.05	…
Ni-200	…	…	99.6	…	0.2	…	…	…	…	…	…	…	…
铁基													
304	68.5	19.8	8.6	…	1.3	1.6	…	…	…	…	…	0.2	…
310	49.4	27.4	19.1	…	1.2	1.4	…	…	…	…	…	1.1	0.5Ti
316	62.2	20.0	13.5	…	1.4	1.0	1.5	…	…	…	…	0.4	…
347	65.3	21.4	10.5	…	1.0	1.4	…	0.1	…	…0.4		0.4	3.1Ti
A-286	53.0	17.1	22.5	…	1.0	1.5	0.6	…	…	…	…	0.4	0.4Cu
Incoloy 800	45.1	22.6	29.8	…	0.6	1.0	…	…	…	…	…	0.5	

难熔金属							Mo	Nb	Ta	W	Al	C	其他
Mo	…						99.8	…	…	…	…	0.2	…
Nb-1Zr	…						…	98.9	…	…	…	…	1.1Zr
Ta	…						…	0.2	99.5	…	…	0.15	0.13N
W	…						…	…	…	99.85	…	0.15	…

附录参考文献

[F1] Markatos N C, Pericleous K A. Laminar and turbulent natural convection in an enclosed cavity. Int. J. Heat Mass Transfer, 1984, 27(5): 755 –772.

[F2] Beckermann C, Viskanta R. Effect of solid subcooling on natural convection melting of a pure metal. Trans. ASME, J. Heat Transfer, 1989, 111(2): 416 –424.

[F3] Cubberly, W H. Metal Handbook Ninth Edition, Vol. 2 Properties and Selection: Nonferrous Alloys and Pure Metals, ASM, Meatls Park, OH, 1979.

[F4] Gau C, Viskanta R. Melting and solidification of a pure metal on a vertical wall. Trans. ASME, J. Heat Transfer, 1986, 108(1): 174 –181.

[F5] Wilson D F, DeVan J H, Howell M. High-temperature thermal storage systems for advanced solar receivers materials selection. N91 –14647.

[F6] Weingartner S, Blumenberg J. Receiver with integral thermal energy storage for solar dynamic space power systems. 40th Congress of the International Astronautical Federation, Malaga, Spain, Oct. 7 –12, 1989, IAF –89 –252.

[F7] Weingartner S, Blumenberg J. Experimental and theoretical analysis of heat of fusion storage for solar dynamic space power systems. 25th IECEC, 1990, 1: 524 –529.

[F8] Cameron H M, Mueller L A, Namkoong D. Preliminary design of a solar heat receiver for a brayton cycle space power system. NASA-TM-X –2552, 1972.

[F9] Strumpf H J, Rubly R P, Coombs M G. Material compatibility and simulation testing for the brayton engine solar receiver for the NASA space station freedom solar dynamic option. 24th IECEC.

[F10] Gay R L, Lee W T, Pard A G, et al. Thermal cycling tests of energy storage canisters for space applications. 23rd IECEC.

[F11] Misra A K, Whitlenberger John D. Fluoride salts and container materials for thermal energy storage applications in the temperature range 973 to 1400K. N87 –24026.

[F12] Cotton J D, Sedgwick L M. Compatibility of selected superalloys with molten LiF –CaF2 salt. IECEC, 899235.

197

内 容 简 介

　　本书从空间太阳能热动力发电系统中的应用研究入手,系统介绍了相变蓄热技术的研究内容与成果。本书的主要内容包括相变蓄热技术的发展过程和典型应用、在空间太阳能热动力发电系统的应用情况和关键问题、高温相变蓄热机理研究、相变蓄热过程的数值仿真与地面试验研究、蓄热容器的强化传热研究、优化设计及制造测试等。

　　本书可供从事相变蓄能系统研究、设计、生产和使用的科研人员、工程技术人员或高等院校相关专业研究生学习和参考。

This book introduces the contents and achievements of research on phase change thermal storage technology, especially the application in the space solar dynamic power system. The main contents of this book include development and typical applications of phase change heat storage technology; the key problems of application in Space solar dynamic power system; academic researeh of high temperature phase change heat storage; numerical simulation and ground test research of phase change heat storage process; and the researches of heat transfer enhancement, optimize design, manufacture and testing of the heat storage canisters, etc.

This book is a reference for professionals in phase change heat storage, and the graduate students of related majors.